高职高专工学结合、课程改革规划教材
交通职业教育教学指导委员会
路桥工程专业指导委员会 组织编写

Gongcheng Celiang Jishu

工程测量技术

道路桥梁工程技术专业用

田 文 唐杰军 主 编
张保成[内蒙古大学]
陈刚毅[湖北省交通规划设计院] 主 审

人民交通出版社

内 容 提 要

本书是高职高专工学结合、课程改革规划教材,共设置了七个学习情境,包括测量工作认知,地面点位的确定,小区域控制测量,地形图的测绘与应用,地面点的测设,道路中线测量,道路纵、横断面测量。

本书主要供高等职业教育道路桥梁工程技术专业教学使用,也可作为路桥类工程技术人员的培训教材或自学用书。

本教材配套多媒体课件,教师可通过加入职教路桥教学研讨群(QQ561416324)索取。

图书在版编目(CIP)数据

工程测量技术/田文,唐杰军等主编.—北京:人民交通出版社,2011.6

ISBN 978-7-114-09031-8

Ⅰ.①工… Ⅱ.①田… ②唐… Ⅲ.①工程测量—高等职业教育—教材 Ⅳ.①TB22

中国版本图书馆 CIP 数据核字(2011)第066793号

高职高专工学结合、课程改革规划教材

书　　名:工程测量技术
著 作 者:田　文　唐杰军
责任编辑:钱悦良　任雪莲
出版发行:人民交通出版社股份有限公司
地　　址:(100011)北京市朝阳区安定门外外馆斜街3号
网　　址:http://www.ccpress.com.cn
销售电话:(010)59757973
总 经 销:人民交通出版社股份有限公司发行部
经　　销:各地新华书店
印　　刷:北京市密东印刷有限公司
开　　本:787×1092　1/16
印　　张:12
字　　数:286千
版　　次:2011年6月　第1版
印　　次:2021年11月　第11次印刷
书　　号:ISBN 978-7-114-09031-8
定　　价:30.00元

(有印刷、装订质量问题的图书由本社负责调换)

交通职业教育教学指导委员会
路桥工程专业指导委员会

主　任: 柴金义

副主任: 金仲秋　夏连学

委　员:（按姓氏笔画排序）

王　彤　王进思　刘创明　刘孟林

孙元桃　孙新军　吴堂林　张洪滨

张美珍　李全文　陈宏志　周传林

周志坚　俞高明　徐国平　梁金江

彭富强　谢远光　戴新忠

秘　书: 伍必庆

序

为深入贯彻落实教育部《关于全面提高高等职业教育教学质量的若干意见》及全国普通高等学校教学工作会议的有关精神,积极推行与生产劳动和社会实践相结合的学习模式,把工学结合作为高等职业教育人才培养模式改革的重要切入点,带动教学内容和教学方法改革。交通职业教育教学指导委员会路桥工程专业指导委员会在完成《道路桥梁工程技术专业教学标准和课程标准研究》的基础上,按照职业岗位(群)的任职要求,构建了突出职业能力培养的“教学标准”和“课程标准”,并据此组织全国20多所交通高职高专院校道路桥梁工程技术专业的教师编写了14门课程的工学结合、课程改革规划教材。专业“教学标准”和“课程标准”是全国道路桥梁工程技术专业多年建设成果的总结和提炼。

按照2010年4月路桥工程专业指导委员会所确定的编写原则,本套教材力求体现如下特点:

体系规范。以工学结合、校企合作所开发的教材为切入点,在“教学标准”和“课程标准”确定的框架下,改革教学内容和教学方法,突出专业教学的针对性,选定教材的内容。

内容先进。用新观点、新思想审视和阐述教材内容,所选定的教材内容适应公路建设发展需要,反映公路建设的新知识、新技术、新工艺和新方法。

知识实用。以职业能力为本位,以应用为核心,以“必需、够用”为原则,教材紧密联系生活和生产实际,加强了教学的针对性,能与相应的职业资格标准相互衔接。

使用灵活。体现教学内容弹性化,教学要求层次化,教材结构模块化;有利于按需施教,因材施教。

交通职业教育教学指导委员会

路桥工程专业指导委员会

2010年12月

前　言

本书是高职高专工学结合、课程改革规划教材，是在各高等职业院校积极践行和创新先进职业教育理念，深入推进“校企合作，工学结合”人才培养模式的大背景下，根据新的课程标准由交通职业教育教学指导委员会路桥工程专业指导委员会组织编写而成。

本教材以工作项目为主线，共设置了七个学习情境，包括测量工作认知，地面点位的确定，小区域控制测量，地形图的测绘与应用，地面点的测设，道路中线测量，道路纵、横断面测量。

本书主要供高等职业教育道路桥梁工程技术专业教学使用，也可作为路桥类工程技术人员的培训教材或自学用书。

本教材由湖北交通职业技术学院田文及湖南交通职业技术学院唐杰军主编，学习情境一和学习情境二由湖北交通职业技术学院田文、蔡华俊、朱婧、李婷峰编写，学习情境三由安徽交通职业技术学院凌训意、中国兵器工业勘察设计研究院姚培军编写，学习情境四、学习情境五和学习情境六由湖南交通职业技术学院唐杰军、杨一希编写，学习情境七由河南交通职业技术学院尚云东编写。

编　者

2010 年 12 月

目　录

学习情境一　测量工作认知

工作任务一　测量工作认知

学习目标

1. 叙述测量工作中的任务、组织原则和工作内容；
2. 知道测量工作中的传统测量方法；
3. 正确认知测量原则：由高级到低级，从整体到局部，先控制后碎部。

任务描述

本工作任务的内容是通过对测量学及公路工程测量的任务与作用相关知识的学习，认知测量工作及相关内容，明确测量工作的原则和方法。

学习引导

本学习任务沿着以下脉络进行学习：

相关理论知识的学习 → 测量工作的任务 → 测量工作的组织原则 → 测量工作内容

相 关 知 识

1. 测量学的任务与作用

测量学是测定地面点的空间位置，将地球表面地形和其他地理信息测绘成图，研究并确定地球形状和大小的科学。它的任务与作用包括测绘和测设两个方面。测绘是测定地球表面的自然地貌及人工构造物的平面位置及高程，并按一定比例尺缩绘成图，供国防工程及国民经济建设的规划、设计、管理和科学研究用。测设是将设计图上的工程构造物的平面位置和高程在实地标定出来，作为施工的依据。

随着近代科学技术的迅猛发展和社会生产的广泛需要，测量学已发展为以下几门彼此紧密联系又自成体系的分支学科。

普通测量学：研究地球表面较小区域内测绘工作的基本理论、技能、方法及普通测量仪器的使用技术和比例尺地形图测绘与应用的学科，是测量学的基础部分。

大地测量学：研究在较大区域内建立高精度大地控制网，测定地球形状、大小和地球重力场的理论、技术及方法的学科。由于人造地球卫星的发射和空间技术的发展，大地测量学又分为常规大地测量学和卫星大地测量学以及空间大地测量学。大地测量工作为其他测量工作提供高精度的起算数据，也为空间科学技术和国防建设提供精确的点位坐标、距离、方位及地球重力场资料，并为与地球有关的科学研究提供重要的资料。

摄影测量学：研究利用摄影手段来获得被测物体的图像信息，从几何和物理方面进行分析处理，对所摄对象的本质提供各种资料的一门学科。由于摄影取得的信息能真实和详尽地记录摄影瞬间客观景物的形态，具有良好的量测精度和判读性能，因此摄影测量除用于常规测绘摄影区域的地形图外，还广泛应用于建筑、考古、生物、医学、工业等领域，如桥梁变形观测、汽车碰撞试验、爆炸过程监视和动态目标测量等方面。

工程测量学：研究工程建设在勘测设计、施工过程和管理阶段所进行的各种测量工作的学科。主要内容有：工程控制网的建立、地形测绘、施工放样、设备安装测量、竣工测量、变形观测和维修养护测量等。工程测量学是一门应用科学。它是在数学、物理学等有关学科的基础上应用各种测量技术解决工程建设中实际测量问题的学科。随着激光技术、光电测距技术、工程摄影测量技术、快速高精度空间定位技术在工程测量中的应用，工程测量学的服务面愈来愈广，特别是现代大型工程的建设，大大促进了工程测量学的发展。

我国的测量技术有着悠久的历史，在几千年的文明历史中有着许多关于测量的记载，如战国时期就发明了世界上最早的指南针；东汉张衡发明的浑天仪；西晋裴秀提出的《制图体系》；到18世纪初清康熙年间，进行了大规模的大地测量，于1718年完成了世界上最早的地形图之——皇舆全图。新中国成立后，测绘事业得到了迅速的发展，成立了国家和地方测绘管理机构，建立了全国天文大地控制网，统一了全国大地坐标和高程系统，测绘了国家基本地形图，在测绘人才培养、测绘科研等方面都取得了巨大的成就。尤其是现代科学技术的发展，测量内容，由常规的大地测量发展到人造卫星大地测量；由空中摄影测量发展到遥感技术的应用；被测对象，由地球表面扩展到空间，由静态发展到动态；测量仪器已广泛趋向电子化和自动化。

2. 公路工程测量的任务和作用

测量在公路工程建设中占有非常重要的地位，从公路与桥梁的勘测设计，到施工放样、竣工检测无不用到测绘技术。例如公路在建设之前，为了确定一条经济合理的路线，必须进行路线勘测，绘制带状地形图，并在图上进行路线设计，测绘纵、横断面图，然后将设计路线的位置标定在地面上，以便进行施工。当路线跨越河流时，必须建造桥梁，在建桥之前，测绘桥址河流及两岸的地形图，测量河床断面、水位、流速、流量和桥梁轴线的长度，以便设计桥台和桥墩的位置，最后将设计位置测设到实地。当路线跨越高山时，为了降低路线的坡度，减少路线的长度，多采用隧道穿越高山。在隧道修建之前，应测绘隧址大比例尺地形图，测定隧道轴线、洞口、竖井或斜井等位置，为隧道设计提供必要的数据。在隧道施工过程中，还需要不断地进行贯通测量，以保证隧道构造物的平面位置和高程正确贯通。

道路、桥梁、隧道工程竣工后，要编制竣工图，供验收、养护、维修、加固等之用。在营运阶段要定期进行变形观测，确保道路、桥梁、隧道等构造物和设施的安全使用。可以说，路、桥、隧的勘测、设计、施工、竣工、养护和管理的各个阶段都离不开测量技术。

根据路桥工程的特点，结合我国交通事业的发展，路桥专业及相关专业的学生在学习完本课程以后，要求达到：

（1）能描述地面点位的确定要素、测量工作的程序与基本原则；

（2）会操作使用水准仪、光学经纬仪、钢尺、GPS、全站仪、罗盘仪等常用测绘仪器；

（3）能进行水准测量、角度测量、距离丈量及直线定向等各项基本测量工作和测量数据的误差分析和处理；

（4）能操作使用传统测量仪器或全站仪完成导线测量并进行成果处理；

（5）能操作使用传统测量仪器或全站仪进行地形测量；

（6）能操作使用传统测量仪器或全站仪进行公路中线测量、纵断面测量、横断面测量；能绘制纵、横断面图；

(7)能操作使用 GPS 进行控制测量和使用 GPSRTK 放样平面点位；

(8)理解处理误差的基本原则和方法，能对测量成果进行误差分析与精度评定。

3. 测量工作的原则和方法

在进行某项测量工作时，往往需要确定许多地面点的位置。假如从一个已知点出发，逐点进行测量和推导，最后虽可得到欲测各点的位置，但这些点很可能是不正确的，因为前一点的测量误差将会传递到下一点。误差经传递积累起来，最后可能达到不可允许的程度。因此测量工作必须依照一定的原则和方法来防止测量误差的积累。

在实际测量工作中应遵循的原则是：在测量布局上要“从整体到局部”；在测量精度上要“由高级到低级”；在测量程序上要“先控制后碎部”。也就是在测区整体范围内选择一些有“控制”意义的点，首先把它们的坐标和高程精确地测定出来，然后以这些点作为已知点来确定其他地面点的位置。这些有控制意义的点组成了测区的量测骨干，称之为控制点。

采用上述原则和方法进行测量，可以有效控制误差的传递和积累，使整个测区的精度较为均匀和统一。

工作任务二　测 量 误 差

学习目标

1. 叙述误差的概念、分类及特点原理；
2. 知道算术平均值原理和计算衡量精度的三大标准；
3. 分析衡量精度的三大标准的适用条件，熟练应用；
4. 正确完成中误差、容许误差和相对误差的计算。

任务描述

本工作任务的内容是通过对测量误差及其产生的原因进行研究，并对其分类，来研究测量误差的来源及其规律，并采取各种措施减小或消除测量误差。

学习引导

本学习任务沿着以下脉络进行学习：

相关理论知识的学习 → 误差的产生原因 → 误差的分类 → 评定观测值精度的标准

一、相 关 知 识

1. 测量误差及产生的原因

在测量工作中，尽管选用了精密仪器，严格按操作规程观测，但是由于仪器构造不可能十分完善、观测者感官鉴别力的局限以及观测时外界条件的影响等多方面的原因，在对同一观测量的各观测值之间，或在各观测值与其理论值之间存在差异。例如，对某一三角形的内角进行观测，其和不等于 180°；又如所测闭合水准路线的高差闭合差不等于零等；这种误差实质上表现为观测值与其观测量的真值之间存在差值，这种差值称为测量误差。应研究观测量误差的来源及其规律，并采取各种措施来减小误差。

测量误差的产生来源于多方面，概括起来有以下三个方面。

(1)仪器设备

测量工作是利用测量仪器进行的,而每一种测量仪器都具有一定的精确度,因此,会使测量结果受到一定的影响。例如,钢尺的实际长度和名义长度总存在差异,由此所测的长度总存在尺长误差。再如水准仪的视准轴不平行于水准管轴,也会使观测的高差产生 i 角误差。

(2)观测者

由于观测者的感觉器官的鉴别能力存在一定的局限性,所以,对于仪器的对中、整平、瞄准、读数等操作都会产生误差。例如,在以厘米分划的水准尺上,由观测者估读毫米数,则1mm及其以下的估读误差是完全有可能产生的。另外,观测者技术熟练程度、工作态度也会给观测成果带来不同程度的影响。

(3)外界条件

观测者所处的外界条件如温度、湿度、风力、大气折光、气压等客观情况时刻在变化,也会使测量结果产生误差。例如,温度变化使钢尺产生伸缩,大气折光使望远镜的瞄准产生偏差,阳光暴晒使水准气泡偏移等都直接影响观测成果的精度。

人、仪器和外界条件是测量工作进行的必要条件,因此,测量成果中的误差是不可避免的。

上述三方面,通常称为观测条件。在观测条件相同时进行的观测称为等精度观测,这里的观测条件相同通常是指观测仪器精度等级相同、观测者技术水平鉴别能力相似、外界条件基本相同等,否则称为非等精度观测。采用非等精度观测时,精度计算及平差较繁琐,在工程测量中大多采用等精度观测。

2. 测量误差的分类

为了减小对测量成果的影响,测量中产生的各种误差,应分析其产生原因,并对其进行分类,以便根据误差特性,采取必要的措施予以尽量减小或消除。按照对观测成果影响性质的不同,可分为系统误差和偶然误差两大类。

(1)系统误差

在相同的观测条件下,对观测量进行一系列的观测,若误差的大小及符号相同,或按一定的规律变化,这类误差称为系统误差。例如,用一把名义为30m长,而实际长度为30.007m的钢尺丈量距离,每量一尺段就要少量0.7cm,该0.7cm误差,数值和符号上都是固定的,且随着尺段数的增加呈积累性。系统误差对测量成果影响较大,且具有积累性,应尽可能消除或限制到最低程度,其常用的处理方法有:

①校验仪器,把系统误差降低到最低程度,如降低指标差等。

②加改正数,在观测结果中加入系统误差改正数,如尺长改正等。

③采用适当的观测方法,使系统误差相互抵消或减弱,如测水平角时采用盘左、盘右观测消除视准误差,测竖直角时采用盘左、盘右观测消除指标差,采用前后视距相等来消除由于水准仪的视准轴不平行于水准管轴带来的 i 角误差等。

(2)偶然误差

在相同的观测条件下,对观测量进行一系列的观测,若误差的大小及符号都表现出偶然性,该误差的大小和符号没有规律,这类误差称为偶然误差。偶然误差是由人力所不能控制的因素(例如人眼的分辨能力、气象因素等)共同引起的测量误差,是不可避免的。偶然误差从表面看没有任何规律性,但从对某观测量进行 n 次观测的测量误差来看,具有一定的统计规律。

测量误差理论,主要是对具有偶然误差特性的测量误差进行精度评定的,因而偶然误差是误差理论的主要研究对象。就单个偶然误差而言,其大小和符号都没有规律性,但就其总体而言却呈现出一定的统计规律,并且是服从正态分布的随机变量。即在相同观测条件下,大量偶然误差分布表现出正态分布的规律性。

在相同的观测条件下,对一个三角形进行 217 次观测,由于观测值带有偶然误差 ,故三角形内角观测值之和不等于真值 180°。设三角形内角和真值 X 为 180°,三角形内角观测值之和为 l_i,则三角形内角和的真误差 Δ_i 由下式算出

$$\Delta_i = X - l_i \quad (i = 1,2,\cdots,n) \tag{1-2-1}$$

若取误差区间间隔 $d\Delta = 3''$,将上述 217 个真误差按其正负号与数值大小排列,统计误差出现在各个区间的个数 k,计算其相对个数 k/n(此处 $n=217$),k/n 称为误差出现的频率。其偶然误差的统计列于表 1-2-1。

偶然误差的统计表 表 1-2-1

误差区间 $d\Delta('')$	负误差			正误差			备注
	个数	频率 k/n	$k/n/d\Delta$	个数	频率 k/n	$k/n/d\Delta$	
0~3	30	0.138	0.046	29	0.134	0.045	等于区间左端值的误差列于该区间内
3~6	21	0.097	0.032	20	0.092	0.031	
6~9	15	0.069	0.023	18	0.083	0.028	
9~12	14	0.065	0.022	16	0.074	0.025	
12~15	12	0.055	0.018	10	0.046	0.015	
15~18	8	0.039	0.012	8	0.037	0.012	
18~21	5	0.023	0.008	6	0.028	0.009	
21~24	2	0.009	0.003	2	0.009	0.003	
24~27	1	0.005	0.002	0	0.000	0.000	

从表 1-2-1 可以看出,偶然误差分布状况具有以下性质:

①在一定的观测条件下,偶然误差的绝对值不会超过一定极限值;

②绝对值较小的误差出现频率大,绝对值较大的误差出现频率小;

③绝对值相等的正、负误差出现的频率大致相等;

④当观测次数无限增大时,偶然误差的算术平均值趋近于零,即偶然误差具有抵偿性。用公式表示:

$$\lim_{n\to\infty}\frac{\Delta_1 + \Delta_2 + \cdots + \Delta_n}{n} = \lim_{n\to\infty}\frac{[\Delta]}{n} = 0 \tag{1-2-2}$$

式中,[ ]表示取括号中数值的代数和。

误差的分布情况,除了采用表 1-2-1 的形式表达外,还可用图形来表达。以横坐标表示误差的正负和大小,以纵坐标表示各区间内误差出现的频率 k/n 除以区间的间隔值 $d\Delta$,即 $\frac{k}{nd\Delta}$。根据表 1-2-1 的数据绘制出图 1-2-1。每一个误差区间上的长方条面积就代表误差出现在该区间内的频率,这种图称为频率直方图,它形象的表示误差分布情况。

当在同一的观测条件下,随着观测个数的无限增多,$n\to\infty$,同时又无限缩小误差的区间值 $d\Delta$,误差出现在各区间的频率也就趋于一个确定的数值,这就是误差出现在各区间的频率。也就是说在一定的观测条件下,对应着一种确定的误差分布,若 $n\to\infty$,$d\Delta\to 0$,图 1-2-1 中各长

方条顶边的折线将逐渐变成图1-2-1所示的一条光滑曲线，该曲线在概率论中称为正态分布曲线，又称为误差分布曲线，它完整地表示了偶然误差出现的概率。

由此可见，偶然误差的频率分布随着 n 的逐渐增大，都是以正态分布为其极限的。正态分布曲线的数学方程为

$$f(\Delta) = \frac{1}{\sqrt{2\pi}\sigma} e^{-\frac{\Delta^2}{2\sigma^2}} \tag{1-2-3}$$

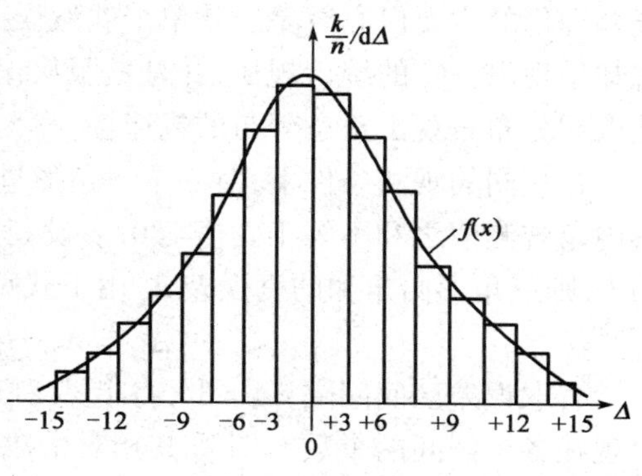

图1-2-1 频率直方图

式中：$\pi = 3.1416$；$e = 2.7183$；σ 为标准差。

$$\sigma^2 = \lim_{n\to\infty} \frac{\Delta_1^2 + \Delta_2^2 + \cdots + \Delta_n^2}{n} = \lim_{n\to\infty} \frac{[\Delta\Delta]}{n}$$

$$\sigma = \pm \lim_{n\to\infty} \sqrt{\frac{[\Delta\Delta]}{n}} \tag{1-2-4}$$

标准差的大小，决定于在一定条件下偶然误差出现的绝对值的大小，当出现有较大绝对值的偶然误差时，在标准差 σ 中会得到明显的反映。

除上述两类误差外，还可能发生错误，也称粗差，如记错、读错等。这主要由于观测者本身疏忽造成。粗差不属于误差范畴，但它会影响测量成果的可靠性，测量时必须遵守测量规范，认真操作，随时检查，并进行结果校核，杜绝错误发生。

为了防止错误的发生和提高观测成果的精度，在测量工作中，一般需要进行多于必要观测的观测次数，称为"多余观测"。例如：一段距离用往、返丈量，如将往测作为必要观测，则返测就属于多余观测；又如，有三个地面点构成一个平面三角形，在三个点上进行水平角观测，其中两个角度属于必要观测，则第三个角度的观测就属于多余观测。有了多余观测，就可以发现观测值中的错误，以便将其剔除或重测。由于观测值中的偶然误差是不可避免的，有了多余观测，观测值之间必然产生差值。因此，根据差值的大小，可以评定测量的精度，差值如果达到一定的程度，就认为观测值中有的观测值的误差超限，应予重测（返工）；差值如果不超限，则按偶然误差的规律加以处理（进行闭合差的调整），以求得最可靠的数值。至于观测值中的系统误差，应该尽可能按其产生的原因和规律加以改正、抵消或削弱。

3. 算术平均值

在等精度的观测条件下，对某未知量进行 n 次观测，其观测值分别为 l_1，l_2，…，l_n，将这些观测值取算术平均值 x，作为该量的最可靠的数值，称为"最或是值"，即

$$x = \frac{l_1 + l_2 + \cdots + l_n}{n} = \frac{[l]}{n} \tag{1-2-5}$$

下面以偶然误差的特性来探讨算术平均值 x 作为某量的最或是值的合理性和可靠性。设某一量的真值为 X，其观测值为 l_1，l_2，…，l_n，则相应的真误差为 Δ_1，Δ_2，…，Δ_n，则

$$\Delta_1 = X - l_1$$
$$\Delta_2 = X - l_2$$
$$\cdots\cdots$$
$$\Delta_n = X - l_n$$

将上列等式相加，并除以 n 得

$$\frac{[\Delta]}{n} = X - \frac{[l]}{n} = X - x \text{ 或 } X = x + \frac{[\Delta]}{n} \tag{1-2-6}$$

根据偶然误差的第四个特性，当观测次数 $n \to \infty$ 时，$\frac{[\Delta]}{n}$ 就会趋近于零，即

$$\lim_{n \to \infty} \frac{[\Delta]}{n} = 0$$

也就是说，当观测次数无限增大时，观测值的算术平均值 x 趋近于该量的真值 X。但在实际工作中，不可能对某一量进行无限次的观测，因此，就把有限个观测值的算术平均值作为该量的最或是值。

4. 观测值的改正值

算术平均值与观测值之差称为观测值的改正值（用 v 表示）。

$$\begin{aligned} v_1 &= x - l_1 \\ v_2 &= x - l_2 \\ &\cdots\cdots \\ v_n &= x - l_n \end{aligned} \tag{1-2-7}$$

将上列等式相加得

$$[v] = nx - [l]$$

将 $x = \frac{[l]}{n}$ 代入上式得

$$[v] = n\frac{[l]}{n} - [l] = 0 \tag{1-2-8}$$

即一组等精度观测值的改正值之和恒等于零。这一结论可以作为计算工作的校核。

二、任务实施

在等精度的观测条件下，若偶然误差较集中于零附近，则可以认为其误差分布的离散度小，表明该组观测质量较好，也就是观测精度高；反之则称其误差分布离散度大。表明该组观测质量较差，也就是观测精度低。所谓精度，就是指误差分布的密集或离散的程度。精度的衡量可以用上述列表或作图的方法，但都比较麻烦。人们需要对精度有一个数字概念，这种数字能够反映其离散度的大小，因此称为衡量精度的指标。衡量精度的指标有多种，其中常用的有以下几种。

1. 中误差

在一定观测条件下观测结果的精度，取标准差 σ 是比较合适的。但是，在实际测量工作中，不可能对某一量作无穷多次观测，因此，定义按有限次数观测值的偶然误差（真误差）求得标准差的估值为中误差 m，即

$$m = \pm\sqrt{\frac{\Delta_1^2 + \Delta_2^2 + \cdots + \Delta_n^2}{n}} = \pm\sqrt{\frac{[\Delta\Delta]}{n}} \tag{1-2-9}$$

例 1-2-1：对一个三角形的内角进行 2 组各 10 次的观测，根据 2 组观测值中的偶然误差（三角形的角度闭合差），求得中误差，如表 1-2-2 所示。

按观测值的真误差计算中误差　　表 1-2-2

次序	第一组观测			第二组观测		
	观测值 l (° ′ ″)	真误差 Δ(″)	Δ^2	观测值 l (° ′ ″)	真误差 Δ(″)	Δ^2
1	180 00 00	0	0	180 00 00	0	0
2	180 00 02	-2	4	179 59 59	+1	1
3	179 59 58	+2	4	180 00 07	-7	49
4	179 59 56	+4	16	180 00 02	-2	4
5	180 00 01	-1	1	180 00 01	-1	1
6	180 00 00	0	0	179 59 59	+1	1
7	180 00 04	-4	16	179 59 52	+8	64
8	179 59 57	+3	9	180 00 00	0	0
9	179 59 58	+2	4	179 59 57	+3	9
10	180 00 03	-3	9	180 00 01	-1	1
Σ		+1	63		+2	130
观测值中误差	$m_1=\pm\sqrt{\frac{[\Delta\Delta]}{n}}=2.5''$			$m_2=\pm\sqrt{\frac{[\Delta\Delta]}{n}}=3.6''$		

由此可见,第二组观测值的中误差 m_2 大于第一组观测值的中误差 m_1,因此,第二组观测值相对来说精度较低。

一组等精度观测值在真值已知的情况下,可以计算观测值的真误差,按式(1-2-9)计算观测值的中误差。应用式(1-2-9)是需要知道观测对象(的)真值 X 的,而在实际工作中,观测值的真值 X 往往是不知道的,真误差 Δ_i 也就无法求得,此时,就不可能用公式(1-2-9)求中误差。从上节知道,在同样的观测条件下,对某一量进行 n 次观测,可以求其最或是值——算术平均值 x 及各个观测值的改正值 v_i;并且也知道,x 在观测次数无限增多时将趋近于真值 X。在观测次数有限时,以算术平均值 x 代替真值 X,以改正值 v_i 代替真误差 Δ_i。由此得到按观测值的改正值计算观测值的中误差的实用公式:

$$m=\pm\sqrt{\frac{[vv]}{n-1}} \tag{1-2-10}$$

上式可根据偶然误差的特性来证明。

由式(1-2-1)和式(1-2-7)可写出

$$\begin{aligned}
\Delta_1 &= X-l_1 \qquad & v_1 &= x-l_1\\
\Delta_2 &= X-l_2 \qquad & v_2 &= x-l_2\\
&\cdots\cdots & &\cdots\cdots\\
\Delta_n &= X-l_n \qquad & v_n &= x-l_n
\end{aligned}$$

将上两组左右两式分别相减得

$$\begin{aligned}
\Delta_1 &= v_1+(X-x)\\
\Delta_2 &= v_2+(X-x)\\
&\cdots\cdots\\
\Delta n &= v_n+(X-x)
\end{aligned} \tag{1-2-11}$$

上列各式取其总和，并顾及 $[v]=0$，得到

$$[\Delta] = nX - nx$$

$$X - x = \frac{[\Delta]}{n} \tag{1-2-12}$$

为了求得 $[\Delta\Delta]$ 与 $[vv]$ 的关系，将式(1-2-11)等号两端平方，取其总和，并顾及 $[v]=0$，得到

$$[\Delta\Delta] = [vv] + n(X-x)^2 \tag{1-2-13}$$

上式中

$$(X-x)^2 = \frac{[\Delta]^2}{n^2} = \frac{\Delta_1^2 + \Delta_2^2 + \cdots + \Delta_n^2}{n^2} + \frac{2(\Delta_1\Delta_2 + \Delta_1\Delta_3 + \cdots + \Delta_{n-1}\Delta_n)}{n^2}$$

上式中右端第二项中 $\Delta_i\Delta_j(i \neq j)$ 为任意两个偶然误差的乘积，它仍然具有偶然误差的特性。根据偶然误差的第四个特性，有

$$\lim_{n\to\infty} \frac{\Delta_1\Delta_2 + \Delta_1\Delta_3 + \cdots + \Delta_{n-1}\Delta_n}{n} = 0$$

当 n 为有限值时，上式分子的值远比 $[\Delta\Delta]$ 小，可以忽略不计，因此

$$(X-x)^2 = \frac{[\Delta\Delta]}{n^2} \tag{1-2-14}$$

将上式代入式(1-2-13)得到

$$[\Delta\Delta] = [vv] + \frac{[\Delta\Delta]}{n} \quad 即 \quad \frac{[\Delta\Delta]}{n} = \frac{[vv]}{n-1} \tag{1-2-15}$$

例 1-2-2：对于某一水平角，在等精度的观测条件下进行5次观测，求其算术平均值及观测值的中误差，如表1-2-3所示。

按观测值的改正值计算中误差 表 1-2-3

次数	观测值 l (° ′ ″)	改正值 v (″)	vv	计算算术平均值
1	35 42 49	−4	16	$x = \frac{[l]}{n} = 35°42'45''$ 观测值中误差： $m = \pm\sqrt{\frac{[vv]}{n-1}} = \pm\sqrt{\frac{60}{4}} = \pm 3.87''$
2	35 42 40	+5	25	
3	35 42 42	+3	9	
4	35 42 46	−1	1	
5	35 42 48	−3	9	
Σ		0	60	

2. 容许误差

由偶然误差的第一特性得到，在等精度的观测条件下，偶然误差的绝对值不会超过一定的限值。根据误差理论和实践证明：在大量同精度观测的一组误差中，误差落在 $(-m, +m)$、$(-2m, +2m)$、$(-3m, +3m)$ 的概率分别为

$$P(|\Delta| < m) \approx 68.3\%$$

$$P(|\Delta| < 2m) \approx 95.4\%$$

$$P(|\Delta| < 3m) \approx 99.7\%$$

可见绝对值大于3倍中误差的偶然误差出现的概率仅有0.3%，绝对值大于两倍中误差

的偶然误差出现的概率约占5%，因此通常以两倍中误差作为偶然误差的极限值，并称为极限误差或容许误差。

$$\Delta_{容} = 2m$$

在测量工作中，如某观测量的误差超过了容许误差，就可以认为它是错误的，其观测值应舍去重测。

3. 相对误差

衡量测量成果的精度高低，有时单靠中误差还不能完全表达测量结果的质量。例如，用钢尺丈量100m和200m的两段距离，中误差均为±2cm。虽然它们的中误差相同，但不能认为两者的精度一样；因为量距误差与丈量的长度有关，因此，当观测量的精度与观测量本身大小相关时，我们应用精度指标——相对误差来衡量。

相对误差是用误差的绝对值与观测值之比来衡量精度高低的，相对误差是一个无名数。在测量中一般将分子化为1，即用1/N来表示。相对误差的分母N越大，精度越高。上述两段距离，其相对中误差分别为

$$K_1 = 0.02/100 = 1/5\,000$$
$$K_2 = 0.02/200 = 1/10\,000$$

用公式表示：

$$K = 1/x/|m|$$

学习情境二　地面点位的确定

工作任务一　地面点位的确定方法

学习目标

1. 叙述测量中表达地面点空间位置的定位体系；
2. 熟悉地面点测量内容、平面坐标和高程的确定方法；
3. 分析平面坐标的类型，选择合适的平面坐标系；了解高程测量的基准面，选择正确的水准原点；
4. 根据《公路勘测规范》(JTG C10—2007)了解地面点位的确定方法；
5. 正确认知确定地面点位的几何元素：距离、角度和高差。

任务描述

学习如何通过测量工作确定地面点的位置。本工作任务的内容是掌握高程基准面和测量坐标系的确定方法，通过基本的距离、角度和高差测量，完成对地面点位的确定。

学习引导

本学习任务沿着以下脉络进行学习：

相关理论知识的学习 → 高程基准面的确定方法 → 测量坐标系的确定方法 → 测量坐标系间的转换方法 → 高程的计算方法

一、相关知识

1. 测量的基准面

实际测量工作是在地球的自然表面上进行的，而地球自然表面是很不规则的，有陆地、海洋、高山和平原，通过长期的测绘工作和科学调查了解到，地球表面上海洋面积约占71%，陆地面积占29%。人们把地球总的形状看作是被海水包围的球体，也就是设想有一个静止的海水面，向陆地延伸而形成一个封闭的曲面，我们把这个静止的海水面称为水准面。水准面是一个处处与重力方向垂直的连续曲面，如图2-1-1a)所示。

水准面在小范围内近似一个平面，而完整的水准面是被海水包围的封闭曲面。因为符合上述水准面特性的水准面有无数个，其中最接近地球形状和大小的是通过平均海水面的那个水准面，这个唯一而确定的水准面叫大地水准面，大地水准面就是测量的基准面，如图2-1-1b)所示。

由于地球内部质量分布不均匀，导致地面上各点的重力方向(即铅垂线方向)产生不规则的变化，因而大地水准面实际上是一个有微小起伏的不规则曲面。如果将地面上的图形投影到这个不规则的曲面上，将无法进行测量计算和绘图，为此必须用一个和大地水准面的形状非常接近的可用数学公式表达的几何形体来代替大地水准面。在测量上是选用椭圆绕其短轴旋转而成的参考旋转椭球体面作为测量计算的基准面，如图 2-1-1c）所示。

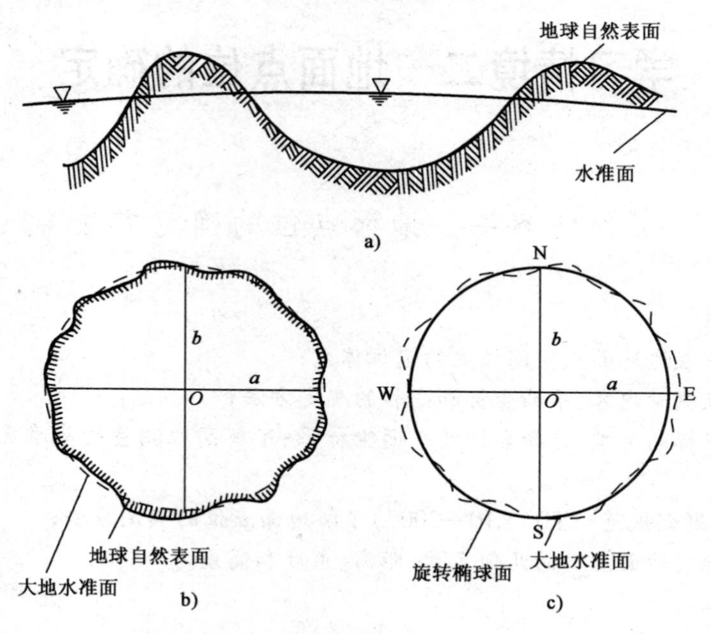

图 2-1-1　测量的基准面

目前我国所采用的参考椭球体是“1980 年国家大地坐标系”，其参考椭球体元素为：

$$\left.\begin{array}{ll}\text{长半轴} & a=6\,378\,140\text{m}\\ \text{短半轴} & b=6\,356\,755.3\text{m}\\ \text{扁率} & \alpha=(a-b)/a=1/298.257\end{array}\right\}\qquad(2\text{-}1\text{-}1)$$

当测区范围不大时，可以把地球椭球体当作圆球看待，取其半径为 6371km。

2. 地面点的（测量）坐标系统

地面点在投影面上的坐标，根据具体情况，可选用下列三种坐标系统中的一种来表示。

（1）大地坐标系

在大地坐标系中，地面点在旋转椭球面上的投影位置用大地经度 L 和大地纬度 B 来表示，如图 2-1-2所示。NS 为椭球的旋转轴，N 表示北极，S 表示南极，O 为椭球中心。

通过椭球中心与椭球旋转轴正交的平面称为赤道平面。赤道平面与地球表面的交线称为赤道。

通过椭球旋转轴的平面称为子午面。其中通过英国伦敦原格林尼治天文台的子午面称为起始子午面。子午面与椭球面的交线称为子午线。

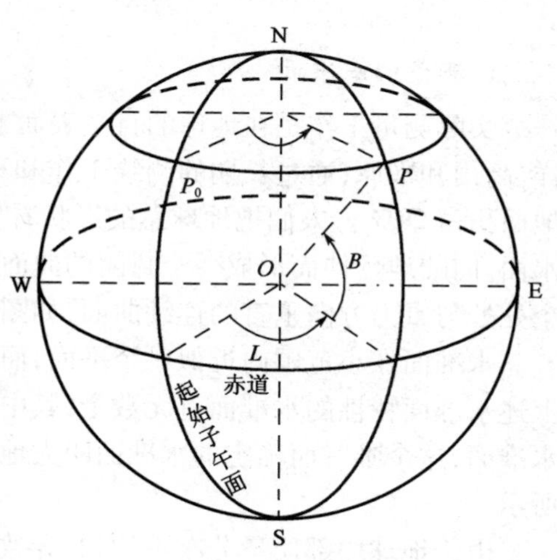

图 2-1-2　大地坐标系

图 2-1-2 中 P 点的大地经度就是通过该点的子午面与起始子午面的夹角，用 L 表示，从起始子午面算起，向东自 0° ~180°称为东经；向西自 0° ~180°称

为西经。

P 点的大地纬度就是该点的法线（与椭球面垂直的线）与赤道面的交角，用 *B* 表示。从赤道面起算，向北自 0°～90°称为北纬；向南自 0°～90°称为南纬。

大地经度 *L* 和大地纬度 *B* 统称大地坐标。地面点的大地坐标是根据大地测量数据由大地原点（大地坐标原点）推算而得的。我国“1980 年国家大地坐标系”的大地原点位于陕西省泾阳县永乐镇境内，在西安市以北约 40km 处。以前使用的“1954 年北京坐标系”是新中国成立初期从原苏联引测过来的。

（2）高斯平面直角坐标系

在研究大范围的地球形状和大小时，必须用大地坐标表示地面点的位置才符合实际。但在绘制地形图时，只能将参考椭球面上的图形用地图投影的方法描绘到纸的平面上，这就需要用相应的地图投影方法建立一个平面直角坐标系。我国从 1952 年开始采用高斯投影作为地形图的基本投影，并以高斯投影的方法建立了高斯平面直角坐标系。由于投影具有规律性，因而地面点的高斯平面坐标与大地坐标可以相互转换。

高斯投影是地球椭球体面正投影于平面的一种数学转换过程。为简单起见，可以用下面形象的投影过程来解说这种投影规律。

如图 2-1-3a）所示，设想将截面为椭圆的一个椭圆柱横套在地球椭球体外面，并与椭球体面上某一条子午线（如 *NDS*）相切，同时使椭圆柱的轴位于赤道面内并通过椭球体中心，椭圆柱面与椭球体面相切的子午线称为中央子午线。若以椭球中心为投影中心，将中央子午线两侧一定经差范围内的椭球图形投影到椭圆柱面上，再顺着过南、北极点的椭圆柱母线将椭圆柱面剪开，展成平面，如图 2-1-3b）所示，这个平面就是高斯投影平面。

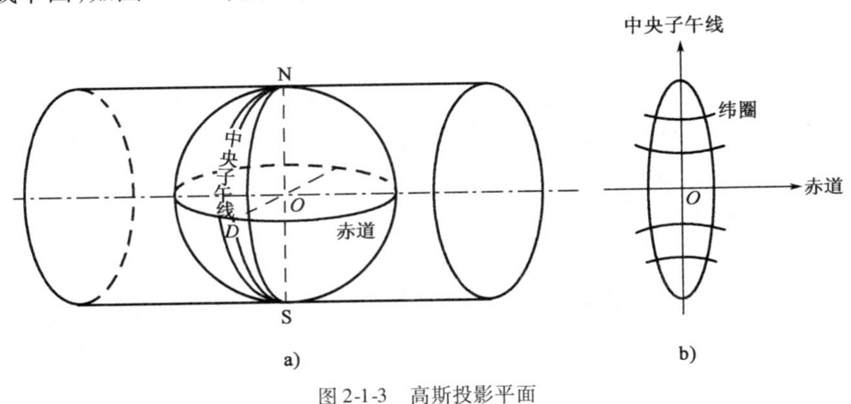

图 2-1-3　高斯投影平面

在高斯投影平面上，中央子午线投影为直线且长度不变，赤道投影后为一条与中央子午线正交的直线，离开中央子午线的线段投影后均要发生变形，且均较投影前长一些。离开中央子午线愈远，长度变形愈大。

为了使投影误差不致影响测图精度，规定以经差 6°或更小的经差为准来限定高斯投影的范围，每一投影范围叫一个投影带。如图 2-1-4a）所示，6°带是从东经 0°子午线算起，以经度每隔 6°为一带，将整个地球划分成 60 个投影带，并用阿拉伯数字 1，2，…，60 顺次编号，叫做高斯 6°投影带（简称 6°带）。6°带中央子午线经度 L_0 与投影带号 N_e 之间的关系式为：

$$L_0 = N_e \times 6° - 3° \quad (2\text{-}1\text{-}2)$$

例 2-1-1：某城市中心的经度为 116°24′，求其所在高斯投影 6°带的中央子午线经度 L_0 和投影带号 N_e。

解:据题意,其高斯投影6°带的带号为:

$$N_e = \text{INT}(116°24'/6 + 1) = 20 \quad (\text{INT 为取整数})$$

中央子午线经度为:

$$L_0 = 20 \times 6° - 3° = 117°$$

对于大比例尺测图,则需采用3°带或1.5°带来限制投影误差。3°带与6°带的关系如图2-1-4b)所示。3°带是以东经1°30′开始,第一带的中央子午线是东经3°。

采用分带投影后,由于每一投影带的中央子午线和赤道的投影为两正交直线,故可取两正交直线的交点为坐标原点。中央子午线的投影线为坐标纵轴(X 轴),向北为正;赤道投影线为坐标横轴(Y 轴),向东为正,这就是全国统一的高斯平面直角坐标系。

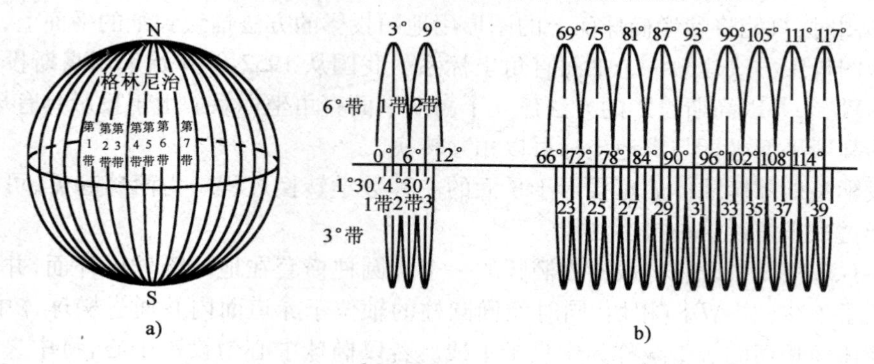

图2-1-4 投影带

我国位于北半球,纵坐标均为正值,横坐标则有正有负,如图2-1-5a)所示,$Y_a = +148\,680.54\text{m}$,$Y_b = -134\,240.69\text{m}$。为了避免横坐标出现负值和标明坐标系所处的带号,规定将坐标系中所有点的横坐标值加上500km(相当于各带的坐标原点向西平移500km),并在横坐标前冠以带号。图2-1-5b)中所标注的横坐标为:$Y_a = 20\,648\,680.54\text{m}$,$Y_b = 20\,365\,759.31\text{m}$。这就是高斯平面直角坐标的通用值,最前两位数20表示带号,不加500km和带号的横坐标值称为自然值。

高斯平面直角坐标系的应用大大简化了测量计算工作,它把在椭球体面上的观测元素全部改化到高斯平面上进行计算,这比在椭球体面上解算球面图形要简单得多。在公路工程测量中也经常应用高斯平面直角坐标系,如高速公路的勘测设计和施工测量就是在高斯平面直角坐标系中进行的。

(3)平面直角坐标系

当测量的范围较小时,可以把该测区的球面当作平面看待,直接将地面点沿铅垂线投影到水平面上,用平面直角坐标来表示它的投影位置,如图2-1-6所示。

测量上选用的平面直角坐标系,规定纵坐标轴为 X 轴,表示南北方向,向北为正;横坐标轴为 Y 轴,表示东西方向,向东为正;坐标原点可假定,也可选在测区的已知点上。象限按顺时针方向编号,测量所用的平面直角坐标系之所以与数学上常用的直角坐标系不同,是因为测量上的直线方向都是从纵坐标轴北端顺时针方向量度的,而三角学中三角函数的角则是从横坐标轴正端按逆时针方向量度,把 X 轴与 Y 轴互换后,全部三角公式都能在测量计算中应用。

3.地面点的高程系统

地面点到大地水准面的铅垂距离,称为该点的绝对高程或海拔,简称高程。它与地面点的坐标共同确定地面点的空间位置。在图2-1-7中地面点 A、B 的高程分别为 H_a、H_b。

国家高程系统的建立，通常是在海边设立验潮站，经过长期观测推算出平均海水面的高度，并以此为基准在陆地上设立稳定的国家水准原点。我国曾采用青岛验潮站 1950～1956 年观测资料推算黄海平均海水面作为高程基准面，称为“1956 年黄海高程系”，并在青岛观象山的一个山洞里建立了国家水准原点，其高程为 72.289m。由于验潮资料不足等原因，我国自 1987 年启用“1985 年国家高程基准”。这是采用青岛大港验潮站 1952～1979 年的潮汐观测资料计算的平均海水面，依此推算的国家水准原点高程为 72.260m。

当在局部地区进行高程测量时，也可以假定一个水准面作为高程起算面。地面点到假定水准面的铅垂距离称为假定高程或相对高程。在图 2-1-7 中，A、B 两点的相对高程为 H_a'、H_b'。

地面上两点高程之差称为这两点的高差，图 2-1-7 中 A、B 两点间的高差为：

$$h_{ab} = H_b - H_a = H_b' - H_a' \tag{2-1-3}$$

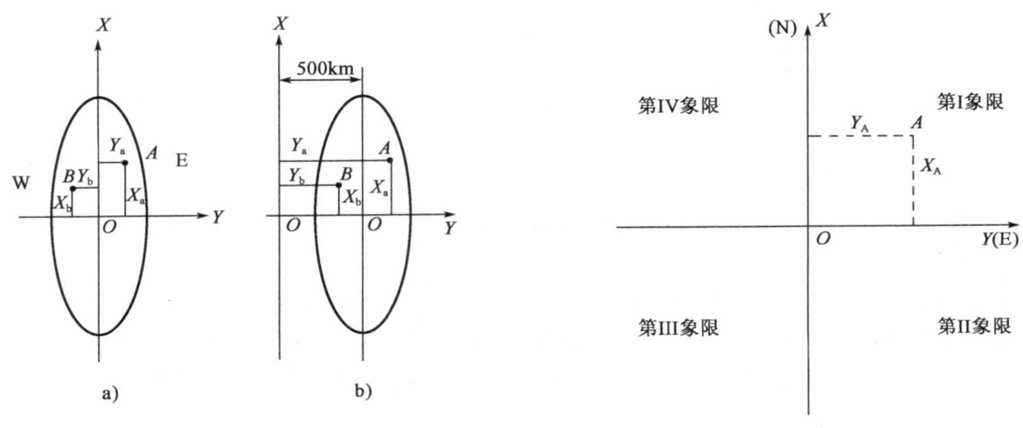

图 2-1-5　高斯平面直角坐标系

图 2-1-6　平面直角坐标系

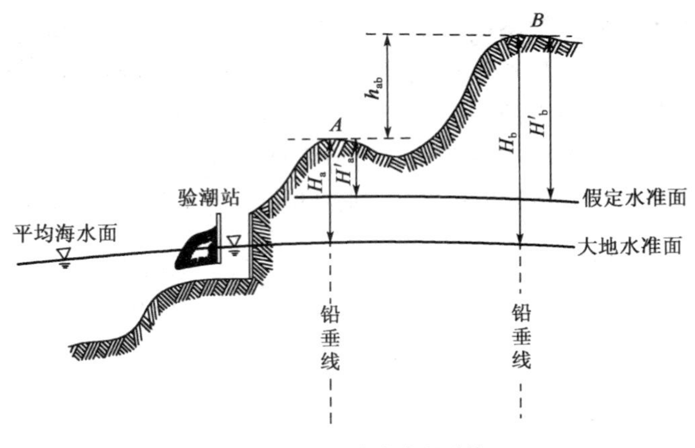

图 2-1-7　地面点的高程系统

二、任 务 实 施

1. 测量的基本工作

根据前面所述，测量工作的基本内容是确定地面点的位置。它有两方面的含义，一方面是将地面点的实际位置用坐标和高程表示出来；另一方面是根据点位的设计坐标和高程将其在实地上的位置标定出来。要完成上述的任务，必须用测量仪器通过一定的观测方法和手段测出已知点与未知点之间所构成的几何元素，才能由已知点导出未知点的位置。

点与点之间构成的几何元素有：距离、角度和高差，这三个基本元素称之为测量三要素。如图 2-1-8 所示，a、b、c 为地面点在水平面上的投影位置，确定这些点的位置不是直接在地面上测定它们的坐标和高程，而是首先测定相邻点间的几何元素，即距离 D_1、D_2、D_3，水平角 β_1、β_2、β_3 和高差 h_{Fa}、h_{ab}、h_{bc}。再根据已知点 E、F 的坐标及高程来推算 a、b、c 各点的坐标和高程。由此可见，距离、角度和高差是确定地面点位置的三个基本元素，而距离测量、角度测量和高程测量是测量的基本工作。

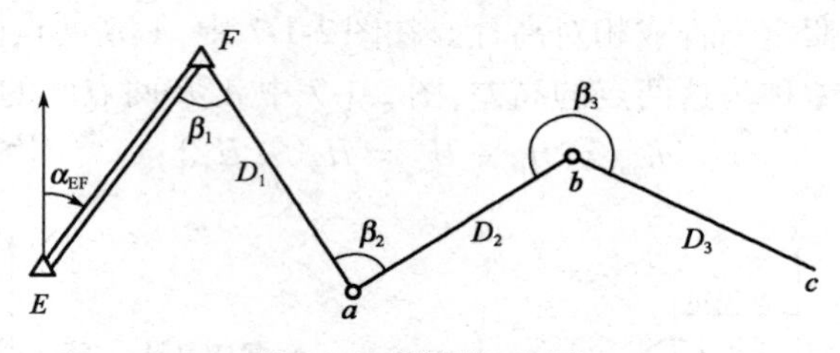

图 2-1-8　测量的三要素

2. 控制测量的概念

为了测定控制点的坐标和高程所进行的测量工作称之为控制测量。它包括平面控制测量和高程控制测量。

控制测量是整个测量过程中的重要环节，它起着控制全局的作用。对于任何一项测量任务，必须先进行整体性的控制测量，然后以控制点为基础进行局部或碎部测量。例如大桥的施工测量，首先建立施工控制网，进行符合精度要求的控制测量，然后在控制点上安置仪器进行桥梁墩台位置等的放样。

在我国广大的区域内，测绘部门已布设了高精度的国家平面控制网和国家高程控制网。国家基本的平面和高程控制按照精度的不同，分为一、二、三、四等，由高级到低级逐级布设。

由于国家基本的平面和高程控制点的密度（如四等平面控制点的平均间距为 4km）远不能满足地形测图测绘和工程建设的需要。因此，在国家基本控制点的基础上还需进行小区域的平面和高程控制测量。本书将在后续学习情境中详细讲述小区域控制测量（即平面控制测量——导线和小三角测量；高程控制测量——水准测量）的布网形式、测量与计算方法。

工作任务二　经纬仪测角

学习目标

1. 叙述角度（水平角、竖直角）测量原理；

2. 会操作、使用、检验光学经纬仪，会用测回法和方向观测法测量水平角，会测定竖直角；

3. 分析水平角观测与竖直角观测的异同，计算水平角与竖直角；

4. 根据《公路勘测规范》（JTG C10—2007）规定，使用 DJ_6 级和 DJ_2 级经纬仪完成角度观测；

5. 正确完成水平角和竖直角的测量以及角度计算。

任务描述

学习经纬仪的架设方法，学会读取读数。本工作任务的内容是掌握角度测量原理及经纬仪角度测量方法，并能熟练使用经纬仪测角。

学习引导

本学习任务沿着以下脉络进行学习：

相关理论知识的学习 → 认识经纬仪 → 架设经纬仪（对中，整平）→ 读取水平读盘和竖直读盘读数 → 角度观测方法 → 上交测量成果资料

一、相关知识

1. 水平角测量原理

地面上从一点出发的两直线之间的夹角在水平面上的投影称为水平角。如图 2-2-1 所示，A、O、B 为地面上任意三个点，将此三个点沿铅垂线方向投影到同一水平面 P 上，得到 a、o、b 三个点。水平面上 oa 与 ob 之间的夹角 β 即为地面上 OA、OB 两方向之间的水平角。换言之，地面上任意两方向之间的水平角就是通过这两个方向的竖直面所夹的二面角。水平角的取值范围是 0°～360°，没有负值。

为了测出水平角的大小，设在 o 点水平地放置一个度盘，度盘的刻度中心 o 通过二面角的交线，也就是使 o 位于 O 点的铅垂线上。过 OA 和 OB 的两竖直面与度盘的交线在度盘上的读数分别为 a 和 b，如果度盘注记的增加方向是顺时针的，则水平角

$$\beta = b - a \tag{2-2-1}$$

2. 竖直角测量原理

在同一竖直面内视线与水平线之间的夹角称为竖直角。当视线方向位于水平线之上称为仰角，符号为正；视线方向位于水平线之下称为俯角，符号为负。如图 2-2-2 所示。

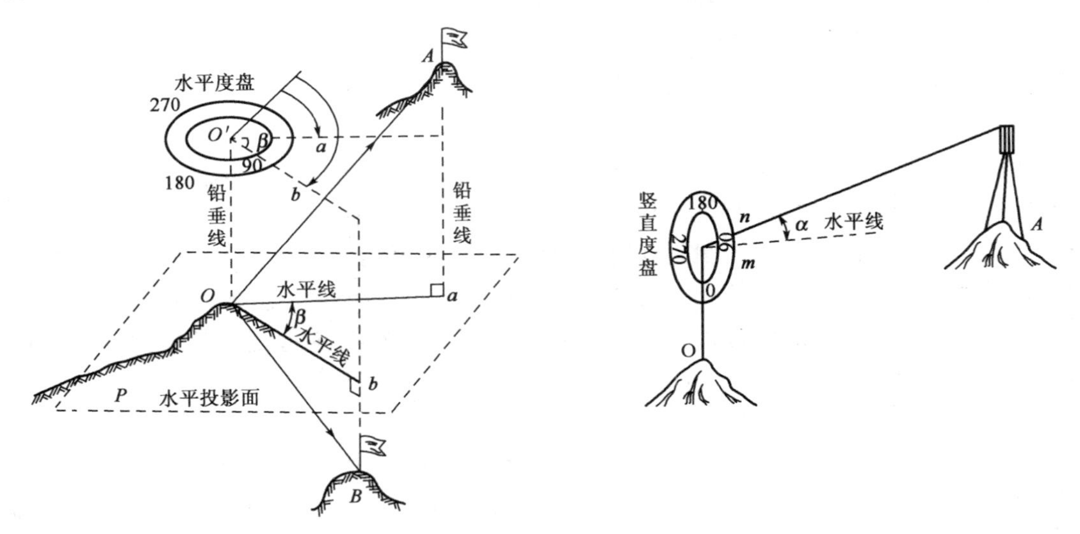

图 2-2-1　水平角测量原理图示

图 2-2-2　竖直角测量原理

为了测定竖直角，可在 O 点放置竖直度盘，视线方向与水平线在竖直度盘上的读数之差，即为所求的竖直角。

用于测量水平角和竖直角的仪器称为经纬仪。

3. 光学经纬仪

目前使用广泛的测角仪器是光学经纬仪。光学经纬仪采用玻璃度盘和光学测微装置，具有精度高、体积小、重量轻、使用方便等优点。经纬仪的种类很多，按其精度分，工程上等级有 $DJ_{0.7}$、DJ_1、DJ_2、DJ_6、DJ_{16} 和 DJ_{20} 等六级，代号中的“D”、“J”分别为“大地测量”和“经纬仪”的汉语拼音第一个字母；下标的数字是以秒为单位的精度指标，数字愈小，其精度越高。例如，DJ_6 便是 6"级光学经纬仪（“6”表示该种仪器野外一测回方向观测中误差是 6" 或略小于 6"），经纬仪因其精度等级不同或生产厂家不同，其具体的结构可能不尽相同，但他们的基本构造是一样的。

1）DJ_6 级光学经纬仪

图 2-2-3 所示是我国某光学仪器厂生产的 DJ_6 级光学经纬仪，它主要由照准部（包括望远镜、竖直度盘、水准器、读数设备）、水平度盘、基座三部分组成。现将各组成部分分别介绍如下。

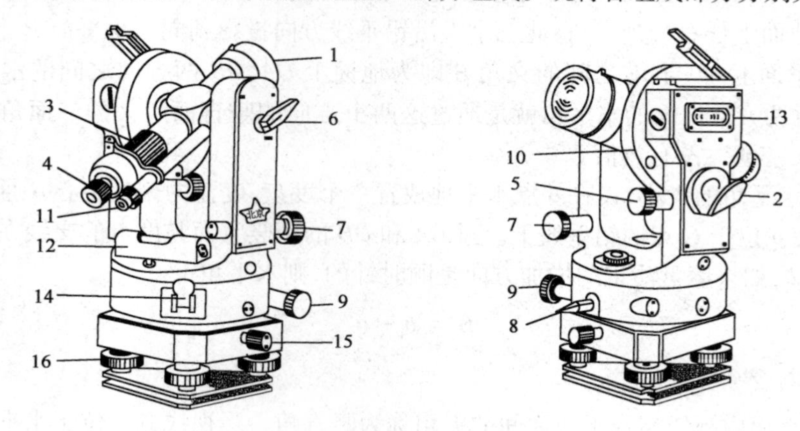

图 2-2-3　DJ_6 级光学经纬仪

1-物镜；2-采光镜；3-望远镜对光螺旋；4-目镜调焦螺旋；5-望远镜制动螺旋；6-垂直制动螺旋；7-垂直微动螺旋；8-水平制动螺旋；9-水平微动螺旋；10-竖直度盘；11-读数窗；12-管水准器；13-竖盘指标水准管；14-复测钮；15-轴座固定螺旋；16-脚螺旋

（1）望远镜

望远镜的构造和水准仪望远镜的构造基本相同，是用来照准远方目标的。它和横轴固连在一起放在支架上，并要求望远镜视准轴垂直于横轴，当横轴水平时，望远镜绕横轴旋转的视准面是一个铅垂面。为了控制望远镜的俯仰程度，在照准部外壳上还设置有一套望远镜制动和微动螺旋。在照准部外壳上还设置有一套水平制动和微动螺旋，以控制水平方向的转动。当拧紧望远镜或照准部的制动螺旋后，转动微动螺旋，望远镜或照准部才能做微小的转动。

（2）水平度盘

水平度盘是用光学玻璃制成圆盘，在盘上按顺时针方向从 0°到 360°刻有等角度的分画线。相邻两刻画线的格值有 1°或 30′两种。度盘固定在轴套上，轴套套在轴座上。水平度盘和照准部两者之间的转动关系，由离合器扳手或度盘变换手轮控制。

（3）读数设备

我国制造的 DJ_6 级光学经纬仪大多采用分微尺读数设备，它把度盘和分微尺的影像，通过一系列透镜的放大和棱镜的折射，反映到读数显微镜内进行读数。在读数显微镜内就能看到水平度盘和分微尺影像，如图 2-2-4 所示。度盘上两分画线所对的圆心角，称为度盘分画值。

在读数显微镜内所见到的长刻画线和大号数字是度盘分画线及其注记，短刻画线和小号数字是分微尺的分画线及其注记。分微尺的长度等于度盘1°的分画长度，分微尺分成6大格，每大格又分成10小格，每小格格值为1′，可估读到0.1′。分微尺的0°分画线是其指标线，它所指度盘上的位置与度盘分画线所截的分微尺长度就是分微尺的读数值。为了直接读出小数值，使分微尺注数增大方向与度盘注数方向相反，读数时，以在分微尺上的度盘分画线为准读取度数，而后读取该度盘分画线与分微尺指标线之间的分微尺读数的分数，并估读到0.1′，即得整个读数值。在图2-2-4中水平度盘读数为180°06.4′，竖直度盘读数为75°57.2′。

（4）竖直度盘

竖直度盘固定在横轴的一端，当望远镜转动时，竖盘也随之转动，用以观测竖直角。另外，在竖直度盘的构造中还设有竖盘指标水准管，它由竖盘水准管的微动螺旋控制。每次读数前，都必须首先使竖盘水准管气泡居中，以使竖盘指标处于正确位置。目前光学经纬仪普遍采用竖盘自动归零装置来代替竖盘指标水准管，既提高了观测速度又提高了观测精度。

（5）水准器

照准部上的管水准器用于精确整平仪器，圆水准器用于概略整平仪器。

（6）基座部分

基座是支撑仪器的底座。基座上有三个脚螺旋，转动脚螺旋可使照准部水准管气泡居中，从而使水平度盘水平。基座和三角架头用中心螺旋连接，可将仪器固定在三脚架上，中心螺旋下有一小钩可挂垂球，测角时用于仪器对中。光学经纬仪还装有直角棱镜光学对中器，如图2-2-5所示。光学对中器比垂球对中具有精确度高和不受风吹摇动干扰的优点。

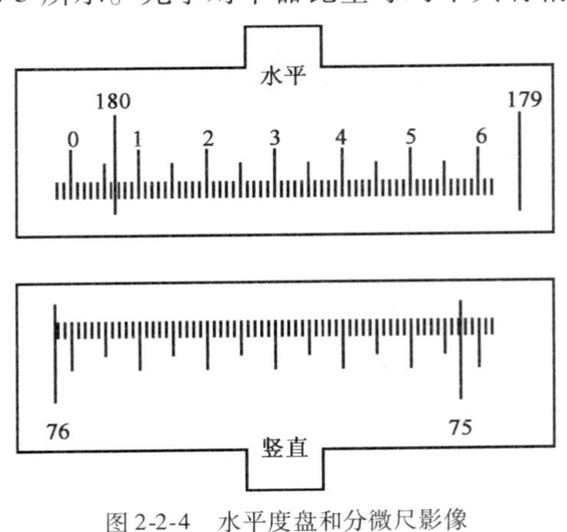

图2-2-4　水平度盘和分微尺影像

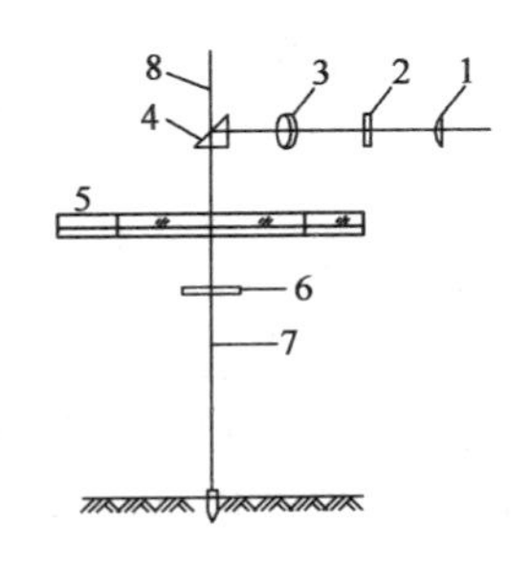

图2-2-5　直角棱镜光学对中器

1-目镜；2-分画板；3-物镜；4-棱镜；5-水平度盘；6-保护玻璃；7-光学垂线；8-竖轴中心

2）DJ_2级光学经纬仪

DJ_2级光学经纬仪的构造，除轴系和读数设备外基本和DJ_6级光学经纬仪相同。我国某光学仪器厂生产的DJ_2级光学经纬仪外形如图2-2-6所示。下面着重介绍它和DJ_6级光学经纬仪的不同之处。

（1）水平度盘变换手轮

水平度盘变换手轮的作用是变换水平度盘的初始位置。水平角观测中，根据测角需要，对起始方向观测时，可先拨开手轮的护盖，再转动该手轮，把水平度盘的读数值设置为所规定的读数。

（2）换像手轮

在读数显微镜内一次只能看到水平度盘或竖直度盘的影像，若要读取水平度盘读数时，要转动换像手轮 10,使轮上指标红线成水平状态,并打开水平度盘反光镜 5,此时显微镜呈现水平度盘的影像。若打开竖直度盘的反光镜 1 时,转动换像手轮,使轮上指标线竖直时,则可看到竖盘影像。

(3)测微手轮

测微手轮是 DJ_2 级光学经纬仪的读数装置。对于 DJ_2 级经纬仪,其水平度盘(或竖直度盘)的刻画形式是把每度分画线间又等分刻成三格,格值等于 20′。通过光学系统,将度盘直径两端分画的影像同时反映到同一平面内上,并被一横线分成正、倒像,一般正字注记为正像,倒字注记为倒像。图 2-2-7 所示为读数窗示意图,测微尺上刻有 600 格,其分画影像见图中小窗。当转动测微手轮使分微尺由零分画移动到 600 分画时,度盘正、倒对径分画影像等量相对移动一格,故测微尺上 600 格相应的角值为 10′,一格的格值等于 1″。因此,用测微尺可以直接测定 1″的读数,从而起到了测微作用。图 2-2-7 中的读数值为 30°20′+8′00″=30°28′00″。

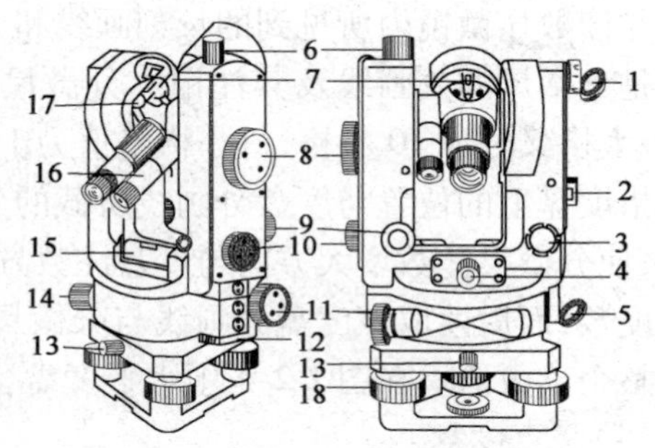

图 2-2-6　DJ_2 级光学经纬仪

1-竖盘反光镜;2-竖盘指标水准管观察镜;3-竖盘指标水准管微动螺旋;4-光学对中器目镜;5-水平度盘反光镜;6-望远镜制动螺旋;7-光学瞄准器;8-测微手轮;9-望远镜微动螺旋;10-换像手轮;11-水平微动螺旋;12-水平度盘变换手轮;13-中心锁紧螺旋;14-水平制动螺旋;15-照准部水准管;16-读数显微镜;17-望远镜反光板手轮;18-脚螺旋

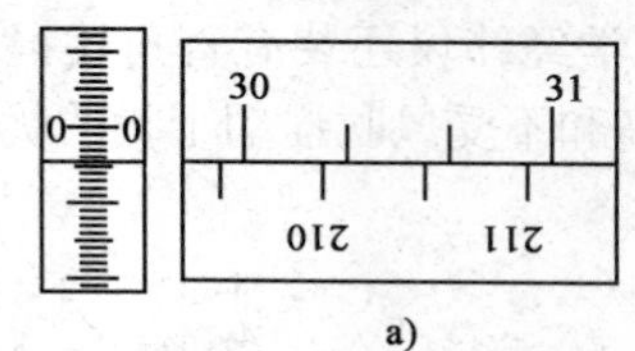

a)

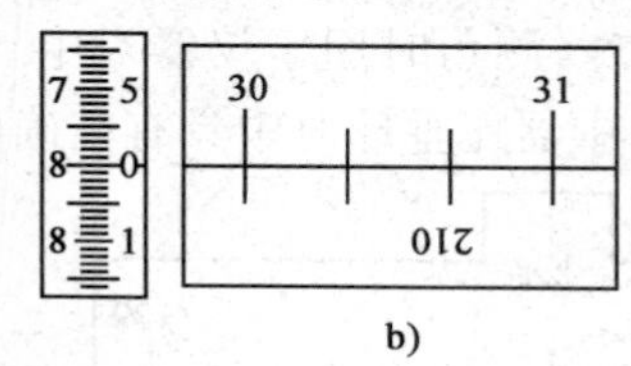

b)

图 2-2-7　读数窗示意图

具体读数方法如下:

①转动测微手轮,使度盘正、倒像分画线精密重合。

②由靠近视场中央读出上排正像左边分画线的度数,即 30°。

③数出上排的正像 30°与下排倒像 210°之间的格数再乘以 10′,就是整 10′的数值,即 20′。

④在旁边小窗中读出小于 10′的分、秒数。测微尺分画影像左侧的注记数字是分数,右侧的注记数字 1、2、3、4、5 是秒的十位数,即分别为 10″、20″、30″、40″、50″。将以上数值相加就得到整个读数。故其读数为:

度盘上的度数	30°
度盘上整 10′数	20′
测微尺上分、秒数	8′00″
全部读数为	30°28′00″

(4)半数字化读数方法

我国生产的新型 TDJ_2 级光学经纬仪采用了半数字化的读数方法,使读数更为方便,不易出错,如图 2-2-8 所示。中间窗口为度盘对径分画影像,没有注记,上面窗口为度和整 10′的注记,用小方框"⨅"标记欲读的整 10′数,下面窗口的上边大字为分,下边小字为"10″"。读数时,转动测微手轮使中间窗口的分画线上下重合,从上窗口读得 5°10′,下窗口读得 2′34″,全部读数为 5°12′34″。

4. 经纬仪的技术操作

经纬仪的技术操作包括:对中、整平、瞄准、读数四项。

1)对中

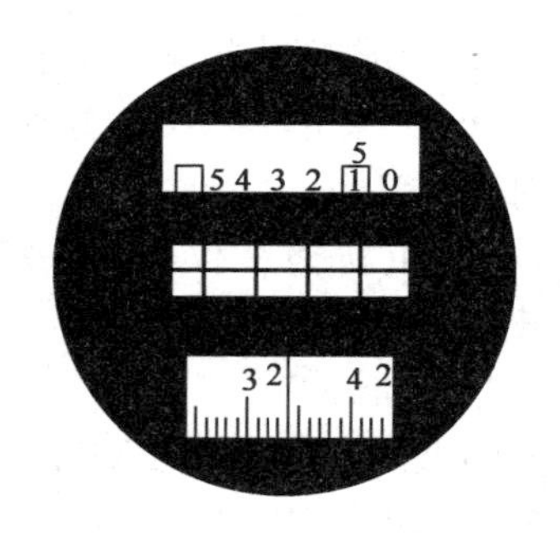

图 2-2-8　半数字化读数方法

对中的目的是使仪器的中心与测站的标志中心位于同一铅垂线上。进行对中时,先打开三脚架,放在测站上,使脚架头大致水平并使架头中心对准测站点,同时高度要适中,以便观测。然后踩实三脚架,装上仪器,旋紧中心螺旋,用经纬仪上的光学对中器进行对中。如对中器偏离测站点,就稍松开中心螺旋,在架头上移动仪器,使对中器准确对中再旋紧中心螺旋。如果在架头上移动仪器还无法对中,那就要调整三脚架的脚位。如果对中相差较大,则需将三脚架作等距离的平行移动。

2)整平

整平的目的是使仪器的竖轴铅垂,水平度盘居于水平位置。进行整平时,首先使水准管平行于两脚螺旋的连线,如图 2-2-9a)所示。操作时,两手同时向内(或向外)旋转两个脚螺旋使水准管气泡居中。气泡移动的方向与左手大拇指转动的方向一致;然后将仪器绕竖轴旋转 90°,如图 2-2-9b)所示,旋转另一个脚螺旋使气泡居中,气泡移动的方向也是与左手大拇指转动的方向一致。按上述方法反复进行,直至仪器旋转到任何位置时,水准管气泡都居中为止。气泡允许偏离零点的量以不超过半格为宜。有的经纬仪设置圆水准器,应先使圆水准器气泡居中,再按以上步骤使水准管气泡居中。

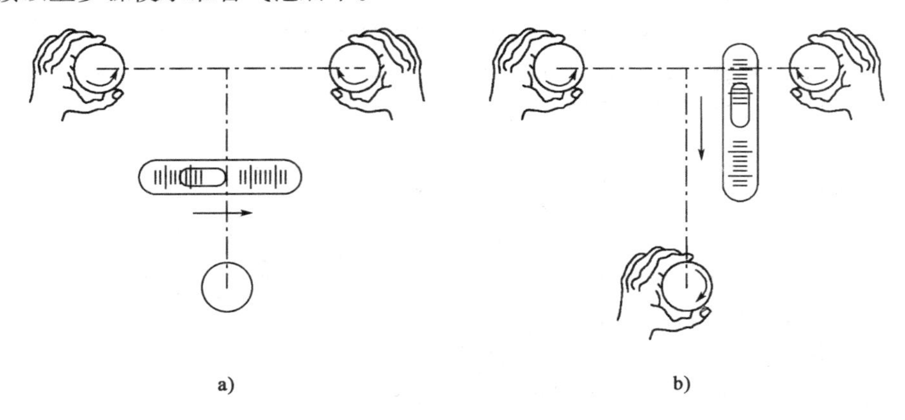

图 2-2-9　整平

上述两步技术操作称为经纬仪的安置。但用垂球对中受外界环境影响较大,且对中精度较低。目前生产的光学经纬仪均装置有光学对中器,若采用光学对中器进行对中,应与整平仪器结合进行,其操作步骤如下:

(1)将仪器置于测站点上,三个脚螺旋调至中间位置,架头大致水平。使光学对中器大致位于测站上,将三脚架踩实。

(2)旋转光学对中器的目镜,看清分画板上的圆圈,拉或推动目镜使测站点影像清晰。

(3)旋转脚螺旋使光学对中器对准测站点。

(4)伸缩三脚架腿,使圆水准器气泡居中。

(5)用脚螺旋精确整平管水准器。

(6)如果光学对中器分画圈不在测站点上，应松开连接螺旋，在架头上平移仪器，使分画圈对准测站点。

(7)重新整平仪器，依次反复进行直至仪器整平后，光学对中器分画圈对准测站点为止。

3)瞄准

瞄准的目的是使要瞄准的点的影像与十字丝交点重合。瞄准时，将望远镜对向远处，调节目镜对光螺旋使十字丝清晰。利用望远镜上的照门和准星或瞄准器粗略照准目标，然后拧紧望远镜制动螺旋和水平制动螺旋，进行物镜对光，使目标影像清晰，并消除视差。最后，转动水平和望远镜微动螺旋，使十字丝的交点与要瞄准的点重合。测量水平角时，照准点应选在目标底部。测量竖直角时，照准点应选在目标顶部。

4)读数

打开读数反光镜，调节视场亮度，转动读数显微镜对光螺旋，使读数窗影像清晰可见。读数时，除分微尺型直接读数外，凡在支架上装有测微轮的，均需先转动测微轮，使双指标线或对径分画线重合后方能读数，最后将度盘读数加分微尺读数或测微尺读数，才是整个读数值。

二、任务实施

1. 水平角观测方法

在水平角观测中，为发现错误并提高测角精度，一般要用盘左和盘右两个位置进行观测。当观测者对着望远镜的目镜，竖盘在望远镜的左边时称为盘左位置，又称正镜；若竖盘在望远镜的右边时称为盘右位置，又称倒镜。水平角观测方法一般有测回法和方向观测法两种。

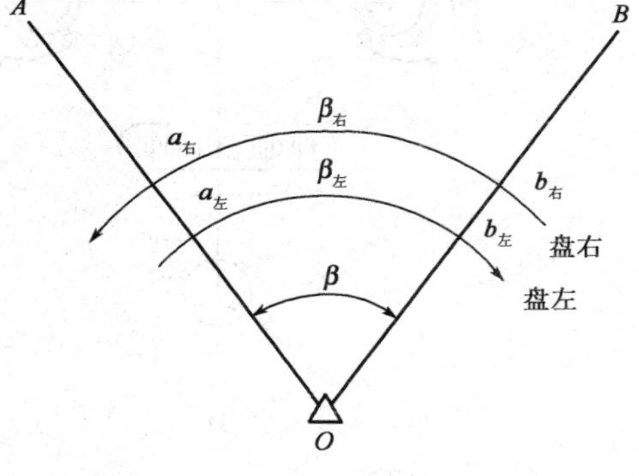

图 2-2-10 测回法

1)测回法

设 O 为测站点，A、B 为观测目标，$\angle AOB$ 为观测角，如图 2-2-10 所示。先在 O 点安置仪器，进行对中、整平，然后按以下步骤进行观测：

(1)盘左位置：先照准左方目标，即后视点 A，读取水平度盘读数为 $a_左$，并记入测回法测角记录表中，见表 2-2-1；然后顺时针转动照准部照准右方目标，即前视点 B，读取水平度盘读数为 $b_左$，并记入记录表中。以上称为上半测回，其观测角值为：

$$\beta_左 = b_左 - a_左$$

(2)盘右位置：先照准右方目标，即前视点 B，读取水平度盘读数为 $b_右$，并记入记录表中；再逆时针转动照准部照准左方目标，即后视点 A，读取水平度盘读数为 $a_右$，并记入记录表中。以上称为下半测回，其观测角值为：

$$\beta_右 = b_右 - a_右 \tag{2-2-2}$$

(3)上、下半测回合起来称为一测回。一般规定，用 J_6 级光经纬仪进行观测，上、下半测回

角值之差不超过 ±40″时，可取其平均值作为一测回的角值，即：

$$\beta = \frac{1}{2}(\beta_{左} + \beta_{右}) \tag{2-2-3}$$

测回法测角记录表

表 2-2-1

测站	盘位	目标	水平度盘读数	水平角		备注
				半测回值	测回值	
O	左	A	0°01′24″	60°49′06″	60°49′03″	A 60°49′03″ B
		B	60°50′30″			
	右	A	180°01′30″	60°49′00″		
		B	240°50′30″			

2）方向观测法

上面介绍的测回法是对两个方向的单角观测。如要观测三个以上的方向，则采用方向观测法（又称为全圆测回法）进行观测。

方向观测法应首先选择一起始方向作为零方向。如图 2-2-11 所示，设 A 方向为零方向。要求零方向应选择距离适中、通视良好、成像清晰稳定、俯仰角和折光影响较小的方向。

将经纬仪安置于 O 站，对中整平后按下列步骤进行观测：

（1）盘左位置：瞄准起始方向 A，转动度盘变换钮，把水平度盘读数设置为 0°00′，而后再松开制动，重新照准 A 方向，读取水平度盘读数 a，并记入方向观测法记录表中，见表 2-2-2。

（2）按照顺时针方向转动照准部，依次瞄准 B、C、D 目标，分别读取水平度盘读数为 b、c、d，并记入记录表中。

（3）最后回到起始方向 A，再读取水平度盘读数为 a'。这一步称为"归零"。a 与 a'之差称为"归零差"，其目的是为了检查水平度盘在观测过程中是否发生变动。"归零差"不能超过允许限值（J_2 级经纬仪为 12″，J_6 级经纬仪为 18″）。

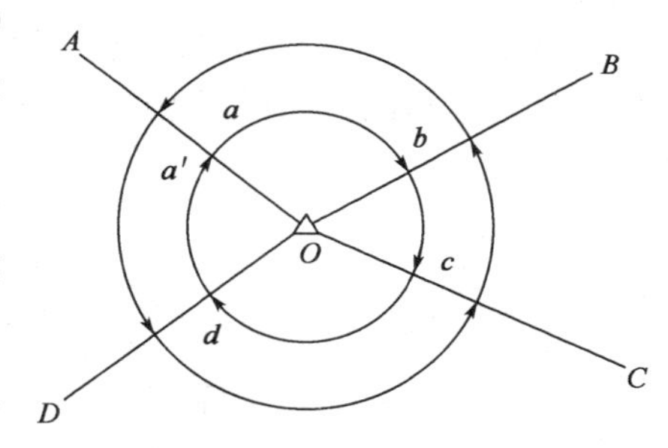

图 2-2-11　方向观测法

以上操作称为上半测回观测。

（4）盘右位置：按逆时针方向旋转照准部，依次瞄准 A、D、C、B、A 目标，分别读取水平度盘读数，记入记录表中，并算出盘右的"归零差"，此操作称为下半测回。上、下两个半测回合称为一测回。

观测记录及计算如表 2-2-2 所列。

（5）限差：当在同一测站上观测几个测回时，为了减小度盘分画误差的影响，每测回起始方向的水平度盘读数值应设置为 $180°/n + 60'/n$ 的倍数（n 为测回数）。在同一测回中各方向 $2c$ 误差（也就是盘左、盘右两次照准误差）的差值，即 $2c$ 互差不能超过限差要求（J_2 级经纬仪为 18″）。表 2-2-2 中的数据是用 J_6 级经纬仪观测的，故对 $2c$ 互差不作要求。同一方向各测回归零方向值之差，即测回差，也不能超过限值要求（J_2 级经纬仪为 12″，J_6 级经纬仪为 24″）。

方向观测法测角记录表(全圆测回法) 表 2-2-2

等级:图根小三角	测区:108 工程	小组:
仪器:DJ_6	天气:阴	观测:×××
日期:1978.5.23	成像:稳定	记录:×××

测站	测回数	目标	读数		左-(右±180°)(2c)	左+右±180°/2 方向值	归零方向值	各测回平均方向值	角值
			盘左	盘右					
			° ′ ″	° ′ ″	″	° ′ ″	° ′ ″	° ′ ″	° ′ ″
						(0 02 14)			
	I	A	0 02 00	180 02 12	-12	0 02 06	0 00 00	0 00 00	
		B	60 32 30	240 32 24	+6	60 32 27	60 30 13	60 30 17	
		C	135 03 48	315 03 36	+12	135 03 42	135 01 28	135 01 24	
		D	210 53 42	30 53 54	-12	210 53 48	210 51 34	210 51 41	
O		A	0 02 18	180 02 24	-6	0 02 21			60 30 17 74 31 07 75 50 17
						(90 17 30)			
	II	A	90 17 24	270 17 30	-6	90 17 27	0 00 00		
		B	150 47 48	330 47 54	-6	150 47 51	60 30 21		
		C	225 18 54	45 18 48	+6	225 18 51	135 01 21		
		D	301 09 12	121 09 24	-12	301 09 18	210 51 48		
		A	90 17 36	270 17 30	+6	90 17 33			

2. 竖直度盘的构造

竖直度盘垂直固定在望远镜旋转轴的一端,随望远镜的转动而转动。竖直度盘的刻画与水平度盘基本相同,但其注记随仪器构造的不同分为顺时针和逆时针两种形式,如图 2-2-12 所示。

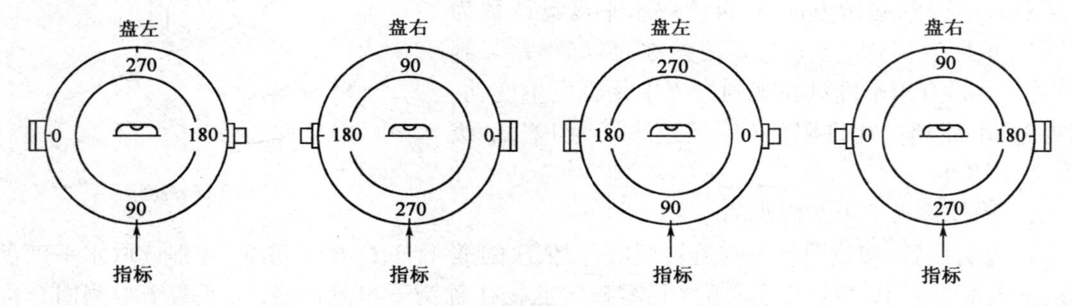

图 2-2-12 竖直度盘

在竖盘中心的铅垂方向装有光学读数指标线,为了判断读数前竖盘指标线位置是否正确,在竖盘指标线(一个棱镜或棱镜组)上设置了管水准器,用来控制指标位置,如图 2-2-13 所示。当竖盘指标水准管气泡居中时,竖盘指标就处于正确位置。对于 J_6 级光学经纬仪竖盘与指标及指标水准管之间应满足下列关系:当视准轴水平,指标水准管气泡居中时,指标所指的竖盘读数值盘左为 90°,盘右为 270°。

目前,光学经纬仪普遍采用竖盘自动归零补偿装置来代替竖盘指标水准管。这种自动补偿装置的原理与自动安平水准仪补偿器的原理基本相同,能自动调整光路。在正常情况下,若仪器竖轴有倾斜时，能获得竖盘指标在正确位置时的读数值，在观测竖直角时，只要瞄准目标，即可读数，从而简化了操作程序，提高了工作效率。

使用时，将自动归零补偿器锁紧手轮逆时针旋转，使手轮上的红点对准照准部支架上的黑点，再用手轻轻敲动仪器，如听到竖盘自动归零补偿器有叮当响声，表示补偿器处于正常工作状态，如听不到响声，表明补偿器有故障。可再次转动锁紧手轮，直到用手轻敲有响声为止。竖直角观测完毕，一定要顺时针旋转手轮，以锁紧补偿机构，防止震坏吊丝。

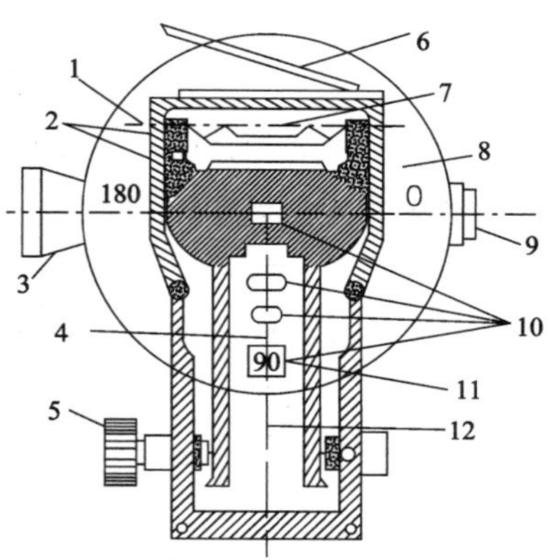

图 2-2-13　水准器

1-竖盘指标水准管轴；2-竖盘指标水准管校正螺丝；3-望远镜；4-光具组光轴；5-竖盘指标水准管微动螺旋；6-竖盘指标水准管反光镜；7-竖盘指标水准管；8-竖盘；9-目镜；10-光具组的透镜棱镜；11-竖盘指标；12-光具组光轴

3. 竖直角的计算公式

当经纬仪在测站上安置好后，首先应依据竖盘的注记形式，推导出测定竖直角的计算公式，其具体做法如下：

(1)盘左位置，把望远镜大致置水平位置，这时竖盘读数值约为 90°(若置盘右位置则约为 270°)，这个读数称为始读数。

(2)慢慢仰起望远镜物镜，观测竖盘读数(盘左时记作 L，盘右时记作 R)，并与始读数相比，是增加还是减少。

(3)以盘左为例，若 $L>90°$，则竖直角计算公式为：

$$\alpha_{左} = L - 90°$$

$$\alpha_{右} = 270° - R$$

若 $L<90°$，则竖直角计算公式为：

$$\alpha_{左} = 90° - L$$

$$\alpha_{右} = R - 270°$$

对于图 2-2-14a)所示的竖盘注记形式，其竖直角计算公式为：

$$\begin{aligned}\alpha_{左} &= 90° - L \\ \alpha_{右} &= R - 270°\end{aligned} \tag{2-2-4}$$

平均竖直角

$$\alpha = \frac{1}{2}(\alpha_{左} + \alpha_{右}) = \frac{1}{2}(R - L - 180°) \tag{2-2-5}$$

上述竖直角的计算公式是认为竖盘指标处在正确位置时导出的。即当视线水平，竖盘指标水准管气泡居中时，竖盘指标所指读数应为始读数。但当指标偏离正确位置时，这个指标线所指的读数就比始读数增大或减小一个角值 X，此值称为竖盘指标差，也就是竖盘指标位置不正确所引起的读数误差。

在有指标差时，如图 2-2-14b)所示，以盘左位置瞄准目标，转动竖盘指标水准管微动螺旋使水准管气泡居中，测得竖盘读数为 L，它与正确的竖直角 α 的关系是：

$$\alpha = 90° - (L - X) = \alpha_{左} + X \tag{2-2-6}$$

以盘右位置按同法测得竖盘读数为 R，它与正确的竖直角 α 的关系是：

$$\alpha = (R - X) - 270° = \alpha_{右} - X \tag{2-2-7}$$

将式(2-2-6)与式(2-2-7)相加得：

$$\alpha = \frac{1}{2}(\alpha_{左} + \alpha_{右}) = \frac{1}{2}(R - L - 180°) \tag{2-2-8}$$

由此可知,在测量竖直角时,用盘左、盘右两个位置观测取其平均值作为最后结果,可以消除竖盘指标差的影响。

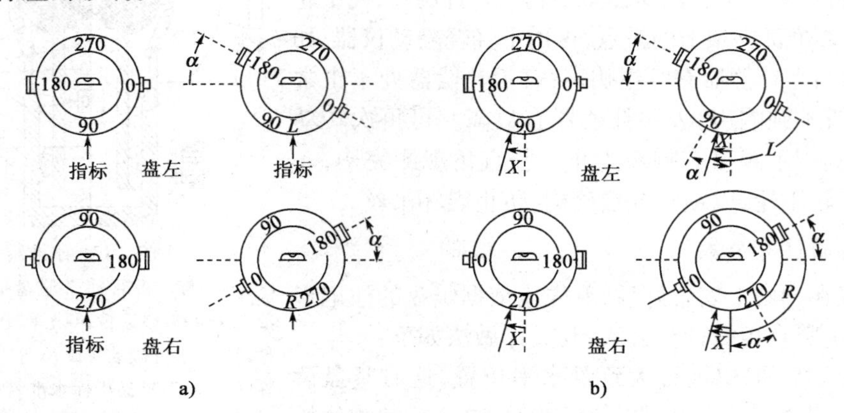

图 2-2-14　水准管

若将式(2-2-6)减式(2-2-7),即得指标差计算公式:

$$X = \frac{1}{2}(\alpha_{左} - \alpha_{右}) = \frac{1}{2}(R + L - 360°) \tag{2-2-9}$$

一般指标差变动范围不得超过 ±30″,如果超限,需对仪器进行检校。此公式适用于竖盘顺时针刻画的注记形式,若竖盘为逆时针刻画的注记形式,按上式求得的指标差应改变符号。

4. 竖直角的观测方法

在测站上安置仪器,用测回法测定竖直角。

(1)盘左位置:瞄准目标后,用十字丝横丝卡准目标的固定位置,旋转竖盘指标水准管微动螺旋,使水准管气泡居中或使气泡影像符合,读取竖盘读数 L,并记入竖直角观测记录表中,见表 2-2-3。用所推导好的竖直角计算公式,计算出盘左时的竖直角,上述观测称为上半测回观测。

竖直角观测记录表　　表 2-2-3

测站	目标	盘位	竖盘读数	半测回竖直角	指标差	一测回竖直角	备注
O	M	左	59°29′48″	+30°30′12″	−12″	+30°30′00″	270 180 0 90 盘左
		右	300°29′48″	+30°29′48″			
	N	左	93°19′24″	−3°19′24″	9″	−3°19′15″	90 180 0 270 盘右
		右	266°40′54″	−3°19′06″			

(2)盘右位置:仍照准原目标,调节竖盘指标水准管微动螺旋,使水准管气泡居中,读取竖盘读数值 R,并记入记录表中。用所推导好的竖直角计算公式,计算出盘右时的竖直角,称为

下半测回观测。

上、下半测回合称一测回。

(3)计算测回竖直角 α:

$$\alpha = \frac{1}{2}(\alpha_{左} + \alpha_{右})$$

或

$$\alpha = \frac{1}{2}(R - L - 180°)$$

(4)计算竖盘指标差 X:

$$X = \frac{1}{2}(\alpha_{左} - \alpha_{右})$$

或

$$X = \frac{1}{2}(L + R - 360°)$$

5. 经纬仪的检验与校正

为了保证测角的精度,经纬仪主要部件及轴系应满足下述几何条件,即:照准部水准管轴应垂直于仪器竖轴($LL \perp VV$);十字丝纵丝应垂直于横轴;视准轴应垂直于横轴($CC \perp HH$);横轴应垂直于仪器竖轴($HH \perp VV$);竖盘指标差应为零;光学对中器的视准轴应与仪器竖轴重合,如图 2-2-15 所示。

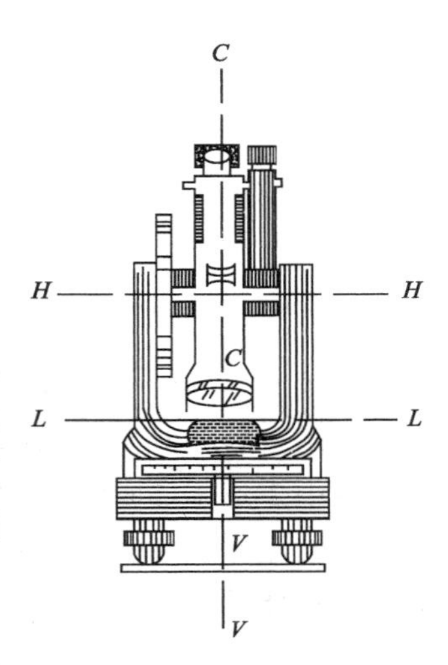

图 2-2-15　经纬仪的检验和校正

由于仪器经过长期外业使用或长途运输及外界环境影响等,会使各轴线的几何关系发生变化,因此在使用前必须对仪器进行检验和校正。

1)照准部水准管的检验与校正

目的:当照准部水准管气泡居中时,应使水平度盘水平,竖轴铅垂。

检验方法:将仪器安置好后,使照准部水准管平行于一对脚螺旋的连线,转动这对脚螺旋使气泡居中。再将照准部旋转 180°,若气泡仍居中,说明条件满足,即水准管轴垂直于仪器竖轴,否则应进行校正。

校正方法:如果水准管轴不垂直于仪器竖轴,当水准管的气泡居中时,竖轴与铅垂线的夹角为 α,如图 2-2-16a)所示。照准部旋转 180°后,仪器竖轴的位置没有动,气泡不再居中,此时水准管轴对水平线的倾角为 2α。角 2α 的大小是通过气泡偏离零点的格数来表现的,如图 2-2-16b)所示。转动平行于水准管的两个脚螺旋使气泡退回偏离零点的格数的一半,则水平度盘处于水平位置,如图 2-2-16c)所示。再用拨针拨动水准管校正螺丝,使气泡居中,如图 2-2-16d)所示,这样就达到水准管轴垂直于仪器竖轴的目的。

有的经纬仪还装有圆水准器。校正圆水准器时,可利用校正好的管水准器将仪器安置到水平位置,若圆水准器气泡不居中,可拨动它的校正螺丝使圆水准器气泡居中。

要求:圆水准器气泡的偏离不超过水准器的分画圈;管水准器气泡的偏离不超过气泡分画线半格。

2)十字丝竖丝的检验与校正

目的:使十字丝竖丝垂直于横轴。当横轴居于水平位置时,竖丝处于铅垂位置。

检验方法:用十字丝竖丝的一端精确瞄准远处某点,固定水平制动螺旋和望远镜制动螺旋,慢慢转动望远镜微动螺旋,如果目标不离开竖丝,说明此项条件满足,即十字丝竖丝垂直于横轴,否则需要校正。

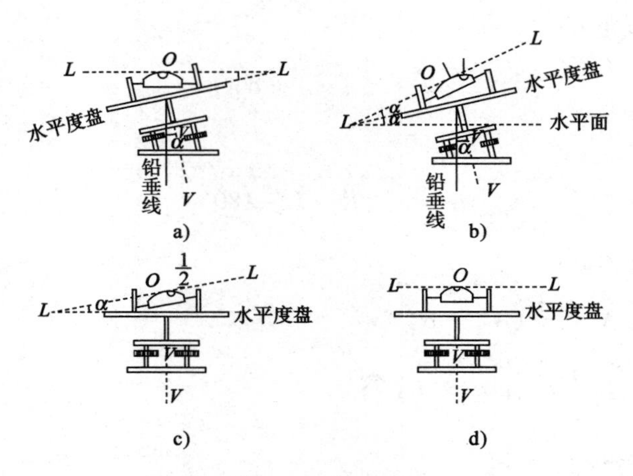

图 2-2-16　校正方法

校正方法:要使竖丝铅垂,就要转动十字丝板座或整个目镜部分。图 2-2-17 所示就是十字丝板座和仪器连接的结构示意图。图中 2 是压环固定螺丝,3 是十字丝校正螺丝。校正时,首先旋松固定螺丝,转动十字丝板座,直到满足此项要求,然后再旋紧固定螺丝。

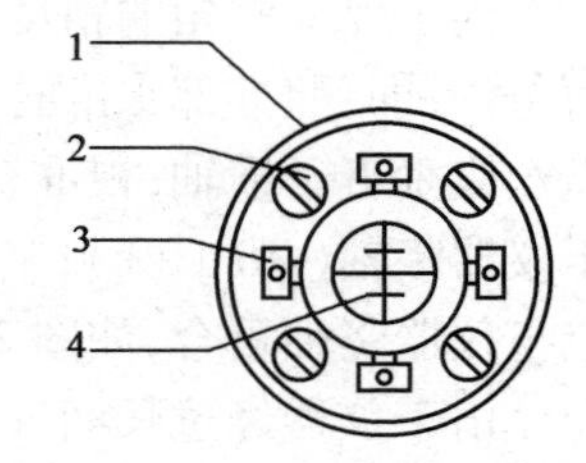

图 2-2-17　十字丝板座和仪器连接的结构示意图

1-镜筒;2-压环固定螺丝;3-十字丝校正螺丝;4-十字丝分画板

要求:观测时尽量用十字丝交点照准目标,以减少因十字丝竖丝不垂直横轴时对观测照准的影响。

3)视准轴的检验与校正

目的:使望远镜的视准轴垂直于横轴。视准轴不垂直于横轴的倾角 c 称为视准轴误差,也称为 $2c$ 误差,它是由于十字丝交点的位置不正确而产生的。

检验方法:选一长约 80m 的平坦地区,将经纬仪安置于中间 O 点,在 A 点竖立测量标志,在 B 点水平横置一根水准尺,使尺身垂直于视线 OB 并与仪器同高。

盘左位置,视线大致水平照准 A 点,固定照准部,然后纵转望远镜,在 B 点的横尺上读取读数 B_1,如图 2-2-18a)所示。松开照准部,再以盘右位置照准 A 点,固定照准部,再纵转望远镜,在 B 点横尺上读取读数 B_2,如图 2-2-18b)所示。如果 B_1B_2 两点重合,则说明视准轴与横轴相互垂直,否则需要进行校正。

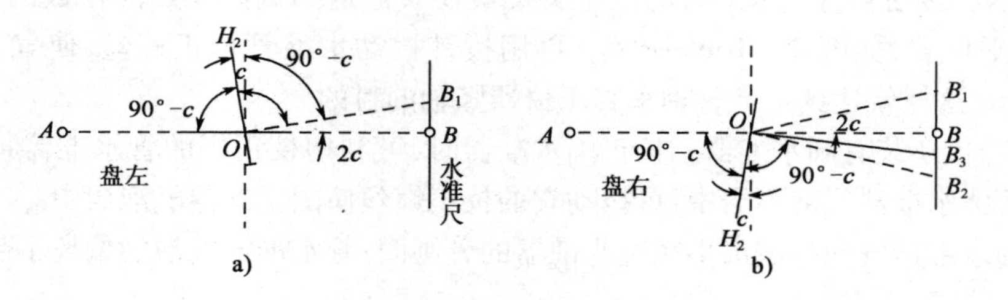

图 2-2-18　检验方法

校正方法:盘左时,$\angle AOH_2 = \angle H_2OB_1 = 90° - c$,则:$\angle B_1OB = 2c$。同理,盘右时,$\angle BOB_2 = 2c$。由此得到$\angle B_1OB_2 = 4c$,$B_1B_2$ 所产生的差数是四倍视准误差。校正时从 B_2 起在

$B_1B_2/4$ 距离处得 B_3 点，则 B_3 点在尺上读数值为视准轴应对准的正确位置。用拨针拨动十字丝的左右两个校正螺栓，如图2-2-19所示，注意应先松后紧，边松边紧，使十字丝交点对准 B_3 点的读数即可。

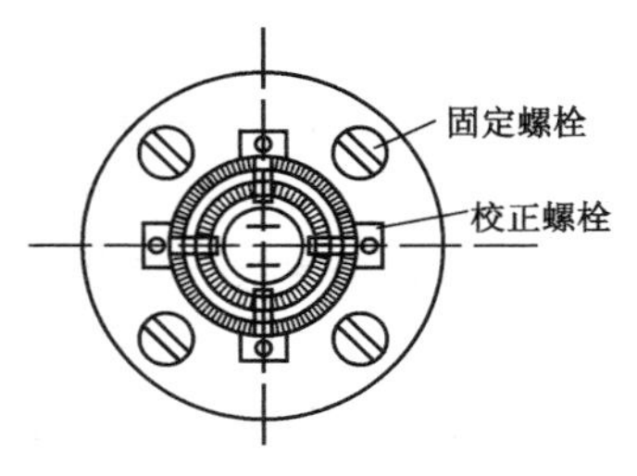

图 2-2-19 校正方法

要求：在同一测回中，同一目标的盘左、盘右读数的差为两倍视准轴误差，以 $2c$ 表示。对于 DJ_2 级光学经纬仪当 $2c$ 的绝对值大于 30″时，就要校正十字丝的位置。c 值可按下式计算：

$$c'' = \frac{B_1B_2}{4S} \cdot \rho'' \tag{2-2-10}$$

式中：S——仪器到横置水准尺的距离；

$\rho'' = 206265''$。

视准轴的检验和校正也可以利用度盘读数法按下述方法进行：

检验：选与视准轴近于水平的一点作为照准目标，盘左照准目标的读数为 $a_{左}$，盘右再照准原目标的读数为 $a_{右}$，如 $a_{左}$ 与 $a_{右}$ 不相差 180°，则表明视准轴不垂直于横轴，应对视准轴进行校正。

校正：以盘右位置读数为准，计算两次读数的平均数 a，即：

$$a = \frac{1}{2}[a_{右} + (a_{左} \pm 180°)]$$

转动水平微动螺旋将度盘读数值设置为读数 a，此时视准轴偏离了原照准目标，然后拨动十字丝校正螺丝，直到使视准轴再照准原目标为止，即视准轴与横轴相垂直。

4）横轴的检验与校正

目的：使横轴垂直于仪器竖轴。

检验方法：将仪器安置在一个清晰的高目标附近，其仰角为30°左右。盘左位置照准高目标 M 点，固定水平制动螺旋，将望远镜大致放平，在墙上或横放的尺上标出 m_1 点，如图 2-2-20 所示。纵转望远镜，盘右位置仍然照准 M 点，放平望远镜，在墙上标出 m_2 点。如果 m_1 和 m_2 相重合，则说明此条件满足，即横轴垂直于仪器竖轴，否则需要进行校正。

校正方法：此项校正一般应由厂家或专业仪器修理人员进行。

5）竖盘指标水准管的检验与校正

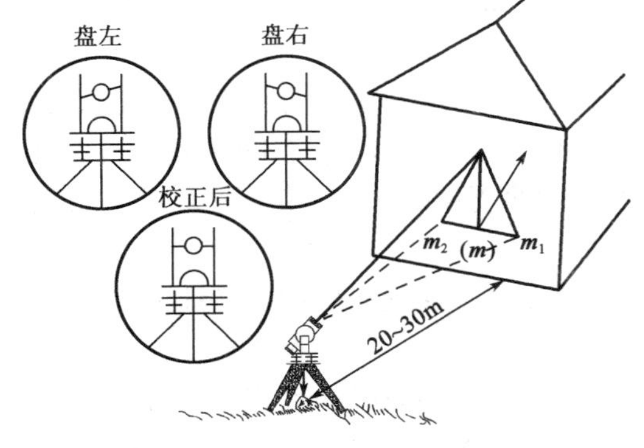

图 2-2-20 横轴的检验方法

目的：使竖盘指标差 X 为零，指标处于正确的位置。

检验方法：安置经纬仪于测站上，用望远镜在盘左、盘右两个位置观测同一目标，当竖盘指标水准管气泡居中后，分别读取竖盘读数 L 和 R，用式(2-2-9)计算出指标差 X。如果 X 超过限差，则须校正。

校正方法：按式(2-2-5)求得正确的竖直角 α 后，不改变望远镜在盘右所照准的目标位置，转动竖盘指标水准管微动螺旋，根据竖盘刻画注记形式,在竖盘上设置竖角为 α 值时的盘右读数 $R'(R'=270°+\alpha)$,此时竖盘指标水准管气泡必然不居中,然后用拨针拨动竖盘指标水准管上、下校正螺丝使气泡居中即可。

竖盘指标水准管的一端升降的校正结构有多种形式,如图 2-2-21 所示。图 a)多为老式经纬仪,一般松或紧校正螺丝 1 和 2,使气泡居中。若校正螺旋拧到头,气泡还不居中,可旋松螺丝 3 和 4,转动整个水准管支架 5,使气泡居中。图 b)多为 J_6 级光学经纬仪,旋开螺孔 3 的螺盖,松或紧校正螺丝 1 和 2,使气泡居中。图 c)多为 J_2 级光学经纬仪,是符合式水准器,旋开螺盖,松或紧校正螺丝 1,使气泡居中。图 d)为光学经纬仪竖盘指标自动归零装置,若有指标差,先略松螺丝 3 和 4,再松校正螺丝 1 和 2,使整个吊架作左右平移,直至竖盘分画对准正确读数为止。校正后应检查补偿器是否失灵。

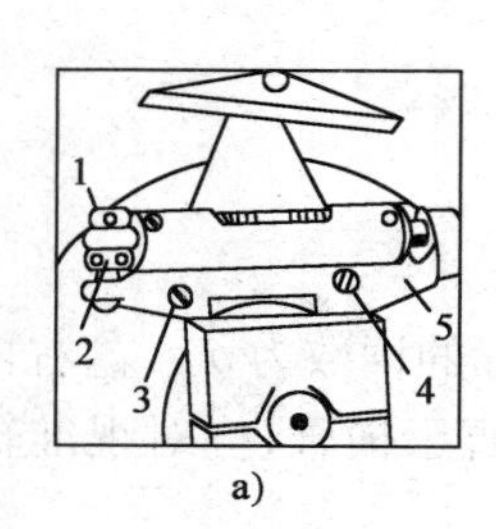

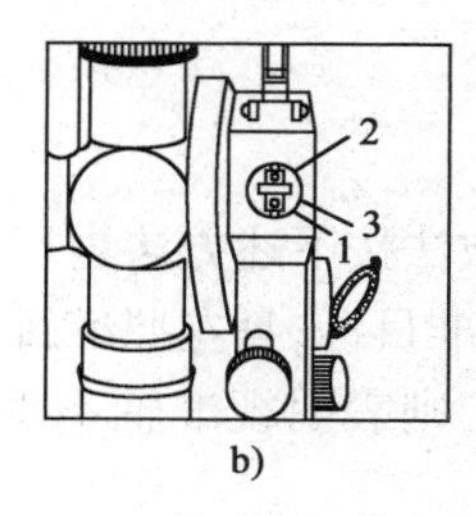

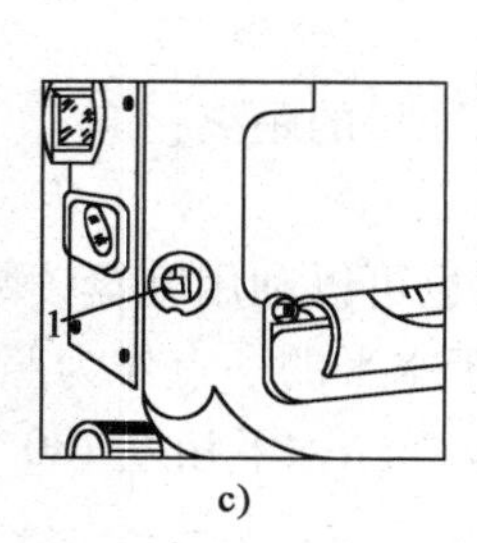

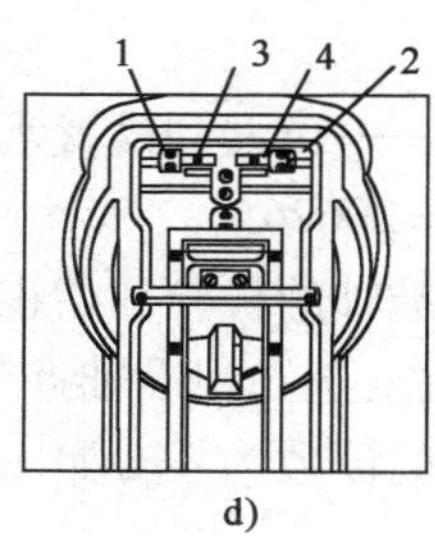

图 2-2-21　竖盘指标水准管校正结构形式

1 ~4-校正螺丝;5-水准管支架

要求:竖盘指标差应不超过 30″,如果仪器未经校正,或校正后仍有残余指标误差时,可先测定出指标差,而后根据式(2-2-6)、式(2-2-7)对竖直角进行改正。

6)光学对中器的检验与校正

目的:使光学对中器视准轴与仪器竖轴重合。

检验方法:

(1)装置在照准部上的光学对中器的检验

精确地安置经纬仪,在脚架的中央地面上放一张白纸,由光学对中器目镜观测,将光学对中器分画板的刻画中心标记于纸上,然后,水平旋转照准部,每隔 120°用同样的方法在白纸上作出标记点,如三点重合,说明此条件满足,否则需要进行校正。

(2)装置在基座上的光学对中器的检验

将仪器侧放在特制的夹具上,照准部固定不动,而使基座能自由旋转,在距离仪器不小于 2m 的墙壁上贴一张白纸,用上述同样的方法,转动基座,每隔 120°在白纸上作出一标记点,若三点不重合,则需要校正。

校正方法:在白纸上的三点构成误差三角形,绘出误差三角形外接圆的圆心。由于仪器的类型不同,校正部位也不同。有的校正转向直角棱镜,有的校正分画板,有的两者均可校正。校正时均须通过拨动对点器上相应的校正螺丝,调整目标偏离量的一半,并反复 1 ~2 次,直到照准部转到任何位置观测时,目标都在中心圈以内为止。

必须指出,光学经纬仪这六项检验校正的顺序不能颠倒,而且照准部水准管轴垂直于仪器竖轴的检校是其他项目检验与校正的基础,这一条件不满足,其他几项检验与校正就不能正确进行。另外,竖轴不铅垂对测角的影响不能用盘左、盘右两个位置观测而消除,所以此项检验与校正也是主要的项目。其他几项在一般情况下有的对测角影响不大,有的可通过盘左、盘右两个位置观测来消除其对测角的影响,因此是次要的检校项目。

工作任务三　全站仪测角

学习目标

1. 叙述全站仪测角的原理；

2. 掌握全站仪的操作方法和角度的测量方法；

3. 分析全站仪测角与经纬仪测角的异同；

4. 根据《公路勘测规范》(JTG C10—2007)规定完成全站仪测角的测量作业；

5. 正确完成全站仪角度测量的内业计算过程。

任务描述

运用全站仪进行观测，通过学习使用全站仪的操作方法，完成水平角和竖直角的测量工作。工作任务内容是学会运用全站仪进行水平角和竖直角的观测，并能熟练使用全站仪进行角度测量。

学习引导

本学习任务沿着以下脉络进行学习：

相关理论知识的学习 → 全站仪水平角测量 → 全站仪竖直角测量 → 测量数据的计算 → 上交全部测量成果资料

一、相 关 知 识

全站型电子速测仪简称全站仪，它是一种可以同时进行角度(水平角、竖直角)测量、距离(斜距、平距、高差)测量和数据处理，由机械、光学、电子元件组合而成的测量仪器。由于只需一次安置，仪器便可以完成测站上所有的测量工作，故被称为“全站仪”。

全站仪上半部分包含有测量的四大光电系统，即水平角测量系统、竖直角测量系统、水平补偿系统和测距系统。通过键盘可以输入操作指令、数据和设置参数。以上各系统通过I/O接口接入总线与微处理机联系起来。

微处理机(CPU)是全站仪的核心部件，主要有寄存器系列(缓冲寄存器、数据寄存器、指令寄存器)、运算器和控制器组成。微处理机的主要功能是根据键盘指令启动仪器进行测量工作，执行测量过程中的检核和数据传输、处理、显示、储存等工作，保证整个光电测量工作有条不紊地进行。输入输出设备是与外部设备连接的装置(接口)，输入输出设备使全站仪能与磁卡和微机等设备交互通信、传输数据。

目前，世界上许多著名的测绘仪器生产厂商均生产有各种型号的全站仪。不同型号的全站仪，其具体操作方法会有差异。下面简要介绍全站仪的基本操作与使用方法。

1. 全站仪的基本操作与使用方法

(1)测量前的准备工作

电池的安装(注意：测量前电池需充足电)：

①把电池盒底部的导块插入装电池的导孔。

②按电池盒的顶部直至听到“咔嚓”响声。

③向下按解锁钮，取出电池。

(2)仪器的安置

①在实验场地上选择一点，作为测站，另外两点作为观测点。

②将全站仪安置于观测点，对中、整平。

③在两点分别安置棱镜。

(3)竖直度盘和水平度盘指标的设置

①竖直度盘指标设置

松开竖直度盘制动钮，将望远镜纵转一周(望远镜处于盘左，当物镜穿过水平面时)，竖直度盘指标即已设置。随即听见一声鸣响，并显示出竖直角。

②水平度盘指标设置

松开水平制动螺旋，旋转照准部360°，水平度盘指标即自动设置。随即一声鸣响，同时显示水平角。至此，竖直度盘和水平度盘指标已设置完毕。注意：每当打开仪器电源时，必须重新设置竖直度盘和水平度盘的指标。

(4)调焦与照准目标

操作步骤与一般经纬仪相同，注意消除视差。

2. 角度测量

(1)首先从显示屏上确定是否处于角度测量模式，如果不是，则按操作转换为角度测量模式。

(2)盘左瞄准左目标 A，按置零键，使水平度盘读数显示为0°00′00″，顺时针旋转照准部，瞄准右目标 B，读取显示读数。

(3)同样方法可以进行盘右观测。

(4)如果测竖直角，可在读取水平度盘的同时读取竖盘的显示读数。

二、任 务 实 施

仪器：科利达全站仪 KTS-440。仪器结构如图2-3-1所示。

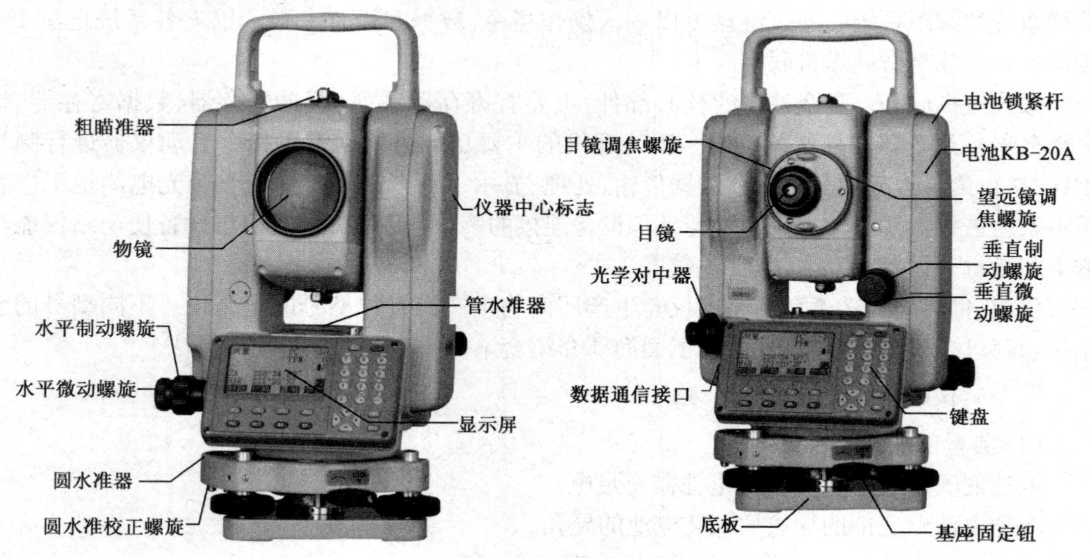

图2-3-1 仪器结构图

KTS-440 的键盘有 28 个按键，即电源开关键 1 个、照明键 1 个、软键 4 个、操作键 10 个和字母数字键 12 个。如图 2-3-2 所示。

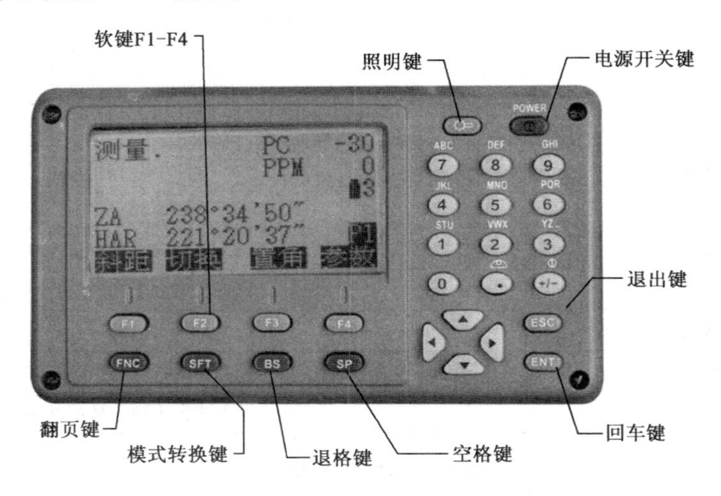

图 2-3-2　KTS-440 键盘

KTS-440 显示屏幕的底部显示出软键的功能，这些功能通过键盘左下角对应的 F1 至 F4 来取，若要查看另一页的功能按 FNC 功能键。仪器出厂时在测量模式下各软键的功能如表 2-3-1 ~ 表 2-3-5 所示。

第一页软键的功能　　表 2-3-1

名　　称	功　　能
平距（斜距或高差）F1	开始距离测量
切换 F2	选择测距类型（在平距、斜距、高差之间切换）
置角 F3	已知水平角设置
参数 F4	距离测量参数设置

第二页软键的功能　　表 2-3-2

名　　称	功　　能
置零 F1	水平角置零
坐标 F2	开始坐标测量
放样 F3	开始放样测量
记录 F4	记录观测数据

第三页软键的功能　　表 2-3-3

名　　称	功　　能
对边 F1	开始对边测量
后交 F2	开始后方交会测量
菜单 F3	显示菜单模式
高度 F4	设置仪器高和目标高

操作键的功能

表 2-3-4

名　称	功　能
ESC	取消前一操作，由测量模式返回状态显示
FNC	软键功能菜单，换页
SFT	打开或关闭转换（SHIFT）模式
BS	删除左边一空格
SP	输入一空格
▲	光标上移或向上选取选择项
▼	光标下移或向下选取选择项
◀	光标左移或选取另一选择项
▶	光标右移或选取另一选择项
ENT	确认输入或存入该行数据并换行

数字输入模式下的功能

表 2-3-5

名　称	功　能
1～9	数字输入或选取菜单项
.	小数点输入
+/-	输入正负号

在测量模式下要用到若干个符号，这些符号及其含义如表 2-3-6 所示。

符号及其含义

表 2-3-6

符　号	含　义
PC	棱镜常数
PPM	气象改正数
ZA	天顶距（天顶 0°）
VA	垂直角（水平 0°/水平 0° ±90°）
%	坡度
S	斜距
H	平距
V	高差
HAR	右角
HAL	左角
HAh	水平角锁定
	倾斜补偿有效

用全站仪观测水平角测量的原理参见工作任务二。

全站仪测水平角的方法，如图 2-3-3 所示。

（1）在角点 O 上对中、整平全站仪，打开电源：按 POWER；

（2）全站仪置于盘左望远镜瞄准 A 点，在测角模式下，读取键盘界面读数值；

（3）转动望远镜瞄准 B 点，在显示屏上读取读数值，计算盘左时水平角；

（4）望远镜倒镜至盘右重复上述操作，计算盘右时水平角，然后计算测回角值；

(5)观测结束,关闭电源。

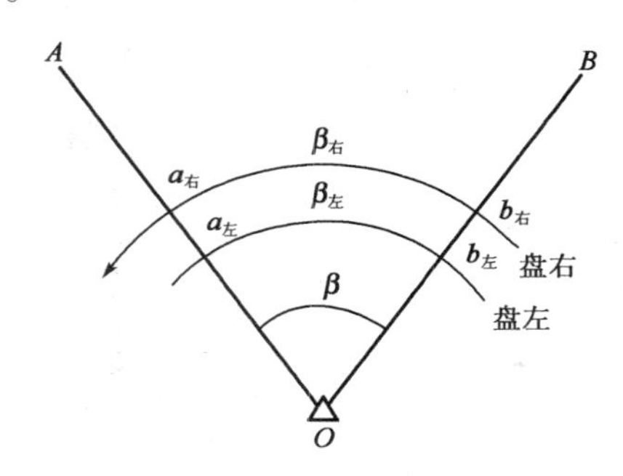

图 2-3-3　全站仪测水平角的方法

工作任务四　钢尺量距

学习目标

1. 叙述地面点位之间的长度测量方法;
2. 熟悉距离丈量的定向方法;
3. 分析钢尺量距的优点与缺点;
4. 根据《公路勘测规范》(JTG C10—2007)规定,使用钢尺完成距离量测;
5. 正确掌握钢尺量距的精度评定方法。

任务描述

本工作任务的内容是通过距离测量及钢尺量距相关知识的学习,掌握钢尺量距的方法,并能熟练使用钢尺进行距离测量。

学习引导

本学习任务沿着以下脉络进行学习

相关理论知识的学习 → 钢尺水平距离测量 → 完成距离内业计算与精度评定 → 上交全部测量成果资料

一、相关知识

距离测量是确定地面点位之间的长度测量,基本的距离测量方法是钢尺量距。钢尺量距是用可卷曲的钢质软尺沿地面丈量,属于直接量距;钢尺量距的工具简单,但易受地形条件限制,一般适用于平坦地区的测距。

1. 地面上点的标志

要丈量地面上两点间的水平距离,就需要用标志把点固定下来,标志的种类应根据测量的具体要求和使用年限来选择采用。点的标志可分为临时性和永久性两种。临时性标志可采用木桩打入地中,桩顶略高于地面,并在桩顶钉一小钉或画一个十字表示点的位置,如图 2-4-1a)所示。永久性标志可用石桩或混凝土桩,在石桩顶刻十字或在混凝土桩顶埋入刻有十字的钢柱以表示点位,如图 2-4-1b)所示。

为了能明显地看到远处目标,可在桩顶的点位上竖立标杆,标杆的顶端系一红白小旗,标杆也可用标杆架或拉绳将标杆竖立在点上,如图2-4-2所示。

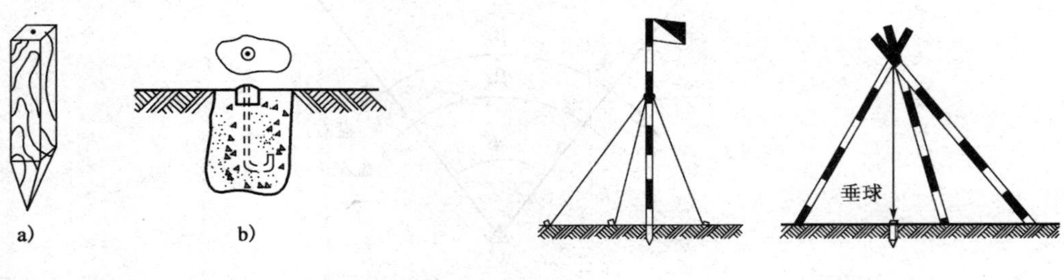

图2-4-1　地面上点的标志

图2-4-2　标杆

2. 丈量工具

通常使用的量距工具为钢尺、皮尺、竹尺和测绳,还有测钎、标杆和垂球等辅助工具。

皮尺又称布卷尺,如图2-4-3b)所示,是由麻布织入铜丝而成,呈带状,现在有用塑料制成的,长度有20m、30m、50m几种。尺的最小刻画为1cm或5mm或1mm。按尺的零点位置可分为端点尺和刻线尺两种。端点尺是从尺的端点开始,如图2-4-4a)所示。端点尺适用于从建筑物墙边开始丈量。刻线尺是从尺上刻的一条横线作为起点,如图2-4-4b)所示。使用钢尺时必须注意钢尺的零点位置,以免发生错误。

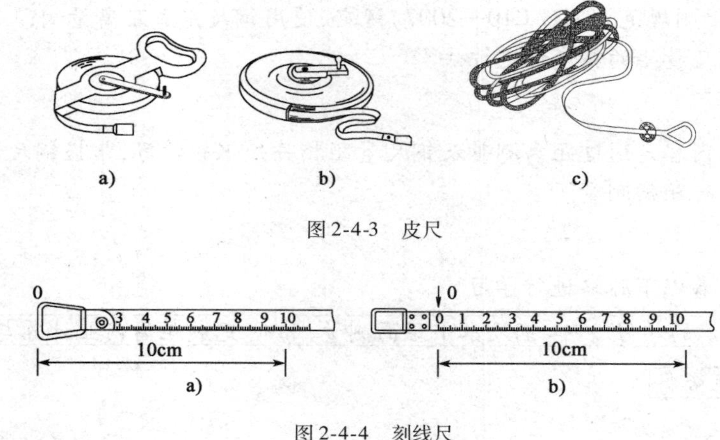

图2-4-3　皮尺

图2-4-4　刻线尺

竹尺是用均匀薄而光滑的竹片连接制成的,接头处用钢丝绑扎,一般适用于低等级山区公路的中线丈量。

绳尺是由外皮用线或麻绳包裹,中间加有金属丝制成的,其外形如电线,并涂以蜡,每隔1m包一金属片,注明米数。长度一般有50m、100m两种。一般用于精度要求较低的测量工作。如图2-4-3c)所示。

标杆又称花杆,长为2m和3m,直径为3~4cm,用木杆或玻璃钢管或空心钢管制成,杆上按20cm间隔涂上红白漆,杆底为锥形铁脚,用于显示目标和直线定线,如图2-4-5a)所示。

测钎用粗铁丝制成,如图2-4-5b)所示。长为30cm或40cm,上部弯一个小圈,可套入环内,在小圈上系一醒目的红布条,一般一组测钎有6根或11根。在丈量时用它来标定尺端点位置和计算所量过的整尺段数。

垂球是由金属制成的,似圆锥形,上端系有细线,是对点的工具。有时为了克服地面起伏的障碍，垂球常挂在标杆架上使用，如图 2-4-2 所示。

3. 直线定线

直线定线就是当两点间距离较长或地势起伏较大时，要分成几段进行距离丈量，为了使所量距离为直线距离，需要在两点连线方向上竖立一些标志，并把这些标志标定在已知直线上。在对丈量精度要求不高时，可用目估法定线，如果精度要求较高时，则要用经纬仪定线。下面简要叙述两种目估定线方法。

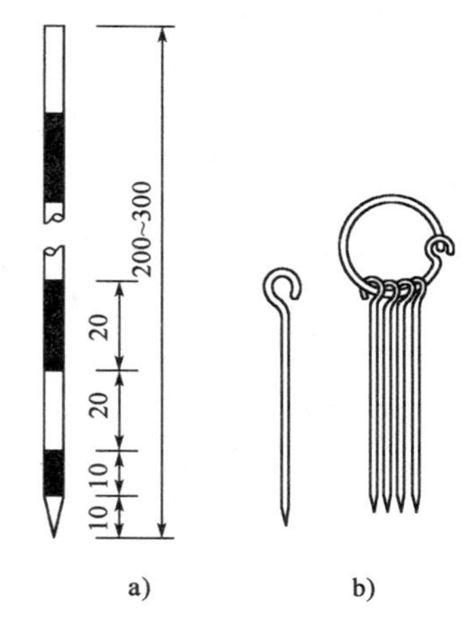

图 2-4-5 标杆和测钎（尺寸单位：cm）
a）标杆；b）测钎

（1）两点间定线

如图 2-4-6 所示，设 A、B 为直线的两端点，需要在 A、B 之间标定①、②等点，使其与 A、B 成一直线，其定线方法是：先在 A、B 点上竖立标杆，观测者站在 A 点后 1 ~2m 处，由 A 端瞄向 B 点，使单眼的视线与标杆边缘相切，以手势指挥①点上的持标杆者左右移动，直到 A、①、B 三点在一条直线上，然后将标杆竖直地插在①点上。用同样的方法标定②点，最后把①、②点都标定在直线 AB 上。

（2）两点间互不通视的定线

如图 2-4-7 所示，设 A、B 两点在山头两侧，互不通视。定线时，甲持标杆选择靠近 AB 方向的$①_1$ 点立标杆，$①_1$ 点要靠近 A 点并能看见 B 点。甲指挥乙将所持标杆定在$①_1B$ 直线上，标定出$②_1$ 点位置，要求$②_1$ 点靠近 B 点，并能看见 A 点。然后由乙指挥甲把标杆移动到$②_1A$ 直线上，定出$①_2$ 点。这样互相指挥，逐渐趋近，直到①点在 A②直线上，②点在①B 在直线上为止。这时①、②两点就在 AB 直线上了。

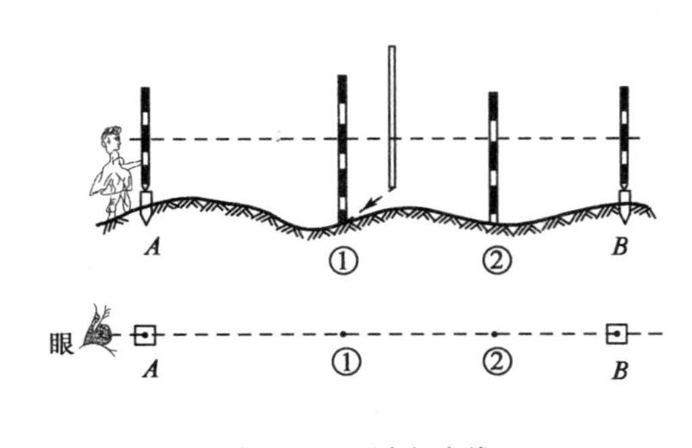

图 2-4-6 两点间定线

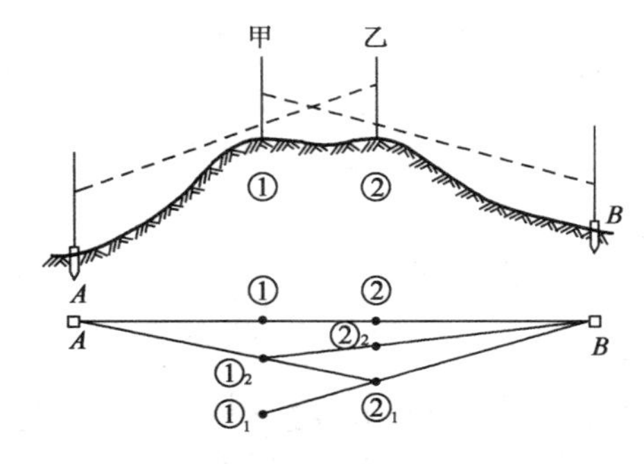

图 2-4-7 两点间互不通视的定线

二、任 务 实 施

1. 在平坦地面上丈量

要丈量平坦地面上 A、B 两点间的距离，其做法是：先在标定好的 A、B 两点立标杆，进行直线定线，如图 2-4-8a）所示，然后进行丈量。丈量时后尺手拿尺的零端，前尺手拿尺的末端，两尺手蹲下，后尺手把零点对准 A 点，喊“预备”，前尺手把尺边靠近定线标志钎，两人同时拉紧尺子，当尺拉稳后，后尺手减“好”，前尺手对准尺的终点刻画将一测钎竖直插在地面上，如图 2-4-8b）所示，这样就量完了第一尺段。

用同样的方法，继续向前量第二、第三、…、第 N 尺段。量完每一尺段时，后尺手必须将插在地面上的测钎拔出收好，用来计算量过的整尺段数。最后量不足一整尺段的距离，如图 2-4-9 所示。当丈量到 B 点时，由前尺手用尺上某整刻画线对准终点 B，后尺手在尺的零端读数至毫米，量出零尺段长度 Δl。

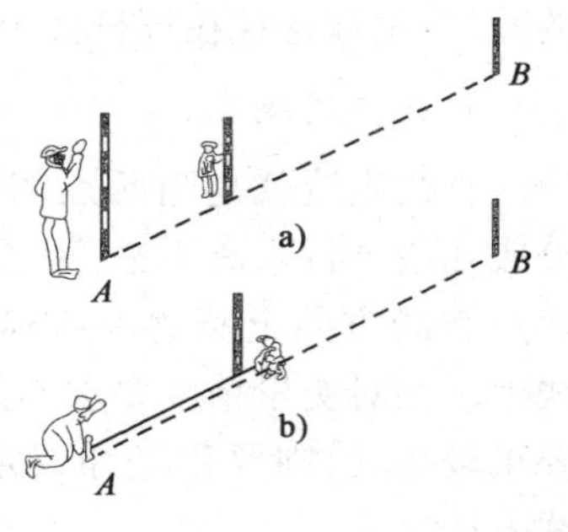

图 2-4-8　丈量 AB 间的距离

上述过程称为往测，往测的距离用下式计算：

$$D = nl + \Delta l \tag{2-4-1}$$

式中：l——整尺段的长度；

n——丈量的整尺段数；

Δl——零尺段长度。

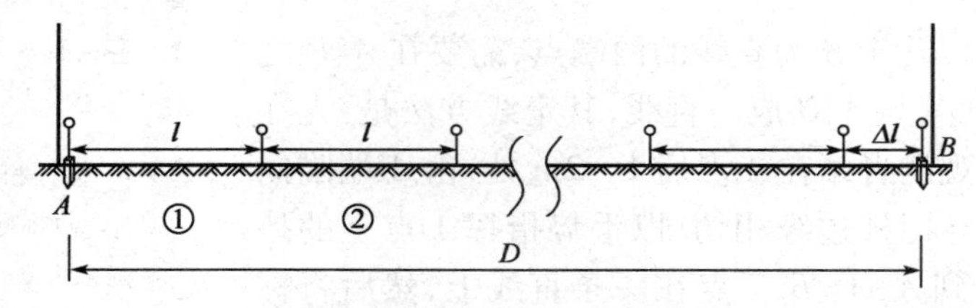

图 2-4-9　丈量不足一整尺段的距离

接着再调转尺头用以上方法从 B 至 A 进行返测，直至 A 点为止。然后再依据式(2-4-1)计算出返测的距离。一般往返各丈量一次称为一测回，在符合精度要求时，取往返距离的平均值作为丈量结果。量距记录表见表 2-4-1。

量 距 记 录 表　　　　表 2-4-1

工程名称：×-×　　日期：1994.10.9　　量距：×××；×××

钢尺型号：5#(30m)　　天气：晴天　　温度：16°C　　记录：×××

测线		整尺段(m)	零尺段(m)	总计(m)	较差(m)	精度	平均值(m)	备注
AB	往	5×30	13.863	163.863	0.068	1/2 400	163.829	要求 1/2 000
	返	5×30	13.795	163.795				

2. 在倾斜地面上丈量

当地面稍有倾斜时，可把尺一端稍许抬高，就能按整尺段依次水平丈量，如图 2-4-10a) 所示，分段量取水平距离，最后计算总长。若地面倾斜较大，则使尺子一端靠高地点桩顶，对准端点位置，尺子另一端用垂球线紧靠尺子的某分画，将尺拉紧且水平。放开垂球线，使它自由下坠，垂球尖端位置即为低点桩顶。然后量出两点的水平距离，如图 2-4-10b) 所示。

在倾斜地面上丈量，仍需往返进行，在符合精度要求时，取其平均值作为丈量成果。

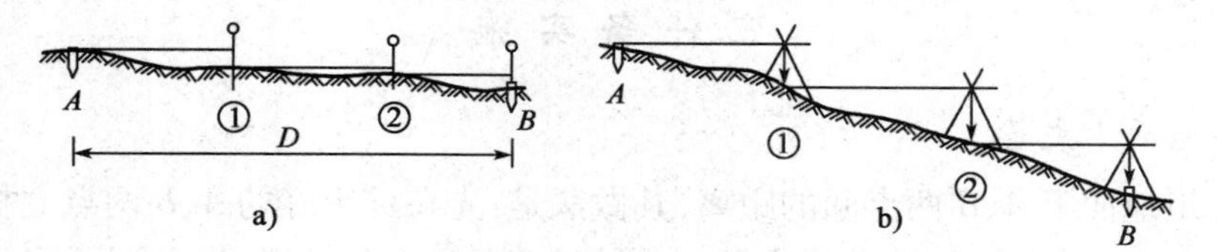

图 2-4-10　在倾斜地面上丈量

3. 丈量成果处理与精度评定

为了避免错误和判断丈量结果的可靠性，并提高丈量精度，距离丈量要求往返丈量。用往返丈量的较差 ΔD 与平均距离 $D_{平}$ 之比来衡量它的精度，此比值用分子等于 1 的分数形式来表示，称为相对误差 K，即：

$$\Delta D = D_{往} - D_{返} \tag{2-4-2}$$

$$D_{平} = \frac{1}{2}(D_{往} + D_{返}) \tag{2-4-3}$$

$$K = \frac{\Delta D}{D_{平}} = \frac{1}{D_{平}/|\Delta D|} \tag{2-4-4}$$

如相对误差在规定的允许限度内，即 $K \leqslant K_{允}$，可取往返丈量的平均值作为丈量成果。如果超限，则应重新丈量直到符合要求为止。

例 2-4-1：用钢尺丈量两点间的直线距离，往量距离为 217.30m，返量距离为 217.38m，今规定其相对误差不应大于 1/2 000，试问：(1)所丈量成果是否满足精度要求？(2)按此规定，若丈量 100m 的距离，往返丈量的较差最大可允许相差多少？

解：由题意知：

$$D_{平} = \frac{1}{2}(D_{往} + D_{返})$$

$$= \frac{1}{2}(217.30 + 217.38) = 217.34(\text{m})$$

$$\Delta D = D_{往} - D_{返}$$

$$= 217.30 - 217.38 = -0.08(\text{m})$$

$$K = \frac{1}{D_{平}/|\Delta D|} = \frac{1}{217.34/|-0.08|} = \frac{1}{2700}$$

$$\because K < K_{允} = 1/2\,000$$

丈量成果满足精度要求。

又由 $K = \dfrac{|\Delta D|}{D_{平}}$ 知：

$$|\Delta D| = K \cdot D_{平}$$

$$= 1/2\,000 \times 100$$

$$= 0.05(\text{m})$$

$$\Delta D \leqslant \pm 50(\text{mm})$$

即往返丈量的较差最大可相差 ±50mm。

4. 距离丈量注意事项

1)影响量距成果的主要因素

(1)尺身不平

钢尺量距时，尺身不水平将使丈量结果较水平距离长，是累积性误差。例如用 30m 钢尺量距，当尺身两端的高差为 0.4m 时，距离误差约为 3mm，相当于 1/10000 的精度。所以要求在钢尺量距时要特别注意把尺身放平。

(2)定线不直

定线不直使丈量沿折线进行，如图 2-4-11 中的虚线位置，其影响和尺身不水平的误差一样，也是累积性误差。当尺长为 30m 时，其误差也为 3mm，在实测中，只要认真操作，目估定线偏差也不会超过 0.1m。在起伏较大的山区或直线较长或精度要求较高时应用仪器定线。

(3)拉力不均

钢尺的标准拉力多是 100N，故一般丈量中只要保持拉力均匀即可。

（4）对点的投点不准

丈量时用测钎在地面上标志尺端点位置，若前、后尺手配合不好，插钎不直，很容易造成3～5mm的误差。如在倾斜地区丈量，用垂球投点，误差可能更大。在丈量中应尽量做到对点准确，配合协调，尺要拉平，测钎应直立，投点要准。

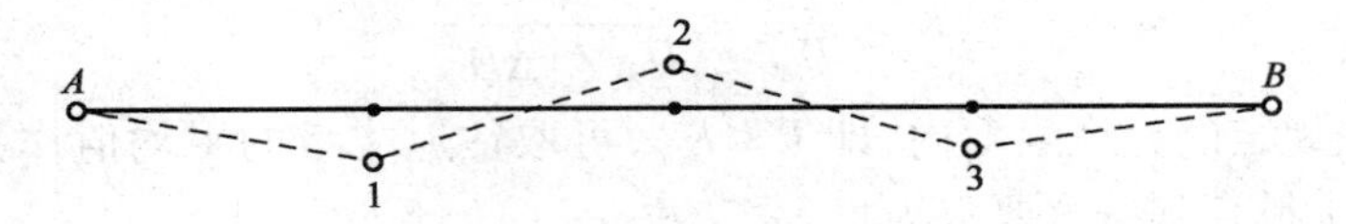

图2-4-11　定线不直时的丈量

（5）丈量中常出现的错误

主要有认错尺的零点和注字，例如6误认为9；记错整尺段数；读数时，由于精力集中于小数而对分米、米有所疏忽，把数字读错或读颠倒；记录员听错、记错等。为防止错误就要认真校核，提高操作水平，加强工作责任心。

2）注意事项

（1）丈量距离会遇到地面平坦、起伏或倾斜等各种不同的地形情况，但不论何种情况，丈量距离有三个基本要求："直、平、准"。直，就是要量两点间的直线长度，不是折线或曲线长度，为此定线要直，尺要拉直；平，就是要量两点间的水平距离，要求尺身水平，如果量取斜距也要换算成水平距离；准，就是对点、投点、计算要准，丈量结果不能有错误，并符合精度要求。

（2）丈量时，前后尺手要配合好，尺身要置水平，尺要拉紧，用力要均匀，投点要稳，对点要准，尺稳定时再读数。

（3）钢尺在拉出和收卷时，要避免钢尺打卷。在丈量时，不要在地上拖拉钢尺，更不要扭折，防止行人踩和车压，以免折断。

（4）尺子用过后，要用软布擦干净，涂以防锈油，再卷入盒中。

工作任务五　全站仪测距

学习目标

1. 叙述全站仪测距原理；
2. 了解全站仪测距的方法；
3. 分析全站仪测距与钢尺量距的差别；
4. 正确完成全站仪测距以及精度评定。

任务描述

工作任务内容是选定地面 A、B 两点，进行全站仪量距，量取 A、B 两点的水平距离，达到精度要求。通过本工作任务的实施，熟练掌握全站仪进行距离测量。

学习引导

本学习任务沿着以下脉络进行学习：

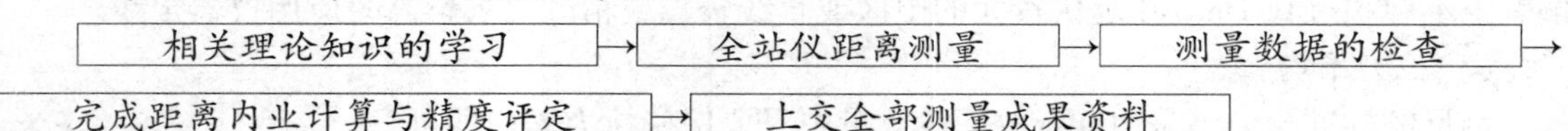

一、相 关 知 识

1. 设置棱镜常数

测距前须将棱镜常数输入仪器中，仪器会自动对所测距离进行改正。

2. 设置大气改正值或气温、气压值

光在大气中的传播速度会随大气的温度和气压而变化，15℃和760mmHg是仪器设置的一个标准值，此时的大气改正为0ppm。实测时，可输入温度和气压值，全站仪会自动计算大气改正值（也可直接输入大气改正值），并对测距结果进行改正。

3. 量仪器高、棱镜高，并输入全站仪

4. 距离测量

照准目标棱镜中心，按测距键，距离测量开始，测距完成时显示斜距、平距、高差。*HD* 为水平距离，*VD* 为倾斜距离。

全站仪的测距模式有精测模式、跟踪模式、粗测模式三种。精测模式是最常用的测距模式，测量时间约2.5s，最小显示单位1mm；跟踪模式，常用于跟踪移动目标或放样时连续测距，最小显示一般为1cm，每次测距时间约0.3s；粗测模式，测量时间约0.7s，最小显示单位1cm或1mm。在距离测量或坐标测量时，可按测距模式（MODE）键选择不同的测距模式。

应注意，有些型号的全站仪在距离测量时不能设定仪器高和棱镜高，显示的高差值是全站仪横轴中心与棱镜中心的高差。

二、任 务 实 施

欲测量 *AB* 两点间距离，其测量方法如下：

（1）在 *A* 点架设全站仪，在 *B* 点架设棱镜，用望远镜瞄准 *B* 点。

（2）进行PSM、PPM设置。

①棱镜常数（PSM）的设置。一般来说：

PRISM = 0（原配棱镜），-30mm（国产棱镜）

②大气改正数（PPM）（乘常数）设置：

输入测量时的气温（TEMP）、气压（PRESS），或经计算后，输入PPM的值。

（3）在全站仪键盘界面提示下测量平距、高差和斜距。

（4）观测结束，关闭电源。

工作任务六　直 线 定 向

学习目标

1. 叙述测量中方位角的定义；
2. 掌握直线方向的表示方法；
3. 会用罗盘仪测定直线方向。

任务描述

学习直线定向方法。工作任务内容是通过罗盘仪进行直线的定向工作，掌握方位角的测量方法以及方位角的推算，并能熟练使用罗盘仪。

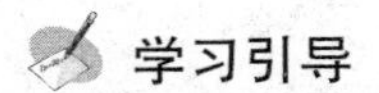

学习引导

本学习任务沿着以下脉络进行学习：

相关理论知识的学习 → 罗盘仪测量方位角 → 方位角推算方法 → 上交全部测量成果资料

一、相 关 知 识

确定直线方向与标准方向之间的关系称为直线定向。要确定直线的方向，首先要选定一个标准方向作为直线定向的依据，然后测出这条直线方向与标准方向之间的水平角，则直线的方向便可确定。在测量工作中以子午线方向为标准方向。子午线分真子午线、磁子午线和轴子午线三种。

1. 标准方向

真子午线方向：通过地面上某点指向地球南北极的方向，称为该点的真子午线方向，它是用天文测量的方法测定的。地球表面上各点的真子午线都向两极收敛而相交于两极。地面上两点真子午线间的夹角称为子午线收敛角。收敛角的大小与两点所在的纬度及经度的大小有关。

磁子午线方向：地面上某点当磁针静止时所指的方向，称为该点的磁子午线方向。磁子午线方向可用罗盘仪测定。由于地球的磁南北极与地球的南北极是不重合的，因此地面上同一点的真子午线与磁子午线不重合，其夹角称为磁偏角，以 δ 表示。当磁子午线北端偏于真子午线方向以东时，称为东偏；当磁子午线北端偏于真子午线方向以西时，称为西偏；在测量中以东偏为正，西偏为负，如图2-6-1所示。磁偏角在不同地点有不同的角值和偏向，我国磁偏角的变化范围大约在 $+6°$（西北地区）至 $-10°$（东北地区）之间。

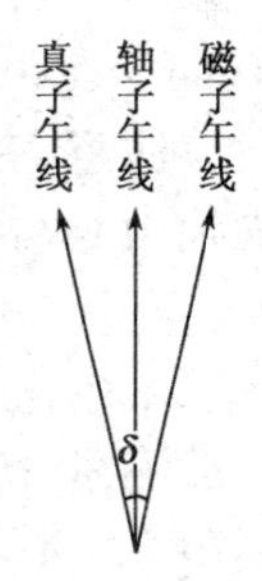

图 2-6-1　子午线

轴子午线方向：又称坐标纵轴线方向，就是大地坐标系中纵坐标的方向。由于地面上各点真子午线都是指向地球的南北极，所以不同地点的真子午线方向不是互相平行的，这就给计算工作带来不便，因此在普通测量中一般均采用纵坐标轴方向作为标准方向，这样测区内地面各点的标准方向就都是互相平行的。在局部地区，也可采用假定的临时坐标纵轴方向作为直线定向的标准方向。

综上所述，不论任何子午线方向，都是指向北（或南）的，由于我国位于北半球，所以常把北方向作为标准方向。

2. 直线方向的表示法

直线方向常用方位角来表示。方位角就是以标准方向为起始方向顺时针转到该直线的水平夹角，所以方位角的取值范围是由 0°到 360°，如图 2-6-2a）所示。直线 OM 的方位角为 A_{OM}；直线 OP 的方位角为 A_{OP}。

以真子午线方向为标准方向（简称真北）的方位角称为真方位角，用 A 表示；以磁子午线方向为标准方向（简称磁北）的方位角称为磁方位角，用 A_m 表示；以坐标纵轴方向为标准方向（简称轴北）的方位角称为坐标方位角，以 α 表示。

每条直线段都有两个端点，若直线段从起点 1 到终点 2 为直线的前进方向，则在起点 1 处的坐标方位角 α_{12} 为正方位角，在终点 2 处的坐标方位角 α_{21} 为反方位角。从图 2-6-2b）中可看出，同一直线段的正、反坐标方位角相差为 180°。即：

$$\alpha_{21} = \alpha_{12} \pm 180° \qquad (2\text{-}6\text{-}1)$$

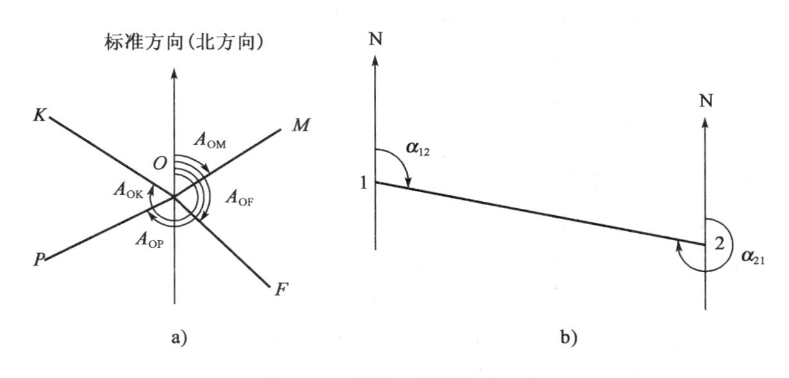

图 2-6-2　直线方向的表示方法

二、任 务 实 施

1. 罗盘仪的构造

罗盘仪是利用磁针确定直线方向的一种仪器，通常用于独立测区的近似定向，以及林区线路的勘测定向。图 2-6-3a）所示为 DQL-1 型罗盘仪构造图。它主要由望远镜、罗盘盒、基座三部分组成。

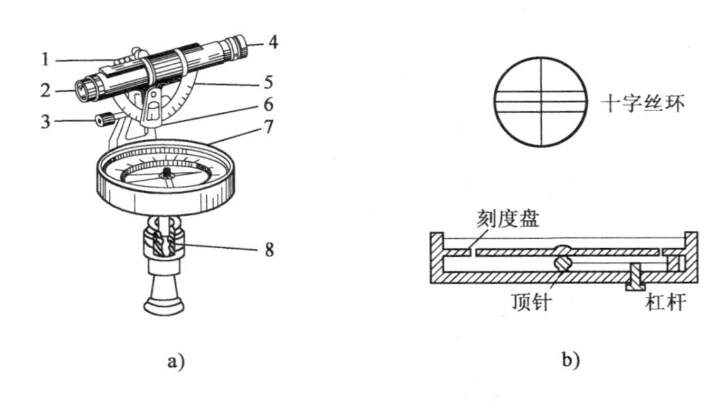

图 2-6-3　罗盘仪的构造

1-望远镜制动螺旋；2-目镜；3-望远镜微动螺旋；4-物镜；5-竖直度盘；6-竖直度盘指标；7-罗盘盒；8-球状结构

望远镜是瞄准部件，由物镜、十字丝、目镜所组成。使用时转动目镜看清十字丝，用望远镜照准目标，转动物镜对光螺旋使目标影像清晰，并以十字丝交点对准该目标。望远镜一侧装置有竖直度盘，可测量目标点的竖直角。

罗盘盒如图 2-6-3b）所示，盒内磁针安在度盘中心顶针上，自由转动，为减少顶针的磨损，不用时用磁针制动螺旋将磁针托起，固定在玻璃盖上。刻度盘的最小分画为 30′，每隔 10°有一注记，按逆时针方向由 0°到 360°，盘内注有 N（北）、S（南）、E（东）、W（西），盒内有两个水准器用来使该度盘水平。基座是球状结构，安在三脚架上，松开球状接头螺旋，转动罗盘盒使水准气泡居中，再旋紧球状接头螺旋，此时度盘就处于水平位置。

磁针的两端由于受到地球两个磁极引力的影响，并且考虑到我国位于北半球，所以磁针北端要向下倾斜，为了使磁针水平，常在磁针南端加上几圈铜丝，以达到平衡的目的。

2. 罗盘仪的使用

将罗盘仪置于直线一端点,进行对中整平,照准直线另一端点后,放松磁针制动螺旋,待磁针静止后,磁针在刻度盘上所指的读数即为该直线的磁方位角。其读数方法是:当望远镜的物镜在刻度圈0°上方时,应按磁针北端读数,如图2-6-4所示的OM,该直线的磁方位角为240°。

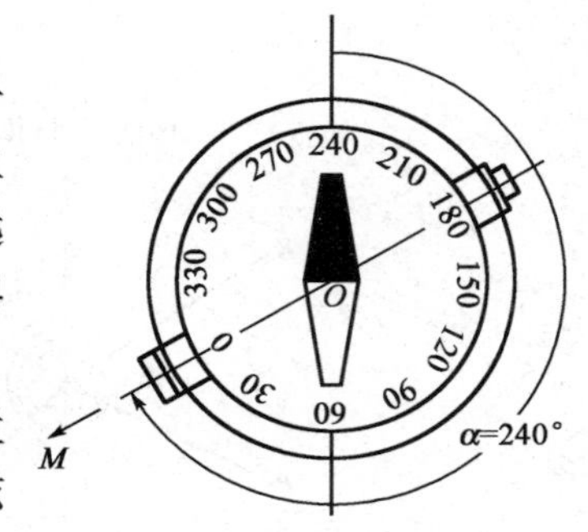

图2-6-4　罗盘仪的读数方法

使用罗盘仪时,周围不能有任何铁器,以免影响磁针位置的正确性。在铁路附近和高压电塔下以及雷雨天观测时,磁针的读数将会受到很大影响,应该尽量避免。测量结束时,必须旋紧磁针制动螺旋,避免顶针磨损,以保护磁针的灵活性。

工作任务七　水 准 测 量

学习目标

1. 叙述高程测量原理;
2. 了解水准仪、水准尺的构造;
3. 掌握普通水准仪使用方法;
4. 会操作使用水准仪进行普通水准测量及其成果处理;
5. 能进行水准仪的检验与校正。

任务描述

学习水准仪的操作方法。工作任务内容:掌握水准仪架设方法和水准尺的读数方法,掌握水准测量的方法以及观测成果的数据处理,并能熟练使用水准仪进行水准测量。

学习引导

本工作任务沿着以下脉络进行学习:

理解高程测量的原理→普通水准仪使用方法→完成普通水准测量实施过程及成果处理方法→掌握水准仪的检验与校正方→上交测量成果资料

一、相 关 知 识

(1)高程测量:测定地球表面上点的高程的工作,称为高程测量。它是测量中的一项基本工作,也是测量三要素之一。

(2)高程测量的方法:按使用的仪器和施测的方法不同,可分为:水准测量、三角高程测量、气压高程测量。

(3)全国高程系统基准面:我国采用黄海平均海水面作为高程系统的基准面,设该面上各点的绝对高程(海拔)为零。

(4)水准点:水准测量的主要目的是测出一系列点的高程。这些点称为水准点(代号为BM)。

(5)为了适应各种工程对水准点密度和精度的需要,国家测绘部门对全国的水准测量作了统一的规定,分为四个等级。以精度分:一等水准测量精度最高,四等水准测量精度最低;以用途分：一、二等水准测量主要用于国家精密水准点高程的测定和科学研究，也作为三、四等水准测量的起算高程，三、四等水准测量主要用于国防建设、工程建设和测绘地形图。为了进一步满足工程施工和测绘大比例尺地形图的需要，以三、四等水准点为起始点，尚需再用普通水准测量方法布设和测定工程水准点或图根水准点的高程。普通水准测量的精度低于国家等级水准测量，而水准路线的布设及水准点的密度可根据具体工程和地形测图的要求有较大的灵活性。

(6)根据这些水准点的高程，为地形测量而进行的水准测量，称为图根水准测量；为某一工程而进行的水准测量，称为工程水准测量。

二、任 务 实 施

1. 水准测量的原理

水准测量的基本测法是：在图2-7-1中，已知 A 点的高程为 H_A，只要能测出 A 点至 B 点的高程之差，简称高差 h_{AB}，则 B 点的高程 H_B 就可用下式计算求得：

$$H_B = H_A + h_{AB} \tag{2-7-1}$$

由此可知，要测量 B 点的高程，除需有一已知高程的 A 点外，关键是如何测出 A、B 两点之间的高差 h_{AB}。

用水准测量方法测定高差 h_{AB} 的原理简述如下：如图2-7-1所示，在 A、B 两点上竖立水准尺，并在 A、B 两点之间安置一架可以得到水平视线的仪器即水准仪，设水准仪的水平视线截在尺上的位置分别为 M、N，过 A 点作一水平线与过 B 点的竖线相交于 C。因为 BC 的高度就是 A、B 两点之间的高差 h_{AB}，所以由矩形 $MACN$ 就可以得到计算 h_{AB} 的公式：

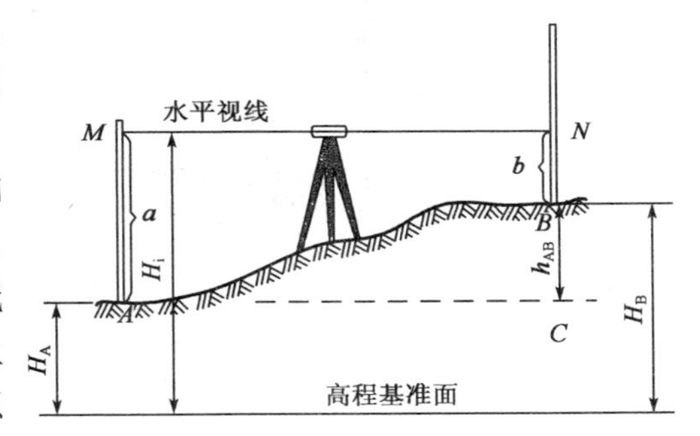

图2-7-1 水准测量的基本测法

$$h_{AB} = a - b \tag{2-7-2}$$

测量时，a、b 的值是用水准仪瞄准水准尺时直接读取的读数值。因为 A 点为已知高程点，通常称为后视点，其读数 a 为后视读数，而 B 点称为前视点，其读数 b 为前视读数，则有：

$$h_{AB} = 后视读数 - 前视读数$$

实际上高差 h_{AB} 有正有负。由式(2-7-2)知，当 a 大于 b 时，h_{AB} 值为正，这种情况是 B 点高于 A 点，地形为上坡；当 a 小于 b 时，h_{AB} 值为负，即 B 点低于 A 点，地形为下坡。但无论 h_{AB} 值为正或为负，式(2-7-2)始终成立。为了避免计算中发生正负符号上的错觉，在书写高差 h_{AB} 时必须注意 h 下面的小字脚标 AB，前面的字母代表了已知后视点的点号，也就是说 h_{AB} 是表示由已知高程的后视点A推算至未知高程的前视点 B 的高差，称为高差法。

有时安置一次仪器须测算出较多点的高程，为了方便起见，可先求出水准仪的视线高程，然后再分别计算各点高程，称为视线高法。从图2-7-1中可以看出：

视线高 $$H_i = H_A + a \tag{2-7-3}$$

B 点高程 $$H_B = H_i - b \tag{2-7-4}$$

综上所述，要测量地面上两点间的高差或点的高程，所依据的就是一条水平视线，如果视线不水平，上述公式不成立，测量将发生错误。因此，视线必须水平，是水准测量中要牢牢记住的操作要领。

2. 水准仪和水准尺的构造

水准仪是水准测量的主要仪器，我国生产的水准仪按精度分为 $DS_{0.5}$、DS_1、DS_3、DS_{10}、DS_{20} 等级，“S”和“D”分别为水准仪的“水”和大地测量的“大”汉语拼音的第一个字母，0.5、1、3、10 和 20 是指水准仪每公里往返测高差中数的偶然中误差，以毫米计。

(1) 微倾式水准仪的构造

如图 2-7-2 所示，微倾式水准仪主要由望远镜、水准器和基座组成。水准仪的望远镜能绕仪器竖轴在水平方向转动，为了能精确地提供水平视线，在仪器构造上安置了一个能使望远镜上下作微小运动的微倾螺旋，所以称微倾式水准仪。

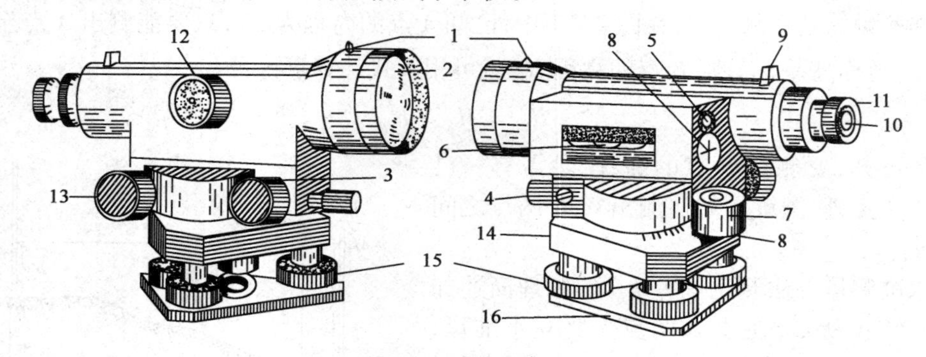

图 2-7-2 微倾式水准仪

1-准星；2 – 物镜；3-微动螺旋；4-制动螺旋；5-符合水准器观测镜；6-水准管；7-水准盒；8-校正螺栓；9-照门；10-目镜；11-目镜对光螺旋；12-物镜对光螺旋；13-微倾螺旋；14-基座；15-脚螺旋；16-连接板

①望远镜。望远镜由物镜、目镜和十字丝三个主要部分组成，它的主要作用是能使我们看清远处的目标，并提供一条照准读数值用的视线。图 2-7-3a) 为内对光望远镜构造图，图 2-7-3b) 是望远镜的成像原理示意图。当观测目标通过物镜后，在镜筒内形成一个倒立的缩小

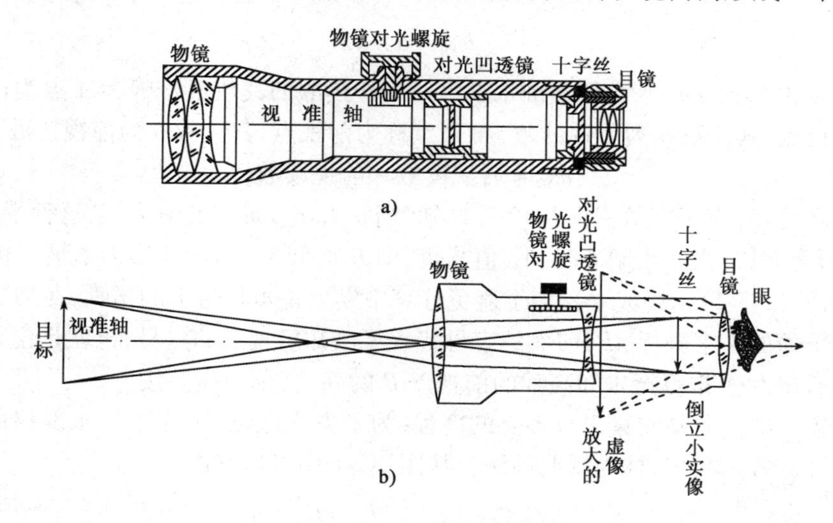

图 2-7-3 内对光望远镜构造图及望远镜成像原理

实像,转动物镜对光螺旋,可以使倒像清晰地反映到十字丝平面上。目镜的作用是放大,人眼经目镜看到的是倒立小实像和十字丝一起放大的虚像。十字丝的作用是提供照准目标的标准线。为了提高望远镜成像的质量,物镜和目镜以及对光透镜由多块透镜组合而成。放大的虚像与用眼睛直接看到目标大小的比值称为望远镜的放大率,它是鉴别望远镜质量的主要指标之一,反映了望远镜的鉴别能力。一般水准仪望远镜放大率为 24 倍,高精度的仪器达到 50 倍。

十字丝是在玻璃片上刻线后,装在十字丝环上,用三个或四个可转动的螺旋固定在望远镜筒上,如图 2-7-4所示。十字丝的上下两条短线称为视距丝。由上丝和下丝在标尺上的读数可求得仪器到标尺间的距离。十字丝横丝与竖丝的交点与物镜光心的连线称为视准轴。

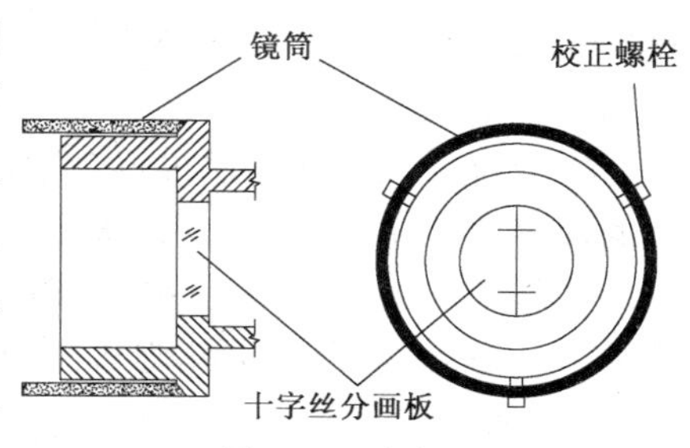

图 2-7-4　十字丝

为了控制望远镜的水平转动幅度,在水准仪上装有一套制动和微动螺旋。当拧紧制动螺旋时,望远镜就被固定,此时可转动微动螺旋,使望远镜在水平方向做微小转动来精确照准目标,当松开制动螺旋时,微动就失去作用。有些仪器是靠摩擦制动,无制动螺旋而只有微动螺旋。

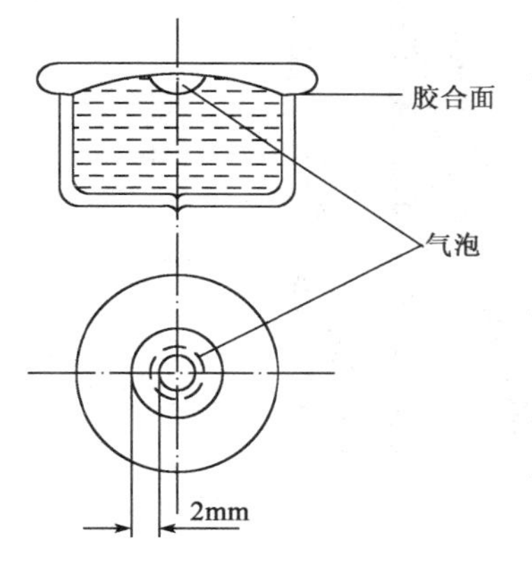

图 2-7-5　圆水准器

②水准器。水准器的作用是把望远镜的视准轴安置到水平位置。水准器有管水准器和圆水准器两种形式。

圆水准器是一个玻璃圆盒,圆盒内装有化学液体,加热密封时留有气泡而成,如图 2-7-5 所示。

圆水准器内表面是圆球面,中央画一小圆,其圆心称为圆水准器的零点,过此零点的法线称为圆水准器轴。当气泡中心与零点重合时,即为气泡居中。此时,圆水准轴线位于铅垂位置。也就是说水准仪竖轴处于铅垂位置,仪器达到基本水平状态。圆水准器分画值一般为(8′~10′)/2mm。

管水准器简称水准管,它是把玻璃管纵向内壁磨成曲率半径很大的圆弧面,管壁上有刻画线,管内装有酒精与乙醚的混合液,加热密封时留有气泡而成,如图 2-7-6 所示。

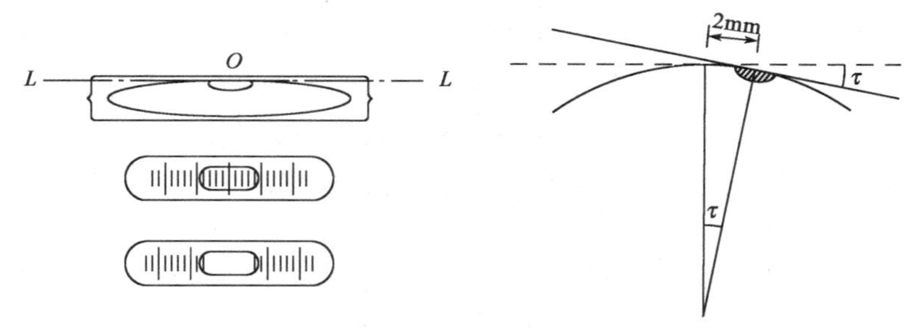

图 2-7-6　管水准器

水准管内壁圆弧中心为水准管零点,过零点与内壁圆弧相切的直线称为水准管轴。当气泡两端与零点对称时称气泡居中,这时的水准管轴处于水平位置,也就是水准仪的视准轴处于水平位置。水准管气泡偏离零点 2mm 弧长所对圆心角 τ 称为水准管分画值。即:

$$\tau'' = 2\rho''/R \tag{2-7-5}$$

式中：$\rho'' = 206265''$；

R——水准管圆弧半径，mm。

一般以水准管分画值表示水准管的灵敏度，S_3 型水准仪的水准管分画值通常为（20″～30″）/2mm。

符合式水准器是在水准管上方装有一组符合棱镜组，如图 2-7-7a）所示，它是提高管水准器置平精度的一种装置。气泡两端的半影像经过折反射之后，反映在望远镜旁的观测窗内，其视场如图 2-7-7b）所示。如果两端半影像重合，就表示水准管气泡已居中，如图 2-7-7c）所示，否则就表示气泡没有居中。

由于符合式水准器通过符合棱镜组的折光反射把气泡偏移零点的距离放大一倍，因此较小的偏移也能充分反映出来，从而提高了置平精度。

③基座。基座主要由轴座、脚螺旋和连接板组成。仪器上部通过竖轴插入座内，由基座承托整个仪器，仪器用连接螺旋与三脚架连接。

（2）水准尺

水准尺是与水准仪配合进行水准测量的工具。水准尺分为直尺、折尺和塔尺，如图 2-7-8a）所示。直尺、折尺长为 3m，塔尺有 5m 和 3m 两种。

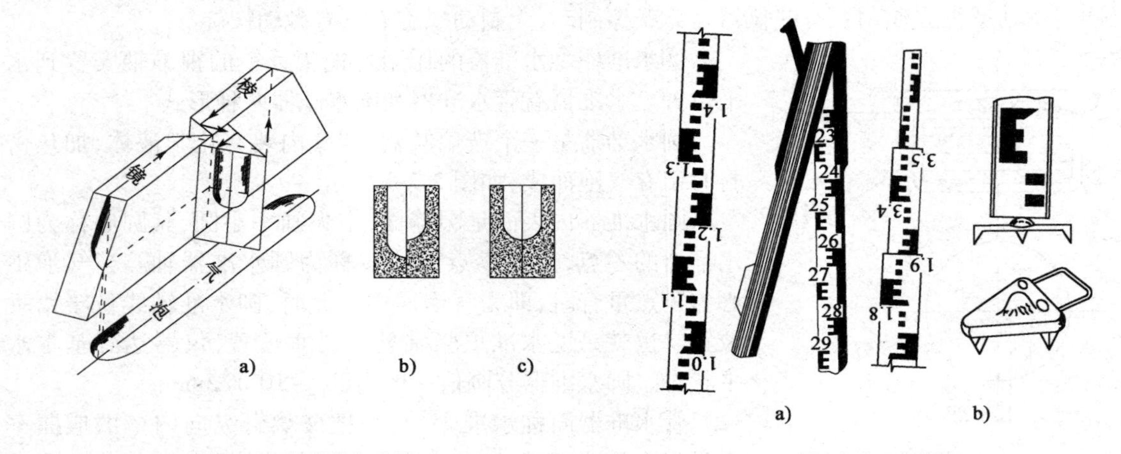

图 2-7-7 符合式水准器

图 2-7-8 水准尺

水准尺的刻画从零开始，每隔 1cm 或 5mm 涂有黑白或红白相间的分格，每分米处注有数字。分米准确位置有的以字底为准，有的以字顶为准，还有的把数字写在所在分米中间。塔尺是双面刻画，有正字或倒字。双面水准尺的刻画，一面是黑白相间的称黑色面（主尺），黑面刻画尺底为零，另一面是红白相间的称红色面（辅助尺），红面刻画尺底为一常数：4687mm 或 4787mm。利用红黑面尺零点差可以对水准尺读数进行校核，以提高水准测量精度。使用水准尺前一定要认清刻画特点。

尺垫是供支承水准尺和传递高程所用的工具，如图 2-7-8b）所示，一般制成三角形或圆形的铁座，中央有一凸起的半圆球体为置尺的转点，下有三个尖脚可踏入土中。尺子竖立在尺垫上，可防止尺子下沉，转动尺子时不会改变其高度。

3. 水准仪的技术操作

在水准仪的使用过程中，应首先打开三脚架，把架头大致水平，高度适中，踏实脚架尖后，将水准仪安放在架头上并拧紧中心螺旋。当地面倾斜较大时，应将三脚架的一个脚安置在倾斜方向上，将另两个脚安置在与倾斜方向垂直的方向上，这样安置仪器比较稳固，如图 2-7-9 所示。

水准仪的技术操作按以下四个步骤进行：粗平—照准—精平—读数。

(1)粗平

粗平就是通过调整脚螺旋，将圆水准气泡居中，使仪器竖轴处于铅垂位置，视线概略水平。具体做法是：用两手同时以相对方向分别转动任意两个脚螺旋，此时气泡移动的方向和左手大拇指旋转方向相同，如图 2-7-10a)所示。然后再转动第三个脚螺旋使气泡居中，如图 2-7-10b)所示。如此反复进行，直至在任何位置水准气泡均位于分画圆圈内为止。

图 2-7-9　水准仪操作

在操作熟练后，不必将气泡的移动分解为两步，视气泡的具体位置而转动任两个脚螺旋直接使气泡居中，如图 2-7-10c)所示。

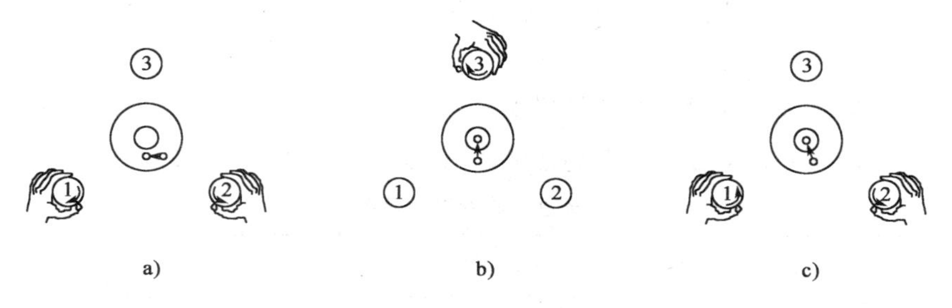

图 2-7-10　粗平的做法

(2)照准

照准就是用望远镜照准水准尺，清晰地看清目标和十字丝。其做法是：首先转动目镜对光螺旋使十字丝清晰；然后利用照门和准星瞄准水准尺，瞄准后要旋紧制动螺旋，转动物镜对光螺旋使尺像清晰；再转动微动螺旋，使十字丝的竖丝照准尺面中央。在上述操作过程中，由于目镜、物镜对光不精细，目标影像平面与十字丝平面未重合好，当眼睛靠近目镜上下微微晃动时，物像随着眼睛的晃动也上下移动，这就表明存在着视差。有视差就会影响照准和读数精度，如图 2-7-11a)、b)所示。清除视差的方法是仔细且反复交替地调节目镜和物镜对光螺旋，使十字丝和目标影像共平面，且同时都十分清晰，如图 2-7-11c)所示。

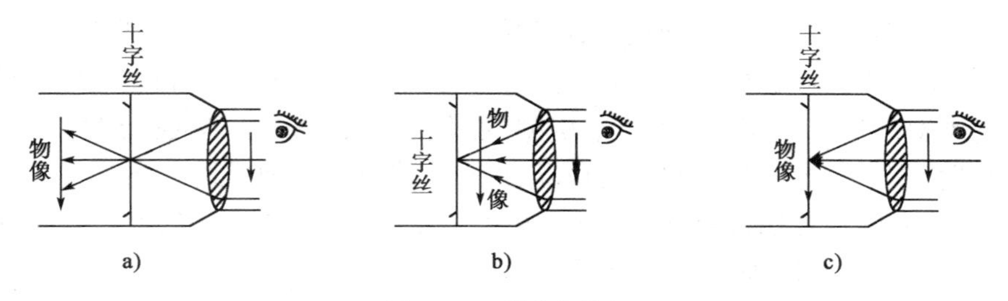

图 2-7-11　照准的做法

(3)精平

精平就是转动微倾螺旋将水准管气泡居中，使视线精确水平。其做法是：慢慢转动微倾螺旋，使观察窗中符合水准气泡的影像符合。左侧影像移动的方向与右手大拇指转动方向相同。

由于气泡影像移动有惯性，在转动微倾螺旋时要慢、稳、轻，速度不宜太快。

必须指出的是：具有微倾螺旋的水准仪粗平后，竖轴不是严格铅垂的，当望远镜由一个目标（后视）转瞄另一目标（前视）时，气泡不一定完全符合，还必须注意重新再精平，直到水准管气泡完全符合才能读数。

（4）读数

读数就是在视线水平时，用望远镜十字丝的横丝在尺上读数，如图2-7-12所示。读数前要认清水准尺的刻画特征，成像要清晰稳定。为了保证读数的准确性，读数时要按由小到大的方向，先估读毫米数，再读出米、分米、厘米数。读数前务必检查符合水准气泡影像是否符合好，以保证在水平视线上读取数值。还要特别注意不要错读单位和发生漏零现象。

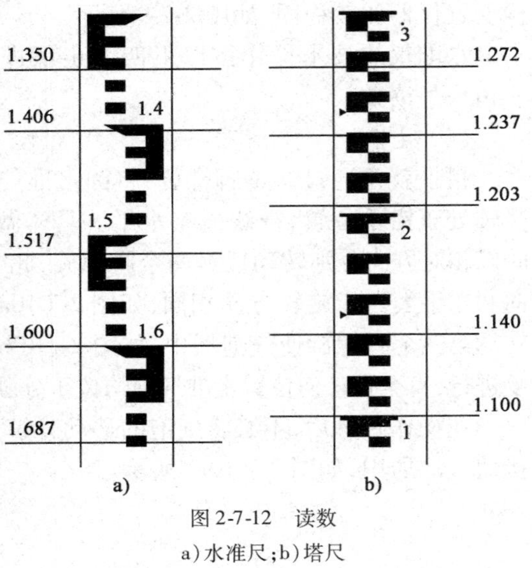

图2-7-12　读数

a）水准尺；b）塔尺

4.普通水准测量实施过程及成果处理方法

普通水准测量在公路工程测量中的技术要求见表2-7-1和表2-7-2。

普通水准测量的精度　　表2-7-1

每公里高差中数中误差（mm）		往返较差，附合或环线闭合差（mm）		检测已测测段高差之差（mm）
偶然中误差 M_{Δ}	全中误差 M_{W}	平原微丘区	山岭重丘区	
±8	±16	±30	±45	±40

普通水准测量的观测方法　　表2-7-2

仪器类型	水准尺类型	观 测 方 法		观测程序
DS_3	单面	中丝读数法	往返	后—前

（1）水准点和水准路线

水准点是测区的高程控制点，一般缩写为“BM”，用符号“⊗”表示。水准点的布置应根据工程建设的需要埋设在土质坚硬、便于保存和使用的地方，也可在墙脚或固定实物上设置水准点。国家等级水准点的高程可在当地测绘主管部门查取，在工程建设和测绘地形图时建立的水准点，其绝对高程应从国家等级水准点引测，若引测确有困难时，也可采用相对高程。

水准路线依据工程的性质和测区的情况，可布设成以下几种形式：

①闭合水准路线。如图2-7-13a）所示，从一已知水准点 BM_A 出发，经过测量各测段的高差，求得沿线其他各点的高程，最后又闭合到 BM_A 的环形路线。

②附合水准路线。如图2-7-13b）所示，从一已知水准点 BM_A 出发，经过测量各测段的高差，求得沿线其他各点的高程，最后附合到另一已知水准点 BM_B 的路线。

③支水准路线。如图2-7-13c）所示，从一已知水准点 BM_1 出发，沿线往测其他各点的高程到终点2，又从2点返测到 BM_1，其路线既不闭合也不附合，但必须是往返施测的路线。

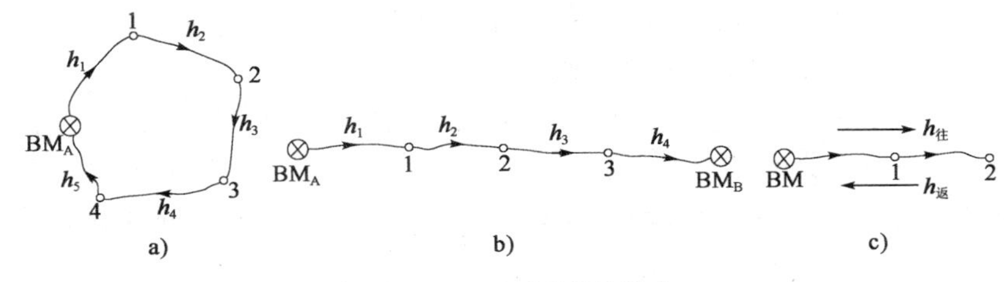

图 2-7-13　水准路线的形式

(2)施测方法

普通水准测量通常用经检校后的 DS_3 型水准仪施测。水准尺采用塔尺或单面尺,测量时水准仪应置于两水准尺中间,使前、后视的距离尽可能相等。具体施测方法如下:

①如图 2-7-14 所示,置水准仪于距已知后视高程点 A 一定距离的 I 处,并选择好前视转点 ZD_1,并尽量使前、后视距相等,将水准尺置于 A 点和 ZD_1 点上。

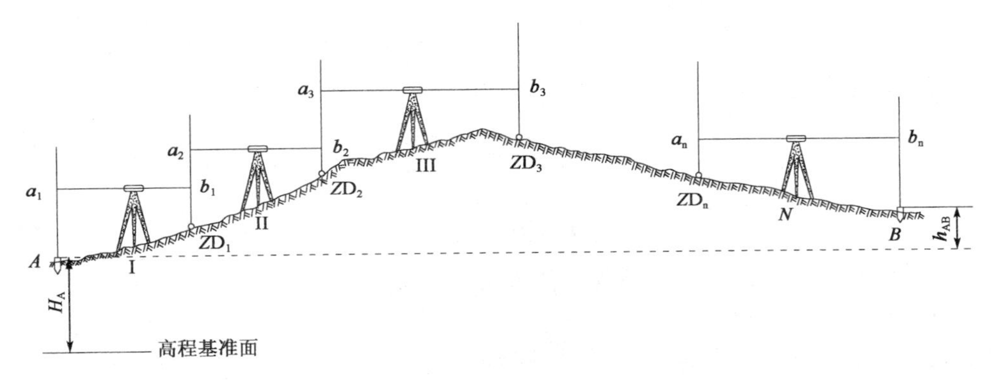

图 2-7-14　水准测量的施测方法

②将水准仪粗平后,先瞄准后视尺,消除视差。精平后读取后视读数值 a_1,并记入普通水准测量记录表中,见表 2-7-3。

普通水准测量记录表

表 2-7-3

测点	标尺读数(m)		高差(m)		高程(m)	备注
	后视	前视	+	−		
A	1.851				50.000	$H_A=50.000$m
ZD_1	1.425	1.268	0.583		50.583	
ZD_2	0.863	0.672	0.753		51.336	
ZD_3	1.219	1.581		0.718	50.618	
B		0.346	0.873		51.491	
$\sum$	5.358	3.867	2.209	0.718		
计算检核	$\sum a-\sum b=5.358-3.867=1.491$ $\sum h=2.209-0.718=1.491$ $H_B-H_A=51.491-50.000=1.491$ $H_B-H_A=\sum h=\sum a-\sum b$　(计算无误)					

注:此表为假设从 $A\sim B$ 只设 4 站的记录。

③平转望远镜照准前视尺,精平后,读取前视读数值 b_1,并记入普通水准测量记录表中。至此便完成了普通水准测量一个测站的观测任务。

④将仪器搬迁到第 II 站,并使前、后视距尽量相等,把第 I 站的后视尺移到第 II 站的转点 ZD_2 上,把原第 I 站前视变成第 II 站的后视。

⑤按②、③步骤测出第 II 站的后、前视读数值 a_2、b_2,并记入普通水准测量记录表中。

⑥重复上述步骤测至终点 B 为止。

B 点高程的计算是先计算出各站高差:

$$h_i = a_i - b_i \qquad (i = 1, 2, 3, \cdots, n) \tag{2-7-6}$$

再用 A 点的已知高程推算各转点的高程,最后求得 B 点的高程。

即:

$$h_1 = a_1 - b_1 \qquad H_{ZD1} = H_A + h_1$$

$$h_2 = a_2 - b_2 \qquad H_{ZD2} = H_{ZD1} + h_2$$

$$\cdots\cdots \qquad \cdots\cdots$$

$$h_n = a_n - b_n \qquad H_B = H_{ZDn} + h_n$$

将上列左边求和得:

$$\sum h = \sum a - \sum b = h_{AB} \tag{2-7-7}$$

从上列右边可知:

$$H_B = H_A + \sum h \tag{2-7-8}$$

需要指出的是,在水准测量中,高程是依次由 ZD_1、ZD_2 等点传递过来的,这些传递高程的点称为转点。转点既有前视读数又有后视读数,转点的选择将影响到水准测量的观测精度,因此转点要选在坚实、凸起、明显的位置,在土质地面上应放置尺垫。

(3)校核方法

①计算校核。由公式(2-7-7)看出,B 点对 A 点的高差等于各转点之间高差的代数和,也等于后视读数之和减去前视读数之和的差值,即:

$$h_{AB} = \sum h = \sum a - \sum b \tag{2-7-9}$$

经上式校核无误后,说明高差计算是正确的。

按照各站观测高差和 A 点已知高程,推算出各转点的高程,最后求得终点 B 的高程。终点 B 的高程 H_B 减去起点 A 的高程 H_A 应等于各站高差的代数和,即:

$$H_B - H_A = \sum h \tag{2-7-10}$$

经上式校核无误后,说明各转点高程的计算是正确的。

②测站校核。水准测量连续性很强,一个测站的误差或错误对整个水准测量成果都有影响。为了保证各个测站观测成果的正确性,可采用以下方法进行校核。

变更仪器高法:在一个测站上用不同的仪器高度测出两次高差。测得第一次高差后,改变仪器高度(至少 10cm),然后再测一次高差。当两次所测高差之差不大于 3 ~ 5mm 时,则认为观测值符合要求,取其平均值作为最后结果。若大于 3 ~ 5mm,则需要重测。

双面尺法:本法是仪器高度不变,而用水准尺的红面和黑面高差进行校核。红、黑面高差之差也不能大于 3 ~ 5mm。

③成果校核。测量成果由于测量误差的影响,使得水准路线的实测高差值与应有值不相符,其差值称为高差闭合差。若高差闭合差在允许误差范围之内时,认为外业观测成果合格;

若超过允许误差范围时，应查明原因进行重测，直到符合要求为止。一般普通水准测量的高差容许闭合差为：

$$f_{h容} = \pm 40\sqrt{L} \quad (mm) \qquad \text{平原微丘区}$$

$$f_{h容} = \pm 12\sqrt{n} \quad (mm) \qquad \text{山岭重丘区} \tag{2-7-11}$$

式中：L——水准路线长度，km；

n——整个路线所设的测站数。

应用上式时，需要注意的是，对于往返水准路线来说，式(2-7-11)中路线长度 L 或测站数 n 均按单程计算。

普通水准测量的成果校核，主要考虑其高差闭合差是否超限。根据不同的水准路线，其校核的方法也不同。各水准路线的高差闭合差计算公式如下：

a. 附合水准路线：实测高差的总和与始、终已知水准点高差之差值称为附合水准路线的高差闭合差。即：

$$f_h = \sum h - (H_{终} - H_{始}) \tag{2-7-12}$$

b. 闭合水准路线：实测高差的代数和不等于零，其差值为闭合水准路线的高差闭合差。即：

$$f_h = \sum h \tag{2-7-13}$$

c. 支水准路线：实测往、返高差的绝对值之差称为支水准路线的高差闭合差。即：

$$f_h = |h_{往}| - |h_{返}| \tag{2-7-14}$$

如果水准路线的高差闭合差 f_h 小于或等于其容许的高差闭合差 $f_{h容}$，即 $f_h \leqslant f_{h容}$，就认为外业观测成果合格，否则须进行重测。

(4)成果处理

普通水准测量的成果处理就是当外业观测成果的高差闭合差在容许范围内时，所进行的高差闭合差的调整，使调整后的各测段高差值等于应有值，也就是使 $f_h = 0$。最后用调整后的高差计算各测段水准点的高程。

高差闭合差的调整原则是，高差的改正数与水准路线的测站数或测段长度成正比，将闭合差反号分配到各测段上，并进行实测高差的改正计算。

①按测站数调整高差闭合差。若按测站数进行高差闭合差的调整，则某一测段高差的改正数 V_i 为：

$$V_i = -\frac{f_h}{\sum n} \cdot n_i \tag{2-7-15}$$

式中：$\sum n$——水准路线各测段的测站数总和；

n_i——某一测段的测站数。

按测站数调整高差闭合差和高程计算示例如图 2-7-15 所示，并参见表 2-7-4。

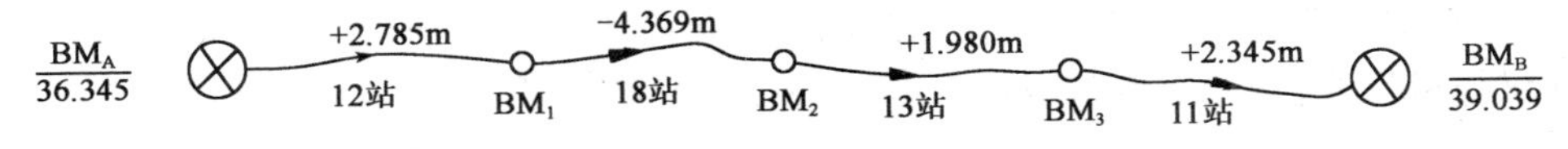

图 2-7-15　计算示例

按测站数调整高差闭合差及高程计算表 表 2-7-4

测段编号	测点	测站数（个）	实测高差（m）	改正数（m）	改正后的高差（m）	高程（m）	备　注
	BM_A					36.345	$H_{BMB}-H_{BMA}=2.694$ $f_h=\sum h-(H_{BMB}-H_{BMA})$ $=2.741-2.694$ $=+0.047$ $\sum n=54$ $V_i=-\frac{f_h}{\sum n}\cdot n_i$
1		12	+2.785	−0.010	+2.775		
	BM_1					39.120	
2		18	−4.369	−0.016	−4.385		
	BM_2					34.745	
3		13	+1.980	−0.011	+1.969		
	BM_3					36.704	
4		11	+2.345	−0.010	+2.335		
	BM_B					39.039	
$\sum$		54	+2.741	−0.047	+2.694		

②按测段长度调整高差闭合差。若按测段长度进行高差闭合差的调整，则某一测段高差的改正数 V_i 为：

$$V_i=-\frac{f_h}{\sum L}\cdot L_i \tag{2-7-16}$$

式中：$\sum L$——水准路线各测段的总长度；

L_i——某一测段的长度。

按测段长度调整高差闭合差和高程计算示例如图 2-7-15 所示，并参见表 2-7-5。

按路线长度调整高差闭合差及高程计算表 表 2-7-5

测段编号	测点	测段长度（km）	实测高差（m）	改正数（m）	改正后的高差（m）	高程（m）	备　注
	BM_A					36.345	$f_h=\sum h-(H_{BMB}-H_{BMA})$ $=2.741-2.694$ $=+0.047$ $\sum L=9.1$ $V_i=-\frac{f_h}{\sum n}\cdot n_i$
1		2.1	+2.785	−0.011	+2.774		
	BM_1					39.119	
2		2.8	−4.369	−0.014	−4.383		
	BM_2					34.736	
3		2.3	+1.980	−0.012	+1.968		
	BM_3					36.704	
4		1.9	+2.345	−0.010	+2.335		
	BM_B					39.039	
$\sum$		9.1	+2.741	−0.047	+2.694		

需要指出的是，在水准测量成果处理时，无论是按测站数调整高差闭合差（表 2-7-4），还是按测段长度调整高差闭合差（表 2-7-5），都应满足下列关系：

$$\sum V=-f_h$$

也就是水准路线各测段的改正数之和与高差闭合差大小相等符号相反。

5. 微倾式水准仪的检验与校正

水准仪在出厂前虽然对各轴线的几何关系都进行了严格的检验与校正，但经过长途运输或长期使用，各轴线的几何关系会发生变化，因此要定期进行检验和校正。

水准仪在检校前，首先应进行视检，其内容包括：顺时针和逆时针旋转望远镜，看竖轴转动是否灵活、均匀；微动螺旋是否可靠；瞄准目标后，再分别转动微倾螺旋和对光螺旋，看望远镜是否灵敏，有无晃动等现象；望远镜视场中的十字丝及目标能否调节清晰；有无霉斑、灰尘、油迹；脚螺旋或微倾螺旋均匀升降时，圆水准器及管水准器的气泡移动不应有突变现象；仪器的三脚架安放好后，适当用力转动架头时，不应有松动现象。

根据水准测量原理，微倾式水准仪各轴线间应具备的几何关系是：圆水准器轴应平行于仪器竖轴（$L'L'//VV$），十字丝的横丝应垂直于仪器竖轴；水准管轴应平行于仪器视准轴（$LL//CC$），如图 2-7-16 所示。其检验与校正的具体做法如下：

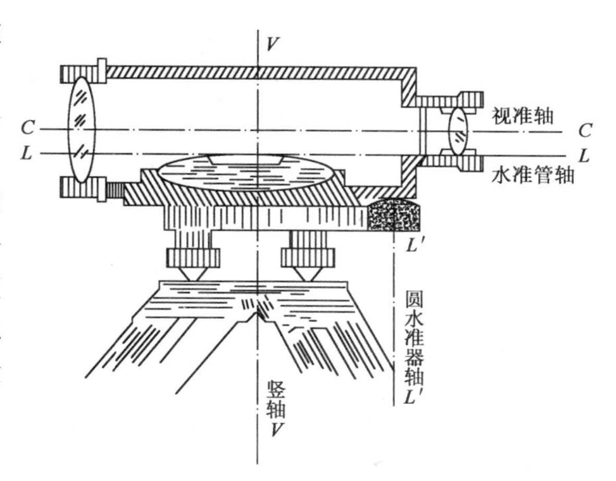

图 2-7-16　微倾式水准仪各轴线的几何关系

（1）圆水准器的检验与校正

目的：使圆水准器轴平行于仪器竖轴，也就是当圆水准器的气泡居中时，仪器的竖轴应处于铅垂状态。

检验原理：VV 为仪器的旋转轴，即竖轴。$L'L'$ 为圆水准器轴。假设两轴不平行而有一交角 α，如图 2-7-17a）所示，当气泡居中时，圆水准器轴 $L'L'$ 是处于铅垂位置，而仪器的竖轴相对铅垂线倾斜了 α 角。将仪器绕竖轴旋转 180°，由于仪器旋转时以 VV 为旋转轴，即 VV 的空间位置是不动的，但圆水准器从竖轴的右侧转到竖轴的左侧，圆水准器中的液体受重力的作用，使气泡处于最高处，圆水准器轴相对铅垂轴线倾斜了 2α 角，造成气泡中点偏离零点，如图 2-7-17b）所示。

检验方法：首先转动脚螺旋使圆水准气泡居中，然后将仪器旋 180°。如果气泡仍居中，说明两轴平行；如果气泡偏离了零点，说明两轴不平行，需校正。

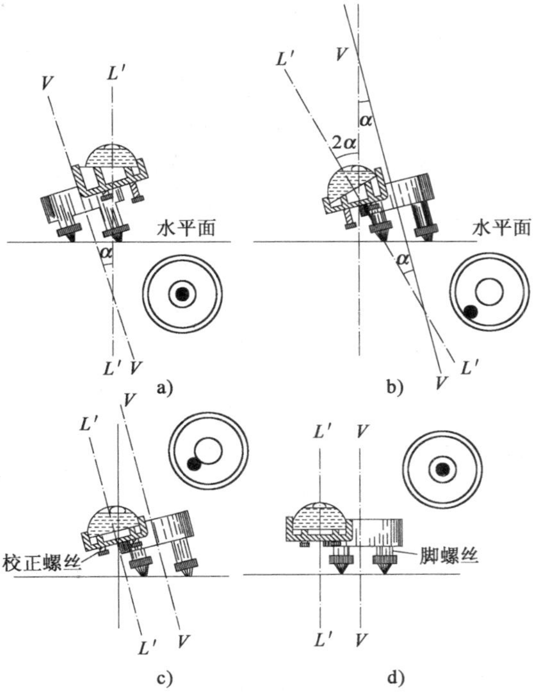

图 2-7-17　圆水准仪的检验

校正方法：拨动圆水准器的校正螺丝使气泡中点退回距零点偏离量的一半，这时圆水准器轴 $L'L'$ 将与竖轴 VV 平行，如图 2-7-17c）所示。需要注意的是，在拨动圆水准器的校正螺丝时，有的仪器是首先松开圆水准器的固定螺丝，如图 2-7-18 所示。当顺时针拨动时，校正螺丝升高，气泡移向校正螺丝位置，逆时针拨动则气泡离开校正螺丝。然后转动脚螺旋使气泡居中，这时仪器竖轴就处于铅垂位置了，如图 2-7-17d）所示。有的仪器是直接拨动校正螺丝，先松后紧，使气泡居中。检验和校正应反复进行，直至仪器转到任何位置，圆水准气泡始终居中，即位于刻画圈内为止。

（2）十字丝横丝的检验与校正

目的：使十字丝横丝垂直于仪器的竖轴。也就是竖轴铅垂时，横丝应水平。

检验方法：整平仪器后，将横丝的一端对

准一明显固定点,旋紧制动螺旋后再转动微动螺旋,如果该点始终在横丝上移动,说明十字丝横丝垂直于竖轴,如图2-7-19a)所示。

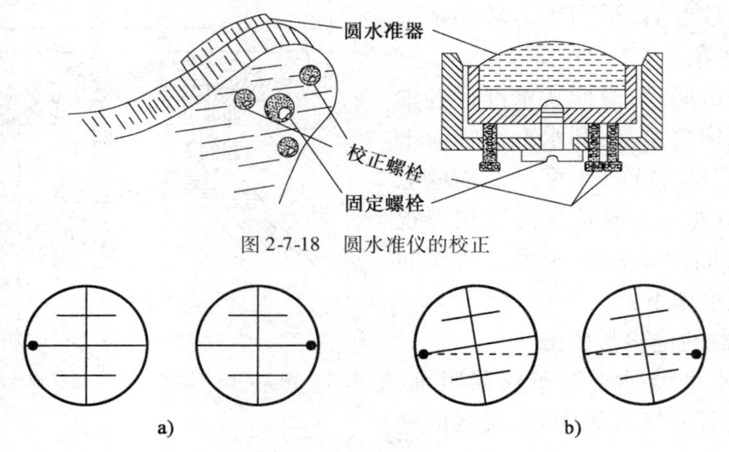

图2-7-18　圆水准仪的校正

图2-7-19　十字丝横丝的检验

如果该点离开横丝,说明横丝不水平,需要校正,如图2-7-19b)所示。

检验时也可以用挂垂球线的方法,观测十字丝竖丝是否与垂球线重合,如重合说明横丝水平。

校正方法:用螺丝刀松开十字丝环的三个固定螺丝,再转动十字丝环,调整偏离量,直到满足条件为止,最后拧紧该螺丝,上好外罩。

一般为了避免和减少校正不完善的残余误差的影响,应该用十字丝交点照准目标进行读数。

(3)管水准器的检验与校正

目的:使水准管轴平行于视准轴,也就是当管水准器气泡居中时,视准轴应处于水平状态。

检验方法:首先在平坦地面上选择相距100m左右的A点和B点,在两点放上尺垫或打入木桩,并竖立水准尺,如图2-7-20所示。然后将水准仪安置在A、B两点的中间位置C处进行观测,假如水准管轴不平行于视准轴,视线在尺上的读数分别为a_1和b_1,由于视线的倾斜而产生的读数误差均为Δ,则两点间的高差h_{AB}为:

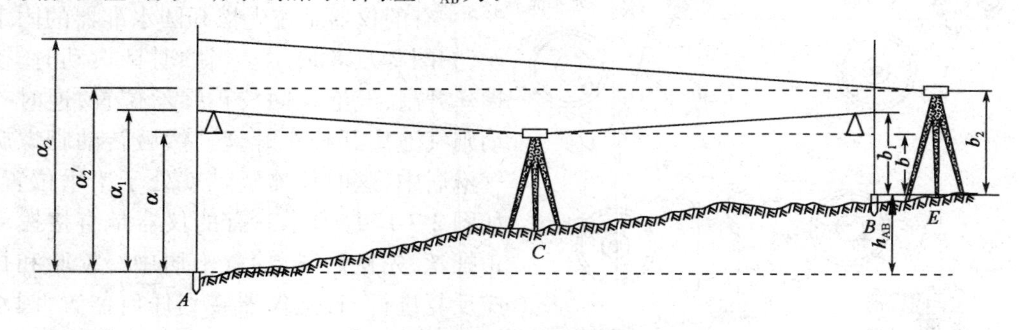

图2-7-20　管水准器的检验

$$h_{AB}=a_1-b_1$$

由图2-7-20可知:$a_1=a+\Delta,b_1=b+\Delta$,代入上式得:

$$h_{AB}=(a+\Delta)-(b+\Delta)=a-b$$

此式表明,若将水准仪安置在两点中间进行观测,便可消除由于视准轴不平行于水准管轴

所产生的误差读数 Δ，得到两点间的正确高差 h_{AB}。

为了防止错误和提高观测精度，一般应改变仪器高观测两次，若两次高差的误差小于 3mm 时，取平均数作为正确高差 h_{AB}。

再将水准仪安置在距 B 尺 2m 左右的 E 处，安置好仪器后，先读取近尺 B 的读数值 b_2，因仪器离 B 点很近，两轴不平行的误差可忽略不计。然后根据 b_2 和正确高差 h_{AB} 计算视线水平时在远尺 A 的正确读数值 a'_2。

$$a'_2 = b_2 + h_{AB} \tag{2-7-17}$$

用望远镜照准 A 点的水准尺，转动微倾螺旋将横丝对准 a'_2，这时视准轴已处于水平位置，如果水准管气泡影像符合，说明水准管轴平行于视准轴，否则应进行校正。

校正方法：转动微倾螺旋使横丝对准 A 尺正确读数 a'_2 时，视准轴已处于水平位置，由于两轴不平行，便使水准管气泡偏离零点，即气泡影像不符合，如图 2-7-21 所示。这时首先用拨针松开水准管左右校正螺栓（水准管校正螺栓在水准管的一端），用校正针拨动水准管上、下校正螺栓，拨动时应先松后紧，以免损坏螺栓，直到气泡影像符合为止。

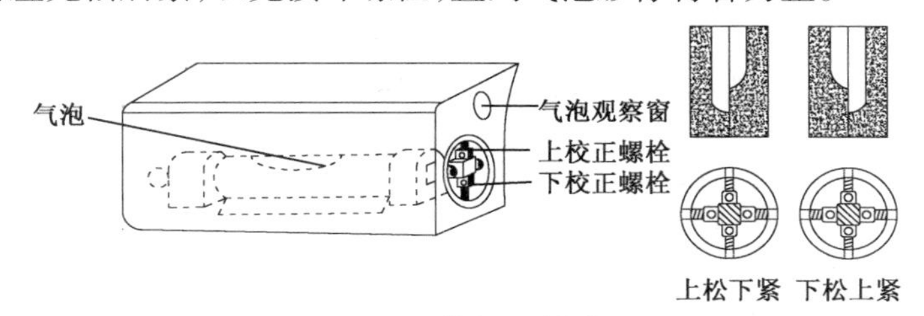

图 2-7-21　管水准器的校正

为了避免和减少校正不完善的残留误差的影响，在进行等级水准测量时，一般要求前、后视距离基本相等。

6. 水准测量注意事项

（1）影响水准测量成果的主要因素

①视线不水平

视线不水平是由于操作不规范导致视准轴与水准管轴不平行，或水准仪经检校后，还有残余误差存在，或因使用时间长，使轴线平行条件发生变化所致。但在同一测站上采用前、后视距相等的观测方法，即可消除因视线不水平所引起的观测误差的影响。

②水准尺未竖直

水准尺没有竖直，视线在尺上就会出现读数误差，此误差将直接影响本站高差的准确性。

③仪器或转点下沉

在观测过程中，由于水准仪脚架未踩实或接口未固紧，水准仪将会下沉，引起读数误差。转点若选择不当，也可造成下沉或回弹，使尺子下沉或上升，引起读数误差。

④估读不准确

⑤外界环境干扰

在测量时由于阳光直射、气温升降、气候变化、大气折光等因素的干扰，均对测量成果有一定的影响。在观测时要特别注意，最好选择在气温稳定、光线清晰的时间段进行测量。

（2）注意事项

①水准测量过程中应尽量用目估或步测保持前、后视距基本相等来消除或减小水准管轴不平行于视准轴所产生的误差，同时选择适当的观测时间，限制视线长度和高度来减少折光的

影响。

②仪器脚架要踩实，观测速度要快，以减少仪器下沉。转点处理用尺垫，取往返观测结果的平均值来抵消转点下沉的影响。

③估数要准确，读数时要仔细对光，消除视差；必须使水准管气泡居中，读完以后，再检查气泡是否居中。

④检查塔尺相接处是否严密，清除尺底泥土。扶尺者要身体站正，双手扶尺，保证扶尺竖直。为了消除两尺零点不一致对观测成果的影响，应在起、终点上用同一标尺。

⑤记录要原始，当场填写清楚，在记错或算错时，应在错字上画一斜线，将正确数字写在错数上方。

⑥读数时，记录员要复诵，以便核对，并应按记录格式填写，字迹要整齐、清楚、端正。所有计算成果必须经校核后才能使用。

⑦测量者要严格执行操作规程，工作要细心，加强校核，防止错误。观测时如果阳光较强要撑伞，给仪器遮太阳。

工作任务八　GPS 定位技术

学习目标

1. 理解 GPS 的测量原理；
2. 了解 GPS 接收机的构造；
3. 掌握 GPS 的外业和内业操作使用方法。

任务描述

工作任务内容是通过 GPS 原理学习，掌握 GPS 接收机的外业操作，学会内业数据的处理方法，并能正确使用 GPS 接收机。

学习引导

本工作任务沿着以下脉络进行学习：

GPS 的测量原理 → Trimble5800 型号 GPS 接收机的构造 → 掌握 GPS 接收机的外业操作使用和内业数据处理方法

一、相关知识

全球定位系统 GPS 是美国国防部研制的全球性、全天候、连续的卫星无线电导航系统，它可提供实时的三维位置、三维速度和高精度的时间信息。GPS 系统的建立为测绘工作提供了一个崭新的定位测量手段。由于 GPS 定位技术具有精度高、速度快、成本低的显著特点，因而在工程测量领域得到了日益广泛的应用。

1. GPS 简介

GPS 是英文 Navigation Satellite Timing and Ranging/Global Positioning System 的字头缩写词 NAVSTAR/GPS 的简称，它的含义是利用导航卫星进行测时和测距，以构成全球定位系统。它是美军 20 世纪 70 年代初在“子午卫星导航定位系统——NNSS 系统”的技术上发展而来的具有全球性、全能性（陆地、海洋、航空与航天）、全天候性优势的导航定位、定时、测速系统。利用该系统，用户可以在全球范围内实现全天候、连续、实时的三维导航定位和测速；另外，利用该系统，用户还能够进行高精度的时间传递和高精度的精密定位。

2. GPS 的组成

1973 年 12 月，美国国防部正式批准陆海空三军共同研制导航全球定位系统——全球定位系统（GPS）。1994 年进入完全运行状态；整套 GPS 定位系统由三个部分组成的，即由 GPS 卫星组成的空中部分、由若干地面站组成的地面监控系统、以接收机为主体的用户设备。三者有各自独立的功能和作用，但又是有机地配合而缺一不可的整体系统。

（1）空间卫星部分

GPS 的空间部分由 24 颗 GPS 工作卫星所组成，这些 GPS 工作卫星共同组成了 GPS 卫星星座，其中 21 颗为用于导航的卫星，3 颗为活动备用卫星。这 24 颗卫星分布在 6 个倾角为 55°，高度约为 20 200km 的高空轨道上绕地球运行。卫星的运行周期约为 12 恒星时。完整的工作卫星星座保证在全球各地可以随时观测到 4 ~ 8 颗高度角为 15°以上的卫星，若高度角为 5°可达到 12 颗卫星。每颗 GPS 工作卫星都发出用于导航定位的信号。GPS 用户正是利用这些信号来进行工作。

（2）地面监控部分

GPS 的控制部分由分布在全球的若干个跟踪站所组成的监控系统构成，根据其作用不同，这些跟踪站又被分为主控站、监控站和注入站。

①主控站的作用：主控站拥有大型电子计算机，用作为主体的数据采集、计算、传输、诊断、编辑等工作，它完成下列功能：

a. 采集数据：主控站采集各监控站所测得的伪距和积分多普勒观测值、气象要素、卫星时钟和工作状态的数据、监测站自身的状态数据等。

b. 编辑导航电文（卫星星历、时钟改正数、状态数据及大气改正数）并送入注入站。

c. 诊断地面支撑系统的协调工作、诊断卫星健康状况并向用户指示的功能。

d. 调整卫星误差。

②监控站的作用：监控站的主要任务是对每颗卫星进行观测，并向主控站提供观测数据。每个监控站配有 GPS 接收机，对每颗卫星长年连续不断地进行观测，每 6s 进行一次伪距测量和积分多普勒观测，采集气象要素等数据。监控站是一种无人值守的数据采集中心，受主控站的控制，定时将观测数据送往主控站。

③注入站的作用：主控站将编辑的卫星电文传送到位于三大洋的三个注入站，定时将这些信息注入各个卫星，然后由 GPS 卫星发送给广大用户。

（3）用户接收部分

GPS 用户部分由 GPS 接收机（移动站、基准站等）、数据处理软件及相应用户设备，如计算机气象仪器等所组成。它的作用是接收 GPS 卫星所发出的信号，利用这些信号进行导航定位等工作。

3. 差分原理

（1）GPS 差分定位技术：是一种 GPS 定位技术，能极大提高精度。它需要一台接收机在一个已知点（点的经/纬度已知）上接收 GPS 信号（基准站），其他接收机在未知点同时进行观测。它利用已知点的精确坐标来计算出观测误差值，再利用该值来修正其他接收机在同一卫星、同一时刻的观测值。

(2)差分 GPS 定位原理

由安装在已知点位的基准站接收机测量出到 GPS 卫星的距离——伪距。其中包括到这颗卫星的真实距离加上几种误差。由于基准站的位置是已知的,可以利用卫星星历数据计算出基准站接收机到卫星的距离,计算出的距离与已知坐标之间的差包括上述几种误差值,将这一差值作为距离改正数传送给用户接收机,用户接收机就得到一个“校正过”的距离改正值。接收机接收的伪距经过改正值改正后可得到较准确的距离,这就是差分原理。

(3)差分 GPS 定位的种类

①依差分的时间分

实时差分:基准站计算出观测值后,通过电台广播出去,移动站接收到该值后实时改正自己的观测值,并把结果显示在屏幕上。

后处理差分:基准站计算出误差后记录成文件,移动站采集的数据也记录成计算机文件,野外作业回来后把文件导入 PC 机中,通过 GPS 软件,用基准站文件来对移动站文件进行差分,得出改正后的文件。

②依基准站发送信息方式分

位置差分:最简单的差分方法,基准站对每 4 颗卫星进行解算,得到一组改正数,基准站和移动站需接收同一组卫星才能使用。

伪距差分:目前普遍使用的差分方法,基准站上的接收机利用 $\alpha\sim\beta$ 滤波器将解算的差值滤波,并求出其偏差,然后将所有卫星的测距误差传输给用户,用户利用改正后的伪距求出本身的位置。

相位平滑伪距差分:GPS 接收机获得载波多普勒频率计数的功能,这个载频多普勒计数能反映载波相位信息,即反映伪距变化率的特性,利用这个载波信息来辅助码伪距测量就可获得比单独采用码伪距离测量更高的精度。

相位差分:载波相位差分技术又称为 RTK 技术,可达毫米级的精度。

4. GPS 定位

(1)导航:GPS 能以较好精度瞬时定出接收机所在位置的三维坐标,实现实时导航,因而 GPS 可用于海船、舰艇、飞机、导弹、出租车、交通车辆定位、110、120、119 等。

(2)授时。

(3)高精度、高效率的地面测量。

二、任 务 实 施

生产 GPS 接收机的厂家很多,而每个厂家生产的型号又很多。下面以 Trimble 5800 为例子,讲述 GPS 接收机的构造、安装、外业和内业操作使用。

1. 使用和保护

Trimble 5800 接收机的设计考虑了承受野外出现的典型恶劣情况。但是,接收机本身却是高精度的电子仪器,使用时需要注意保护。

从附近无线电或雷达发射机发出的大功率信号可能会抑制接收机电路。这虽然不损坏仪器,但却可能导致接收机出现不良的电性能。因此,应避免在大功率雷达、电视或其他发射机附近的 400m 范围内使用此接收机。小功率发射机(例如用于蜂窝电话和双工无线电的发射机)通常不会干扰 5700/5800GPS 接收机的工作。

2. GPS 接收机介绍

(1)5800GPS 接收机组成

5800GPS 接收机的所有操作控制装置都位于前面板,串口和接头位于单元地部。

图 2-8-1 给出了 5800GPS 接收机的前面板视图,此面板上有三个 LED 和一个电源按钮。

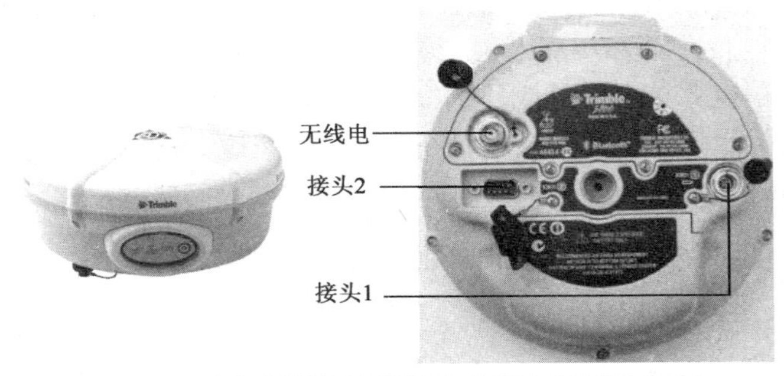

图标	名称	连接
	端口1	设备、计算机、外部无线电、电源入
	端口2	设备、计算机、外部无线电
	无线电	无线通信天线

图 2-8-1　GPS5800 接收机

(2)5800GPS 接收机按键功能

5800GPS 接收机只有一个按钮—电源按钮。用它可以打开或关闭接收机并执行其他功能。如表 2-8-1 所示。

表 2-8-1

动　作	电 源 按 钮	动　作	电 源 按 钮
打开接收机	按	关闭接收机	按下 2s
删除星历文件	按下 15s	把接收机重设到工程缺省状态	按下 15s
删除应用文件	按下 30s		

(3)5800GPS 接收机流动站的安装(图 2-8-2)

接收机顶面板的五个 LED,用来指示各种操作状态。一般而言,发光或慢速闪烁的 LED 表明仪器正常操作,快速闪烁的 LED 表明需要引起注意,不发光的 LED 表明仪器没有操作。

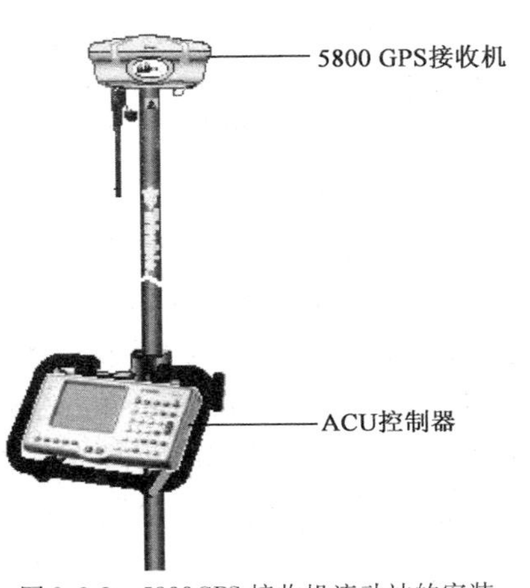

图 2-8-2　5800GPS 接收机流动站的安装

(4)5700/5800GPS 接收机常规注意事项

安装接收机时,应注意以下事项:

①插上 Lemo 电缆后,要确保接收机端口的红点与电缆接头对齐。千万不要用力插电缆,以防损坏接头的插脚。

②断开 Lemo 电缆后,用滑动轴环或系索拉住电缆,然后从端口直拔电缆接头,不要扭动接头或拉拽电缆。

③要安全地连接 TNC 电缆,把电缆接头与接收机插座

对齐，再把电缆接头小心地插到插座上，直到完全吻合为止。

④5700GPS 接收机放入内置电池，让电池正面向着袖珍闪存/USB 的门。电池下侧有一个中间凹槽，此凹槽用来作对齐线，以便把电池准确地插到接收机内。

⑤5800GPS 接收机内置电池放到电池舱内时，确保接触点的位置准确地与接收机的接触点对齐。把电池和电池舱作为一个整体滑入到接收机内，直到电池舱安置到位并卡定为止。

⑥收起电缆时，一定要把电缆盘成环状，避免电缆的扭折。

⑦夏天工作时，尽量避免仪器直接暴晒在阳光下。

3. GPS 控制网静态测量流程

测区踏勘，选点埋石，外业数据观测，内业数据处理，提交报告。

4. 静态测量的仪器准备及测量

(1)静态作业的仪器准备

5700GPS 接收机 3 台以上(含内置电池和数据记录卡)；
配套 GPS 接收天线；
配套 GPS 天线电缆；
转接头；
脚架和基座；
测高尺；
外业观测记录表。

(2)静态外业操作流程

①放置脚架，对中整平，安置好仪器。
②量取天线高。
③打开接收机电源，接收机跟踪大于 4 颗以上卫星时，卫星指示灯慢闪。
④打开数据记录灯。此时开始记录数据(注：一定要保证数据记录灯亮，否则没有记录数据)。
⑤认真填写外业记录表，见表 2-8-2。
⑥结束测量时，先关闭数据记录灯，再关闭接收机电源。

注：Trimble 5700GPS 接收机静态作业时，当打开数据记录灯后，每个观测时段会自动形成一个文件。文件名为：AAAABBBC. dat。其中：AAAA 为接收机 S/N 号的后四位数；BBB 为 GPS 时间，以天数累计增加。C 为时段号，一天内(以格林尼治时间为准)第一次开机的时段号为 0，依次 1，…，9，A，B，…，Y，Z。文件的后缀名为 *. dat。

(3)静态数据内业处理

Trimble Geomatics Office 后处理软件系统是 Trimble 公司 GPS 数据后处理软件，是基于 Microsoft Windows 的多任务操作系统。可以进行 GPS 数据后处理以及 RTK 测量数据处理。它可以处理所有 Trimble GPS 的原始测量数据和其他品牌的 GPS 数据(RINEX)，还有传统光学测量仪器采集的数据以及激光测距仪的数据。

整个软件包由多个模块构成。包括：数据通讯模块、星历预报模块、静态后处理、动态计算模块、坐标转换模块、基线处理、网平差模块、RTK 测量数据处理模块、DTMlink 模块、ROADlink 模块。

GPS 测量的外业观测记录表 表 2-8-2

<table>
<tr><td>点　　名</td><td></td><td>点　　号</td><td></td><td>图幅编号</td><td></td></tr>
<tr><td>观测员</td><td></td><td>日期段号</td><td></td><td>观测日期</td><td></td></tr>
<tr><td>接收机名称
及编号</td><td></td><td>天线类型
及编号</td><td></td><td>存储介质编号
数据文件名</td><td></td></tr>
<tr><td>近似纬度</td><td></td><td>近似经度</td><td></td><td>近似高程</td><td></td></tr>
<tr><td>采样间隔</td><td></td><td>开始记录时间</td><td></td><td>结束记录时间</td><td></td></tr>
<tr><td colspan="2">天线高测定</td><td colspan="2">天线高测定方法及略图</td><td colspan="2">点位略图</td></tr>
<tr><td colspan="2">测前：　　　　测后：
测定值(m)
修正值(m)
天线高(m)</td><td colspan="2"></td><td colspan="2"></td></tr>
<tr><td>天气情况</td><td colspan="5"></td></tr>
<tr><td>记事</td><td colspan="5"></td></tr>
</table>

学习情境三　小区域控制测量

工作任务一　导 线 测 量

学习目标

1. 叙述控制测量基本概念与作用、布网原则；导线测量的概念、布设形式、等级及技术要求；

2. 知道导线测量的外业主要工作(踏勘选点、测角、量边)的操作方法和(闭合、附合导线)内业坐标计算步骤；

3. 分析方位角与象限角的关系、导线测量误差(角度闭合差和导线全长相对闭合差)产生的原因、闭合与附合导线内业计算的异同点；

4. 根据《公路勘测规范》(JTG C10—2007)规定完成导线测量的外业主要工作(踏勘选点、测角、量边)的测量作业；

5. 正确完成导线测量的内业计算过程(误差调整、坐标计算和精度评定)。

任务描述

导线测量的任务就是通过对闭合或附合导线外业测量和内业计算，最后求出导线点的坐标。根据教师课堂上和现场的讲解，能进行实习场地踏勘选点，完成导线测量外业工作(测角、量边)，然后根据已知点的坐标通过内业计算最后求出导线点的坐标。在实习场地根据已知点的分布并结合测区具体情况确定导线布设形式，然后依据选点基本原则进行踏勘选点，建立测量标志(埋石、打木桩、铁钉或地面做记号等)并做“点之记”；然后利用经纬仪(或全站仪)、钢尺进行角度和距离测量；对外业数据进行严格检查正确无误后再通过内业计算(手工表格、计算机程序或Excel表格计算等)，最后求出各导线点坐标。

学习引导

本学习任务沿着以下脉络进行学习：

相关理论知识的学习 → 踏勘选点、建立测量标志 → 经纬仪(或全站仪)水平角测量 → 钢尺(或测距仪)水平距离测量 → 测量数据的检查、绘制导线略图与计算表格 → 完成导线内业计算与精度评定 → 上交全部测量成果资料

一、相 关 知 识

1. 控制测量及其等级

在测量工作中，为了防止测量误差的传递与累积，保证整个测区的精度均匀，满足测图和施工的精度需要，使测区内各分区的测图能正确地拼接成整体，或使整体的工程能进行分区施

工放样，就要求测量工作必须遵循测量的基本原则，即“从整体到局部”、“由高级到低级”、“先控制后碎部”。也就是说，先要建立控制网进行整体的控制测量，然后根据控制网进行碎部测量和测设。控制测量是指在整个测区范围内，选定若干个具有控制作用的点（称为控制点），设想用折线连接相邻的控制点，组成一定的几何图形（称为控制网），用精密的测量仪器和工具，进行外业测量获得相应的外业数据，并根据这些数据用准确严密的计算方法，求出控制点的平面坐标和高程，以保证整个测区的测量工作顺利进行。

控制测量分为平面控制测量和高程控制测量。本学习情境结合公路工程控制测量进行讲授。

1）平面控制测量

用较高的精度测定控制点的平面坐标（x,y）的工作，称为平面控制测量。传统的平面控制测量的测量方法按照控制点之间组成几何图形的不同，主要有导线测量和三角测量。

如图3-1-1所示，将控制点1、2、3、4等依次连成折线或多边形，这种形成折线的控制点称为导线点；在外业测量各折线边（导线边）的长度 D（水平距离）和两相邻边的夹角 β（水平角），根据已经点坐标内业通过计算就可以获得各导线点平面坐标（x,y），这种把测量导线边长和水平角的工作称为导线测量。

图3-1-2的控制点 A、B、C、D、E、F 等组成相互连接的三角形，并构成网状，观测所有三角形的内角，并至少测量其中一条边的长度（如图3-1-2的 AB 边）作为起算边（基线边），同样可以推算各控制点坐标（x,y）。这种形成三角形的控制点称为三角点，构成的控制网称为三角网，所进行的测量工作称为三角测量。该部分内容本书不作介绍。

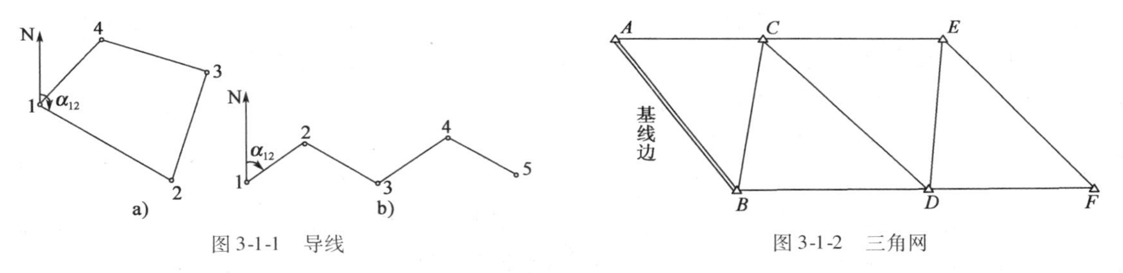

图3-1-1　导线

图3-1-2　三角网

平面控制测量除了采用传统的导线测量和三角测量外，随着电子、计算机等科学技术的不断发展，测绘的新仪器、新技术和新方法也得到突飞猛进的发展。目前最常用的方法是GPS卫星全球定位系统，20世纪80年代末，我国开始应用GPS定位技术在全国范围内建立平面控制网，并已逐渐成为布设控制网的最主要的方法，在国民经济建设中得以广泛的应用。

（1）国家平面控制网

在全国范围内布设的平面控制网，称为国家平面控制网。国家平面控制网采用分级布设、逐级控制的原则，按其精度分成一、二、二、四等。其中一等网精度最高，逐级降低；而控制点的密度则是一等网最小，逐级增大。

如图3-1-3所示，一等三角网一般称为一等三角锁，它是在全国范围内，沿经纬线方向布设的，是国家平面控制网的骨干。平面控制网除了用作全国各种比例尺测图的基本控制外，还为测绘学科研究地球的形状和大小提供精确数据。一等三角锁的锁段长度一般为 $D\approx200\text{km}$，起始边（基线边）长度 $D_0\geqslant5\text{km}$，三角网平均边长 $S\approx20\sim25\text{km}$；二等三角网布设于一等三角锁环内，是国家平面控制网的全面基础，平均边长 $S\approx13\text{km}$；三、四等三角网除了作为二等网的进一步加密外,还为地形测量和各项工程建设提供已知的起算数据,其中三等三角网平均边长 $S \approx 8\text{km}$,四等三角网平均边长 $S \approx 2 \sim 6\text{km}$。随着电磁波测距技术的发展和应用,三角测量也可用同等级的导线测量代替。如图 3-1-4 所示,其中一、二等导线测量,又称为精密导线测量。国家控制点有时称为大地点。

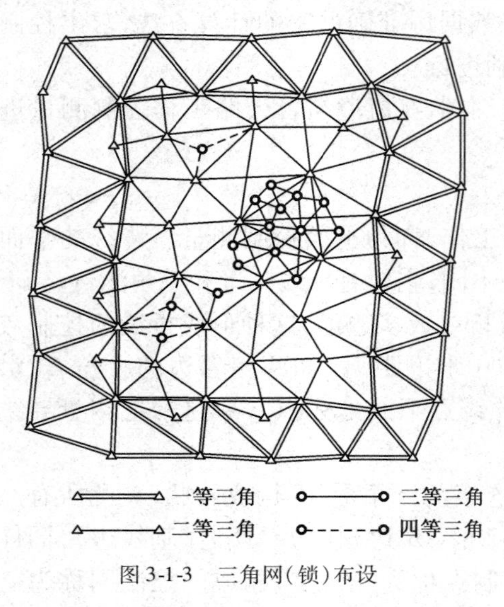

图 3-1-3　三角网(锁)布设

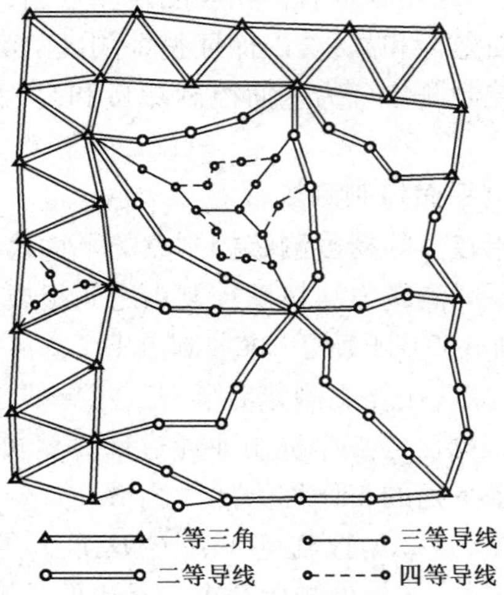

一等三角　三等导线
二等导线　四等导线

图 3-1-4　导线网布设

(2)城市平面控制网

随着大中城市、大型厂矿企业的不断发展,根据工程建设的需要,以国家平面控制网为基础,由测区的大小和施工测量方法布设不同等级的控制网以满足地形测图和工程施工放样的需要。城市工程测量平面控制网精度等级的划分:GPS 卫星定位测量控制网依次为二、三、四等和一、二级;导线及导线网依次为三、四等和一、二、三级;三角网依次为二、三、四等和一、二级。

国家或城市控制网的控制点平面坐标和高程的数据一般由专业测绘单位先行测定,各工程单位如需要使用控制点的数据,可以由使用单位开具证明向有关测绘机关申请索取。

(3)小区域平面控制网

在较小区域(一般不超过 15m^2)范围内建立的控制网,称为小区域控制网。小区域控制又分为:测区首级控制和图根控制。用于工程的平面控制测量一般是建立小区域平面控制网,它可根据工程的需要采用不同等级的平面控制。《公路勘测规范》(JTG C10—2007)规定:公路工程平面控制测量,应采用 GPS 测量、导线测量、三角测量或三边测量方法进行。其等级依次为二等、二等、四等、一级和二级,各等级的技术指标均有相应的规定。对于各级公路和桥梁、隧道平面控制测量的等级不得低于表 3-1-1 的规定。小区域控制网应尽量与国家高级控制网联测,否则建立独立控制网。高等级公路控制网必须与国家控制网联测。在小区域范围内,可以把水准面当作水平面,采用直角坐标,直接在平面上计算点的坐标。

直接为地形测图使用的控制点称为图根控制点,简称图根点。测定图根点位置的工作称为图根控制测量。对于较小测区,图根控制可作为首级控制。图根点点位标志宜采用木(铁)桩,当图根点作为首级控制或等级点稀少时,应埋设适当数量的标石。图根点的密度取决于测图比例尺的大小和地形的复杂程度。测区内解析图根点的个数,一般地区不宜少于表 3-1-2 的规定。

公路工程平面控制测量等级选用　　表 3-1-1

高架桥、路线控制测量	多跨桥梁总长 L(m)	单跨桥梁 L_k(m)	隧道贯通长度 L_G(m)	测量等级
—	$L \geq 3\,000$	$L_k \geq 500$	$L_G \geq 6\,000$	二等
—	$2\,000 \leq L < 3\,000$	$300 \leq L_k < 500$	$3\,000 \leq L_G < 6\,000$	三等
高架桥	$1\,000 \leq L < 2\,000$	$150 \leq L_k < 300$	$1\,000 \leq L_G < 3\,000$	四等
高速、一级公路	$L < 1\,000$	$L_k < 150$	$L_G < 1\,000$	一级
二、三、四级公路	—	—	—	二级

一般地区解析图根点的个数　　表 3-1-2

测图比例尺	图幅尺寸(cm)	解析图根点(个数)		
		全站仪测图	GPS-RTK 测图	平板测图
1:500	50×50	2	1	8
1:1 000	50×50	3	1~2	12
1:2 000	50×50	4	2	15
1:5 000	40×40	6	3	30

注:表中所列点数指施测该幅图时,可利用的全部解析控制点。

各级平面控制测量,其最弱点点位中误差均不得大于±5cm,最弱相邻点相对点位中误差均不得大于±3cm,最弱相邻点边长相对中误差不得大于表 3-1-3 的规定。

平面控制测量精度要求　　表 3-1-3

测量等级	最弱相邻边长相对中误差	测量等级	最弱相邻点边长相对中误差
二等	1/100 000	一级	1/20 000
三等	1/70 000	二级	1/10 000
四等	1/35 000		

(4)平面控制网布设原则

平面控制网的布设,应遵循下列原则:

①首级控制网的布设,应因地制宜,且适当考虑发展。当与国家坐标系统联测时,应同时考虑联测方案。

②首级控制网的等级,应根据工程规模、控制网的用途和精度要求合理选择。

③加密控制网,可越级布设或同等级扩展。

平面控制网的坐标系统,应在满足测区内投影长度变形不大于2.5cm/km的要求下,作下列选择:

①用统一的高斯正形投影3°带平面直角坐标系统;

②采用高斯正形投影3°带,投影面为测区抵偿高程面或测区平均高程面的平面直角坐标系统;或任意带,投影面为1985年国家高程基准面平面直角坐标系统;

③小测区或有特殊精度要求的控制网,可采用独立坐标系统;

④在已有平面控制网的地区,可沿用原有的坐标系统;

⑤厂区内可采用建筑坐标系统。

2）高程控制测量

测定控制点高程的工作，称为高程控制测量。根据采用测量方法的不同，高程控制测量分为水准测量和三角高程测量。国家高程控制网的建立主要采用水准测量的方法，其作用和平面控制网一样为测区建立高程控制。其按精度分为一、二、三、四等。

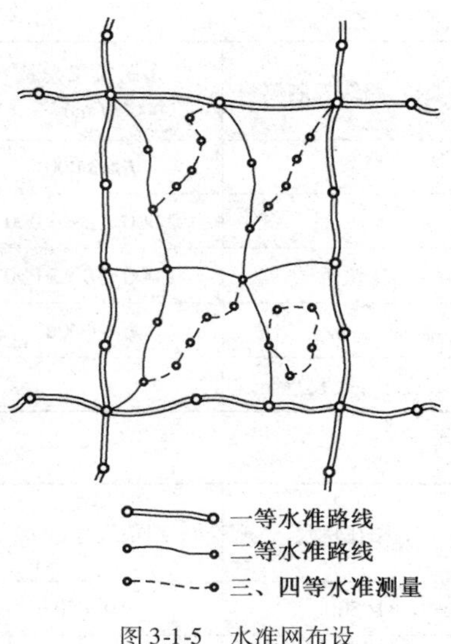

图 3-1-5　水准网布设

图 3-1-5 所示是国家水准网布设示意图，一等水准网是国家最高级的高程控制骨干，它除用作扩展低等级高程控制的基础以外，还为科学研究提供依据；二等水准网为一等水准网的加密，是国家高程控制的全面基础；三、四等水准网为在二等网的基础上进一步加密，直接为各测区的测图和工程施工提供必要的高程控制。

用于工程的小区域高程控制网，亦应根据工程施工的需要和测区面积的大小，采用分级建立的方法。对于公路工程，《公路勘测规范》（JTG C10—2007）规定：公路高程系统宜采用"1985 年国家高程基准"，同一个公路项目应采用同一个高程系统，并应与相邻项目高程系统相衔接。各等级高程控制宜采用水准测量，其等级依次为二等、三等、四等和五等（也称为等外），各等级的技术要求均有相应的规定。四等及以下等级可采用电磁波测距三角高程测量，五等也可采用 GPS 拟合高程测量。对于各级公路及构造物的高程控制测量等级，不得低于表3-1-4的规定。

公路工程高程控制测量等级选用　　表 3-1-4

高架桥、路线控制测量	多跨桥梁总长 L（m）	单跨桥梁 L_k（m）	隧道贯通长度 L_G（m）	测 量 等 级
—	$L \geqslant 3\,000$	$L_k \geqslant 500$	$L_G \geqslant 6\,000$	二等
—	$1\,000 \leqslant L < 3\,000$	$150 \leqslant L_k < 500$	$3\,000 \leqslant L_G < 6\,000$	三等
高架桥、高速、一级公路	$L < 1\,000$	$L_k < 150$	$L_G < 3\,000$	四等
二、三、四级公路	—	—	—	五等

各等级路线高程控制网最弱点高程中误差不得大于 ±25mm，用于跨越水域和深谷的大桥、特大桥的高程控制网最弱点高程中误差不得大于 ±10mm，每公里观测高差中误差和附合（环线）水准路线长度应小于表 3-1-5 的规定。当附合（环线）水准路线长度超过规定时，应采用双摆站的方法进行测量，但其长度不得大于表 3-1-5 中规定的两倍。每站高差较差应小于基辅（黑红）面高差较差的规定。一次双摆站为一单程，取其平均值计算的往返较差、附合（环线）闭合差应小于相应限差的 0.7 倍。

高程控制测量的技术要求　　表 3-1-5

测 量 等 级	每公里高差中数中误差（mm）		附合或环线水准路线长度（km）	
	偶然中误差 M_Δ	全中误差 M_w	路线、隧道	桥梁
二等	±1	±2	600	100
三等	±3	±6	60	10
四等	±5	±10	25	4
五等	±8	±16	10	1.6

2. 导线测量及其等级

将测区内选定的相邻控制点用直线连接，而构成的连续折线，称为导线。这些转折点（控制点）称为导线点。相邻导线点间的水平距离，称为导线边长。相邻导线边之间的水平角，称为转折角。导线测量就是依次测定各导线边的长度和各转折角，根据起算数据，推算各导线边的坐标方位角，进而计算各导线点的平面坐标的工作。

导线测量适用范围较广：主要用于带状地区（如公路、铁路和水利等）、隐蔽地区、城建区和地下工程等控制点的测量。

1）导线的布设形式

根据测区的不同情况和要求，导线的布设有闭合导线、附合导线、支导线和导线网四种形式。

（1）闭合导线

从一个控制点出发，经过了若干导线点以后，又回到原控制点，这样的导线称为闭合导线，如图 3-1-6 所示。导线从控制点 B（或称为 1）出发，经过了 2、3、4、5 等点，最后又回到起点 B（或称为 1），形成一个闭合的多边形。闭合导线具有严密的几何条件，即多边形内角和等于 $(n-2)\times180°$。因此，可以对观测成果进行坐标和角度的检核，通常用于面积较宽阔的独立地区测图控制和二级以下的公路带状地形图的测图控制。控制点 B 的坐标可以是已知的高级控制点，也可以是假定的。如果控制点 B 是假定的坐标（假定时由罗盘仪测出磁方位角，假定坐标应注意测区内其余控制点坐标不能出现负值），测区就属于独立坐标系。实际工作中控制点 B 一般尽量与已知的高级控制点联测（如图 3-1-6 中观测连接边 AB 的距离 D 和连接角 β，由高级点传递坐标和方位角）获取统一的国家大地坐标。

（2）附合导线

从一个已知高级控制点出发，经过了若干个导线点以后，附合到另一个已知高级控制点上，这样的导线称为附合导线，如图 3-1-7 所示。导线从一已知的高级控制点 A（或称为 1）和已知方向 BA 出发，经过了 2、3、4、…点，最后附合到另一个已知的高级控制点 C（或称为 n）上，形成一条连续的折线。由于两端都有已知的坐标和方位角，该形式同样可以对观测成果进行坐标和方位角的检核，通常用于带状地区的首级控制，广泛地应用于公路、铁路、水利和城建区等工程勘测与施工。

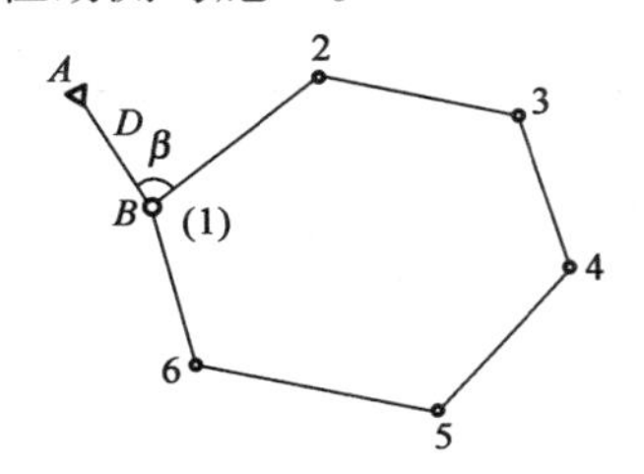

图 3-1-6　闭合导线

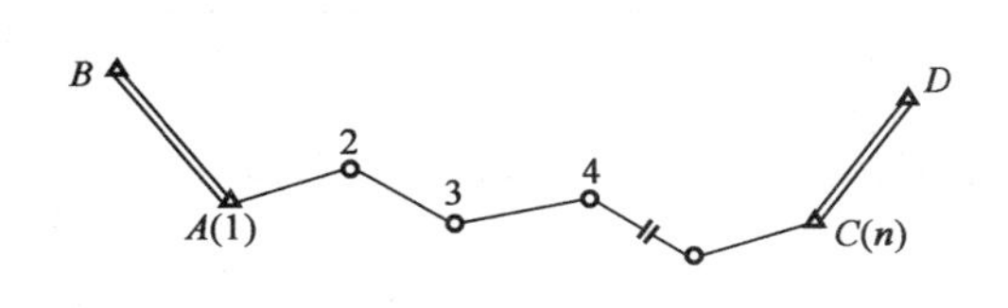

图 3-1-7　附合导线

（3）支导线

从一个已知点出发，经过 1～2 个导线点后，既不回到原起始点，也不附合到另一个已知点上，这样的导线称为支导线，如图 3-1-8 中的 $B\sim1\sim2$ 就是一条支导线。由于支导线缺乏已知条件，无法进行检核，所以尽量少用。如果需要施测支导线，距离必须进行往返测量，水平角要观测左、右角，满足：$(\beta_{左}+\beta_{右})-360°\ngtr\pm40''$；其边数一般不宜超过 2 条，最多不得超过 4 条，它仅适用于图根控制补点使用。

(4)导线网

根据测区的具体条件,导线还可以布设成具有节(结)点或闭合环的网状,称为导线网,如图3-1-9所示。导线网一般适用于测区范围较大或已知高级控制点较少时布网,可以增加图形结构的强度,通过进行整体平差来提高控制网的精度和保证整个测区精度更加均匀。

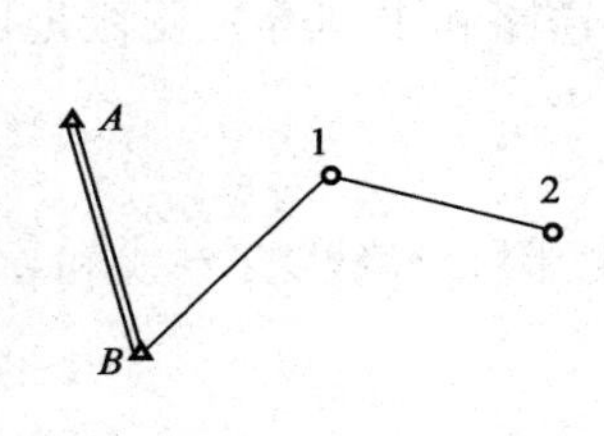

图3-1-8　支导线

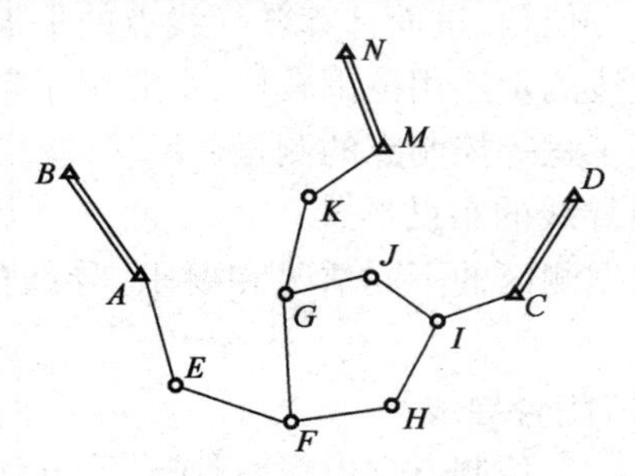

图3-1-9　导线网

2)导线测量的技术要求

公路工程的导线按精度由高到低的顺序划分为:三等、四等、一级和二级四个等级,其主要技术要求列于表3-1-6中。

导线测量按测定边长的方法分为:钢尺量距导线(也叫经纬仪导线)、视距导线及电磁波测距导线等。视距导线测量方法现在已经不用,由于全站仪的普及,全站仪导线测量在公路工程控制中得以广泛应用。本工作任务所叙述的主要是钢尺量距导线和电磁波测距导线。

导线测量的主要技术要求　　表3-1-6

等　级	附(闭)合导线长度(km)	平均边长(km)	边　长	每边测距中误差(mm)	单位权中误差(″)	导线全长相对闭合差	方位角闭合差(″)
三等	≤18	2.0	≤9	≤±14	≤±1.8	≤1/52 000	$\leqslant 3.6\sqrt{n}$
四等	≤12	1.0	≤12	≤±10	≤±2.5	≤1/35 000	$\leqslant 5.0\sqrt{n}$
一级	≤6	0.5	≤12	≤±14	≤±5.0	≤1/17 000	$\leqslant 10\sqrt{n}$
二级	≤3.6	0.3	≤12	≤±11	≤±8.0	≤1/11 000	$\leqslant 16\sqrt{n}$

注:①表中 n 为测站数;

②以测角中误差为单位权中误差;

③导线网节点间的长度不得大于表中长度的0.7倍。

二、任 务 实 施

导线测量的外业工作主要包括:踏勘选点及建立标志、测角、测距和联测。各项工作均应按相关规定完成。

1.准备工作

(1)仪器的准备

①学生按分组到测量仪器室领取有关实习仪器(经纬仪或测距仪)和工具(钢尺、脚架、标杆等);

②学生熟悉仪器并对仪器进行必要检验与校正；

(2)资料的准备

学生准备好实习过程中所需要的资料(收集测区已有的地形图和控制点的成果资料)和用具(H 或 2H 铅笔、记录手簿等)。

2. 踏勘选点

(1)踏勘

学生在老师的带领下对实习场地进行现场踏勘，了解场地的地形分布情况。在选点时，首先调查收集测区已有的地形图和控制点的成果资料，一般是先在中比例尺(1∶1 万～1∶10 万)的地形图上进行控制网设计。根据测区内已有的国家控制点或测区附近其他工程部门建立的可以利用的控制点，确定与其联测的方案及控制网点位置。在布网方案初步确定后，可对控制网进行精度估算，必要时需对初定控制点作调整。然后到野外去踏勘、核对、修改和落实点位。如需测定起始边，起始边位置应优先考虑；如果测区没有以前的地形资料，则需详细踏勘现场，根据已知控制点的分布、地形条件以及测图和施工需要等具体情况，合理地拟定导线点的位置。

(2)选点

根据已知点分布情况并结合测区地形，确定导线布设形式，依据导线测量选点的基本原则进行实地选点。控制点位置的选定应满足相应工程的基本要求。例如，对于公路工程应满足中华人民共和国行业标准《公路勘测规范》(JTG C10—2007)的规定。公路导线控制网应满足以下平面控制网设计的一般要求和导线测量布设要求。

①平面控制网设计的一般要求

a. 路线平面控制网的设计，应首先在地形图上进行控制网点位的布设，然后进行实地踏勘并确定点位。

b. 路线平面控制网，一般先布设首级控制网，然后再加密路线平面控制网。

c. 构造物平面控制网可与路线平面控制网同时布设，亦可在路线平面控制网的基础上进行。当分步布设时，布设路线平面控制网的同时，应考虑沿线桥梁、隧道等构造物测设的需要，在大型构造物的两侧应至少分别布设一对相互通视的首级平面控制点。

d. 平面控制点相邻点间平均边长，应满足表 3-1-5 中所列平均边长的要求。四等及四等以上平面控制网中相邻点之间距离不得小于 500m，一、二级平面控制网中相邻点之间距离在平原、微丘区不得小于 200m，山岭、重丘区不得小于 100m，最大距离不应大于平均边长的 2 倍。

e. 路线平面控制点宜沿路线前进方向布设，控制点到路线中心线的距离尽量在 50～300m 之间，每一点至少应有一相邻点通视。特大型构造物每一端应埋设 2 个以上平面控制点。

f. 控制点的位置应方便以后加密、扩展，易于保存、寻找，同时便于测角、量距及地形测图和中桩放样等。

②导线测量的布设要求

a. 各级导线应尽量布设成直伸形状。

b. 点位的布设应满足下列测距边的要求：

测距边应选在地面覆盖物相同的地段，不宜选在烟囱、散热塔、散热池等发热体的上空。测线上不应有树枝、电线等障碍物，测线应离开地面或障碍物 1.3m 以上。测线应避开高压线等强电磁场的干扰，并宜避开视线后方反射物体。

(3)建标

根据实际情况对选定的导线点做好标志(如埋石、打木桩、铁钉或地面做记号),并按一定顺序编号。标志的制作尺寸规格、书写及埋设均应符合相应等级的要求。

(4)"点之记"

对做好标志的导线点,为方便今后测量或施工使用时查找,必须现场绘制点位草图(导线点与周围明显地物的相对位置),并进行定性(导线点的具体方位)和定量(量出导线点与附近至少2个明显地物的距离,注明尺寸)的说明,称为"点之记"。

3. 水平角测量

导线的转折角有左角和右角之分,主要相对于导线测量前进的方向而定。在前进方向左侧的角称为左角;在前进方向右侧的角称为右角。在附合导线中,可测其左角亦可测其右角(在公路测量中一般习惯测右角),但要统一。在闭合导线中,一般习惯测其内角,主要是计算方便;闭合导线若按逆时针方向编号,其内角均为左角;反之均为右角。水平角观测的主要技术要求应符合表3-1-7的规定。

当测角精度要求较高,而导线边长又比较短时,为了减少对中误差和目标偏心差对角度测量的影响,可采用三联脚架法作业。

水平角观测的主要技术要求 表3-1-7

等级	仪器型号	光学测微器两次重合读数之差(″)	半测回归零差(″)	一测回内 2_c 互差(″)	同一方向值各测回较差(″)	测回数
三等	DJ_1	≤1	≤6	≤9	≤6	≥6
	DJ_2	≤3	≤8	≤13	≤9	≥10
四等	DJ_1	≤1	≤6	≤9	≤6	≥4
	DJ_2	≤3	≤8	≤13	≤9	≥6
一级	DJ_2	—	≤12	≤18	≤12	≥2
	DJ_6	—	≤24	—	≤24	≥4
二级	DJ_2	—	≤12	≤18	≤12	≥1
	DJ_6	—	≤24	—	≤24	≥3

4. 水平距离测量

测距是指测定导线中各导线边长的工作。《公路勘测规范》(JTG C10—2007)规定:一级及以上导线的边长,应采用光电测距仪(按表3-1-8选用)施测。二级导线的边长,可采用普通钢尺进行测量。光电测距的主要技术要求,应符合表3-1-9的要求。普通钢尺丈量导线边长的主要技术要求,应符合表3-1-10的要求。

光电测距仪的选用 表3-1-8

测距仪精度等级	每公里测距中误差 m_D(mm)	适用的平面控制测量等级
I级	$m_D \leqslant \pm 5$	所有等级
II级	$\pm 5 < m_D \leqslant \pm 10$	三、四等,一、二级
III级	$\pm 10 < m_D \leqslant \pm 20$	一、二级

光电测距的主要技术要求 表 3-1-9

导线等级	观测次数		每边测回数		一测回读数间较差(mm)	单程各测回较差(mm)	往返较差
	往	返	往	返			
三等	≥1	≥1	≥3	≥3	≤5	≤7	$\leqslant\sqrt{2}(a+b\cdot D)$
四等	≥1	≥1	≥2	≥2	≤7	≤10	
一级	≥1	—	≥2	—	≤7	≤10	
二级	≥1	—	≥1	—	≤12	≤17	

注:①测回是指照准目标一次,读数为4次的过程;

②表中 a 为固定误差,b 为比例误差系数,D 为水平距离(km)。

普通钢尺丈量导线边长的主要技术要求 表 3-1-10

定向偏差(mm)	每尺段往返高差之差(mm)	最小读数(mm)	三组读数之差(mm)	同尺段长差(mm)	外业手算计算取值(mm)		
					尺长	各项改正	高差
≤5	≤1	1	≤3	≤4	1	1	1

5. 联测

导线联测是指新布设的导线与周围已有的高级控制点的联系测量,以取得新布设导线的起算数据,即起始点的坐标和起始边的方位角。如果沿路线方向有已知的高级控制点,导线可直接与其连接,共同构成闭合导线或附合导线;如果距离已知的高级控制点较远可以采用间接连接。如图 3-1-10 所示,导线联测为测定连接角(水平角)β_A 和连接边 D_{A1}。连接角和连接边的测量与上述的导线的测距、测角方法相同。

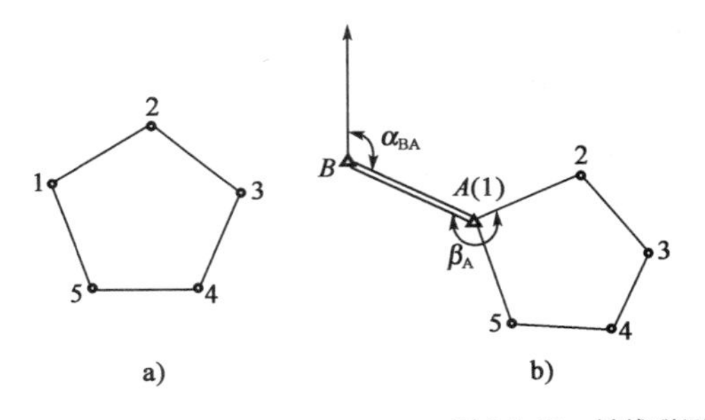

图 3-1-10 导线联测

6. 测量数据的检查、绘制导线略图与计算表格

导线测量内业计算前,应仔细全面地检查导线测量的外业记录,检查数据是否齐全,有无记错、算错,是否符合精度要求,起算数据是否准确。然后绘出导线草图,并把各项数据标注在图中的相应位置,如图 3-1-11 所示。

导线计算的方法有手工表格计算、计算机程序计算和 Excel 电子表格计算等,本工作任务主要介绍手工表格计算的方法。

7. 导线测量内业计算与精度评定

导线测量内业计算的目的,就是根据已知的起算数据和外业的观测成果资料,通过对误差进行必要的调整,推算各导

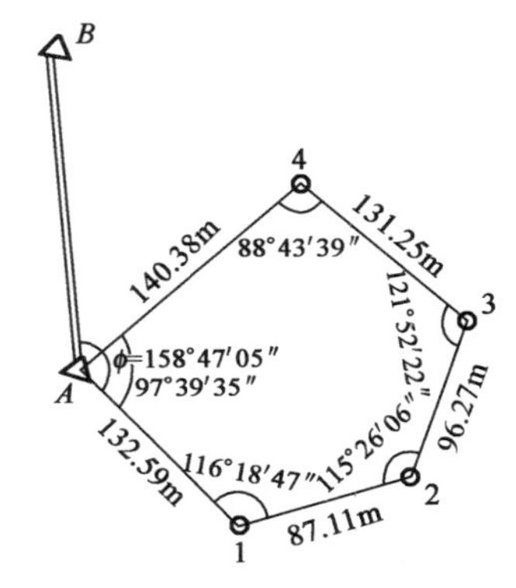

图 3-1-11 闭合导线草图

线边的方位角，计算各相邻导线边的坐标增量，最后计算出各导线点的平面坐标。

1）导线坐标计算公式

（1）坐标方位角的推算

如图 3-1-12 所示，α_{12}为起始方位角，β_2 为右角，推算 2-3 边的坐标方位角为：

$$\alpha_{23} = \alpha_{12} - \beta_2 \pm 180°$$

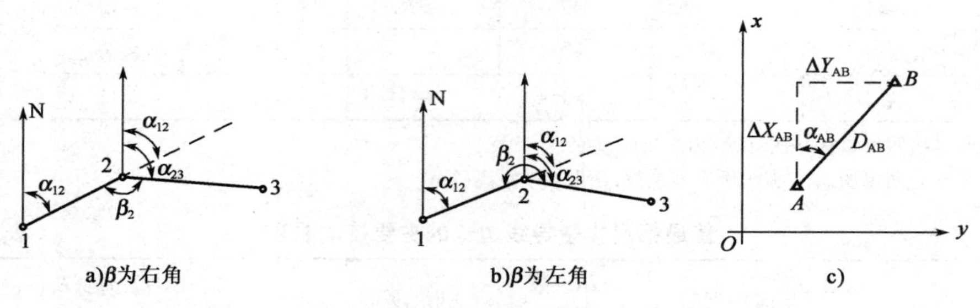

图 3-1-12　方位角推算

因此，用右角推算方位角的一般公式为：

$$\alpha_{前} = \alpha_{后} - \beta_{右} + 180° \tag{3-1-1}$$

当 β_2 为左角时，推算方位角的一般式为：

$$\alpha_{前} = \alpha_{后} + \beta_{左} - 180° \tag{3-1-2}$$

当推算出的方位角如大于 360°，则应减去 360°，若为负值时应加上 360°。

（2）坐标正算

根据已知点坐标、已知边长和坐标方位角计算未知点坐标。

如图 3-1-12c）所示，设 A 为已知点、B 为未知点，当 A 点的坐标（x_A，y_A）、边长 D_{AB} 均为已知时，则可求得 B 点的坐标（x_B，y_B）。这种计算称为坐标正算。

$$\left.\begin{aligned} x_B &= x_A + \Delta x_{AB} \\ y_B &= y_A + \Delta y_{AB} \end{aligned}\right\} \tag{3-1-3}$$

其中：

$$\left.\begin{aligned} \Delta x_{AB} &= D_{AB}\cos\alpha_{AB} \\ \Delta y_{AB} &= D_{AB}\sin\alpha_{AB} \end{aligned}\right\} \tag{3-1-4}$$

则：

$$\left.\begin{aligned} x_B &= x_A + D_{AB}\cos\alpha_{AB} \\ y_B &= y_A + D_{AB}\sin\alpha_{AB} \end{aligned}\right\} \tag{3-1-5}$$

（3）坐标反算

如图 3-1-13 所示，已知两点的坐标 A（x_A，y_A）、B（x_B，y_B），求两点之间的距离 D_{AB}及该边的方位角 α_{AB}。

$$\alpha_{AB} = \arctan\frac{\Delta y_{AB}}{\Delta x_{AB}} = \arctan\frac{y_B - y_A}{x_B - x_A} \tag{3-1-6}$$

$$D_{AB} = \sqrt{(x_B - x_A)^2 + (y_B - y_A)^2} \tag{3-1-7}$$

注：计算出的 α_{AB}，应根据 Δx、Δy 的正负，判断其所在的象限。α_{AB}表示方位角，R_{AB}表示象限角。那么直线 AB 的方位角 α_{AB}与象限角 R_{AB}关系见表 3-1-11。

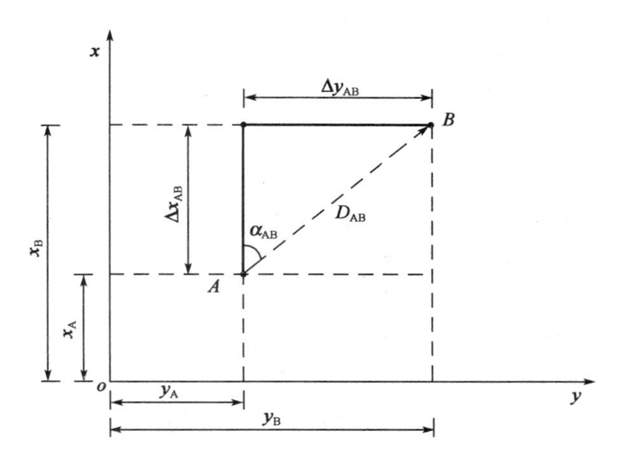

图 3-1-13　坐标图

表 3-1-11

关系 象限	坐标增量范围	方位角 α_{AB} 与象限角 R_{AB} 关系
I	$y_B - y_A > 0; x_B - x_A > 0$	$\alpha_{AB} = R_{AB}$
II	$y_B - y_A > 0; x_B - x_A < 0$	$\alpha_{AB} = 180° - R_{AB}$
III	$y_B - y_A < 0; x_B - x_A < 0$	$\alpha_{AB} = R_{AB} + 180°$
IV	$y_B - y_A < 0; x_B - x_A > 0$	$\alpha_{AB} = 360° - R_{AB}$

2）闭合导线坐标近似计算

现以图 3-1-11 所示的导线为例，介绍闭合导线内业计算的步骤，具体计算过程及结果如表 3-1-12 所示。图中 1、2、3、4 点为待定导线点，A、B 为已知控制点。其中 A 点坐标为（500.00,500.00），AB 的方位角 $\alpha_{AB} = 342°18'16''$。计算前，首先将导线草图中的点号、角度的观测值、边长的量测值以及起始边的方位角（或测量的连接角）、起始点的坐标等填入“闭合导线坐标计算表”中，如表 3-1-11 中的第 1 栏、第 2 栏、第 6 栏、第 5 栏的第一项、第 10、14 栏的第一项所示。其中第 5 栏的第一项方位角：

$$\alpha_{A1} = \alpha_{AB} + \phi = 342°18'16'' + 158°47'05'' = 141°05'21''$$

（1）角度闭合差计算和调整

闭合导线在几何上是一个 n 边形，其内角和的理论值为：

$$\sum \beta_{理} = (n-2) \times 180°$$

在实际角度观测过程中，由于不可避免地存在着测量误差的原因，使得实测的多边形的内角和不等于上述的理论值，二者的差值称为闭合导线的角度闭合差，习惯以 f_β 表示。即有：

$$f_\beta = \sum \beta_{测} - \sum \beta_{容} = (\beta_1 + \beta_2 + \cdots + \beta_n) - (n-2) \times 180° \tag{3-1-8}$$

①计算闭合差：

各级导线角度闭合差允许值 $f_{\beta容}$ 见表 3-1-12。图根导线按下式计算：

$$f_{\beta容} = \pm 40'' \sqrt{n} \tag{3-1-9}$$

②计算限差：

若 $f_\beta > f_{\beta容}$，说明误差超限，应进行检查分析，查明超限原因，必要时按规范规定要求进行重测直到满足精度要求；若 $f_\beta \leqslant f_{\beta容}$，可以对角度闭合差进行调整，由于各角观测均在相同的观测条件下进行，故可认为各角产生的误差相等。调整的原则为：将 f_β 以相反的符号按照测站数平均分配到各观测角上，即按公式(3-1-10)计算，结果填到表辅助计算栏。

$$V_\beta = \frac{-f_\beta}{n} \tag{3-1-10}$$

③计算改正数：

计算改正数时按照角度取位的精度要求，一般可以凑整到1″或6″；若不能平均分配，一般情况把余数分给短边的夹角或邻角上，最后计算结果应该满足：

$$\sum V_\beta = -f_\beta$$

④计算改正后新的角值：

$$\hat{\beta}_i = \beta_i + V_\beta \tag{3-1-11}$$

根据改正数计算改正后新的角值，结果填到表3-1-11第(4)栏。

(2)导线边坐标方位角推算

坐标方位角推算见公式(3-1-2)：$\alpha_{前} = \alpha_{后} + \beta_{左} - 180°$

当推算出的方位角大于360°，则应减去360°，若为负值时应加上360°。最后必须推算到已知方位角进行计算检核，结果填到表3-1-12第(5)栏。

(3)坐标增量计算

两个相邻控制点坐标 x、y 的差值分别称为纵、横坐标增量，一般用 Δx 和 Δy 表示。相邻控制点坐标增量根据推算的方位角和测量的距离按公式(3-1-4)分别计算，计算结果取位与已知数据相同结果填到表3-1-12第(7)、(11)栏。

(4)坐标增量闭合差计算和调整

①计算坐标增量闭合差。

因为闭合导线是一个多边形，其坐标增量之和的理论值应为：$\sum \Delta x_{理} = 0$，$\sum \Delta y_{理} = 0$；虽然角度闭合差调整后已经闭合，但还存在残余误差，而边长测量也存在误差，从而导致坐标增量带有误差，坐标增量观测值之和一般情况下不等于零，我们把纵、横坐标增量观测值的和与理论值的和的差值分别称为纵、横坐标增量闭合差(f_x，f_y)。即：

$$\left.\begin{aligned} f_x &= \sum \Delta x_{测} - \sum \Delta x_{理} = \sum \Delta x_{理} \\ f_y &= \sum \Delta y_{测} - \sum \Delta y_{理} = \sum \Delta y_{理} \end{aligned}\right\} \tag{3-1-12}$$

由于纵、横坐标增量闭合差的存在，闭合导线的图形实际上就不会闭合，而存在一个缺口，如图3-1-14所示，这个缺口之间的长度称为导线全长闭合差，通常用 f_D 表示。即：

$$f_D = \sqrt{f_x^2 + f_y^2} \tag{3-1-13}$$

导线全长闭合差 f_D 是随着导线长度的增大而增大，所以导线测量的精度是用导线全长相对闭合差 K 来衡量。即：

$$K = \frac{f_D}{\sum D} = \frac{1}{N} \tag{3-1-14}$$

K 通常用分子为1的分数表示。计算结果填到表辅助计算栏。

②分配坐标增量闭合差。

不同等级的导线全长相对闭合差 $K_{容}$ 从表3-1-12查阅。

若 $K > K_{容}$，说明导线全长相对闭合差超限，应及时检查分析，看是否计算错误或计算用错数据，否则查明错误出现的原因进行重测直至结果满足要求；若 $K \leqslant K_{容} = 1/2\,000$(图根导线)，

闭合导线坐标计算表

表 3-1-12

点号	观测角值 β (° ′ ″)	角度改正数 (″)	改正后角值 (° ′ ″)	坐标方位角 (° ′ ″)	边长 D (m)	纵坐标增量 Δx 计算值 (m)	纵坐标增量 Δx 改正数 (cm)	纵坐标增量 Δx 改正后的值 (m)	纵坐标 x (m)	横坐标增量 Δy 计算值 (m)	横坐标增量 Δy 改正数 (cm)	横坐标增量 Δy 改正后的值 (m)	横坐标 y (m)
1	2	3	4	5	6	7	8	9	10	11	12	13	14
A	97 39 35	-5	97 39 30						500.00				500.00
				141 05 21	132.59	-103.17	-2	-103.19		+83.28	+3	+83.31	
1	116 18 47	-6	116 18 41						396.81				501.00
				77 24 20	87.11	+19.00	-1	+18.99		+85.01	+2	+85.03	
2	115 26 06	-6	115 26 00						415.80				668.34
				12 50 02	96.27	+93.86	-1	+93.85		+21.38	+2	+21.40	
3	121 52 22	-6	121 52 16						509.65				689.74
				314 42 18	131.25	+93.87	-2	+92.31		-93.28	+2	-93.26	
4	88 43 39	-6	88 43 33						601.96				596.48
				223 25 51	140.38	-101.94	-2	-101.96		-96.51	+3	-96.48	
A									500.00				500.00
				141 05 21									
1													
Σ	540 00 29	-29	540 00 00		587.60	$f_x = +0.08$	-8	0		$f_y = -0.12$	+0.12	0	

辅助计算：

$f_\beta = +29''$

$f_{\beta容} = \pm 40''\sqrt{n} = \pm 40''\sqrt{5} \approx \pm 89''$

$f = \sqrt{f_x^2 + f_y^2} = 0.144\text{m}$

$K = \frac{f}{\sum D} = \frac{0.114}{587.60} \approx \frac{1}{4\,080}$

则外业测量成果合格，可以将f_x、f_y以相反符号，按与边长成正比分配到各坐标增量上去。并计算改正后的坐标增量值。

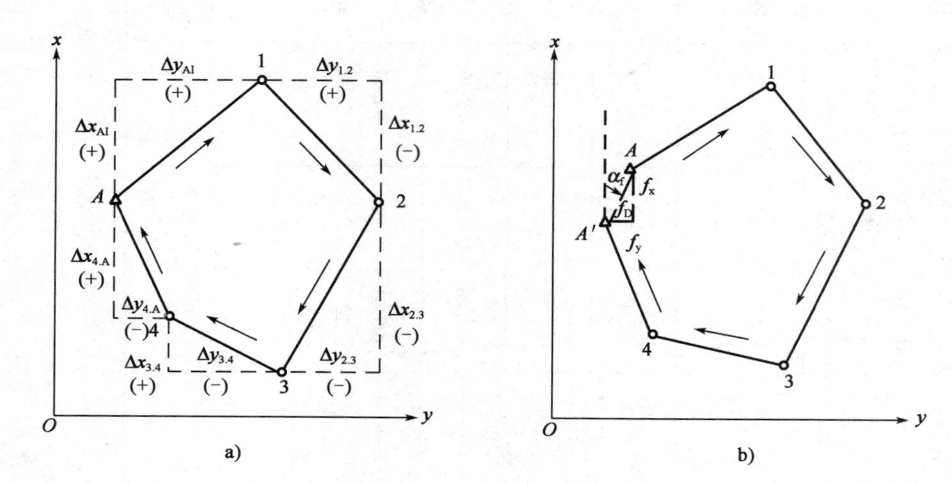

图 3-1-14　闭合导线坐标增量及闭合差

$$\left.\begin{aligned}V_{\Delta xi} &= -\frac{f_x}{\sum D}D_i\\V_{\Delta yi} &= -\frac{f_y}{\sum D}D_i\end{aligned}\right\}\tag{3-1-15}$$

$$\left.\begin{aligned}\Delta\hat{x}_i &= \Delta x + V_{\Delta xi}\\\Delta\hat{y}_i &= \Delta x + V_{\Delta yi}\end{aligned}\right\}\tag{3-1-16}$$

改正数应按坐标增量取位的精度要求凑整至厘米或毫米，并且必须使改正数的总和与坐标增量闭合差大小相等，符号相反，即：$\sum V_{\Delta x} = -f_x$，$\sum V_{\Delta y} = -f_y$。计算结果填到表 3-1-12 第(8)、(12)，(9)、(13)栏。

(5)坐标计算

按公式(3-1-17)，根据起始点的已知坐标和改正后的坐标增量，依次计算各导线点的坐标，并推算到已知点坐标进行计算检核。计算结果填到表 3-1-12 第(10)、(14)栏。

$$\left.\begin{aligned}X_j &= x_i + \Delta x_{ij}\\Y_j &= y_i + \Delta y_{ij}\end{aligned}\right\}\tag{3-1-17}$$

其中，i、j分别表示任意导线边的两个端点。

表 3-1-12 为闭合导线坐标计算整个过程的一个算例，仅供参考。

3)附合导线的近似平差计算

附合导线的内业计算步骤和前述的闭合导线的计算步骤基本相同，但附合导线两端有已知点相连接，所以二者在角度闭合差和坐标增量闭合差的计算方法上不一样。下面主要介绍这两点不同的计算方法。

(1)角度闭合差的计算

附合导线两端各有一条已知坐标方位角的边，如图 3-1-15 中的 *BA* 边和 *CD* 边，这里称之为始边和终边，由于外业工作已测得导线各个转折角的大小，所以，可以根据起始边的坐标方位角及测得的导线各转折角，由公式(3-1-1)或(3-1-2)推算出终边的坐标方位角。这样导线终边的坐标方位角有一个原已知值 $\alpha_{终}$，还有一个由始边坐标方位角和测得的各转折角推算值 $\alpha_{终}'$。由于测角存在误差的原因，导致二值的不相等，二值之差即为附合导线的角度闭合差 f_β。即：

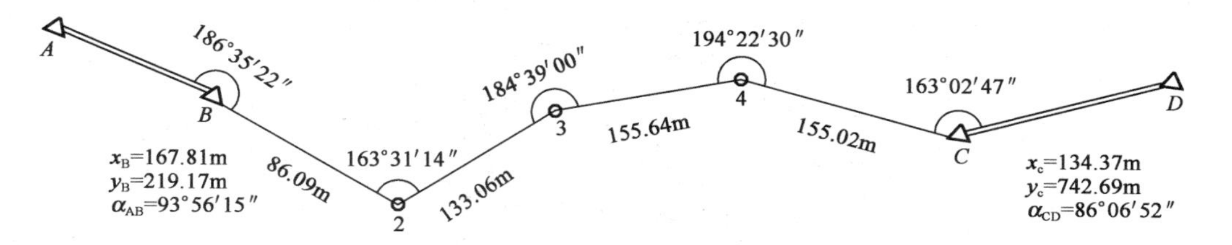

图 3-1-15　附合导线

当 β 为左角时，

$$\alpha'_{12}=\alpha_{AB}+\beta_1-180^\circ$$

$$\alpha'_{23}=\alpha'_{12}+\beta_2-180^\circ$$

$$\cdots\cdots$$

$$+)\ \alpha'_{CD}=\alpha_{(n-1)n'}+\beta_n-180^\circ$$

同理，当 β 为右角时

$$\left.\begin{aligned}\alpha'_{CD}&=\alpha_{AB}+\sum\beta_{左}-n\times180^\circ\\ \alpha'_{CD}&=\alpha_{AB}-\sum\beta_{右}+n\times180^\circ\end{aligned}\right\}\qquad(3\text{-}1\text{-}18)$$

则角度闭合差：$f_\beta=\alpha'_{CD}-\alpha_{CD}=(\alpha_{AB}-\alpha_{CD})+\sum\beta_{左}-n\times180^\circ$

或：$f_\beta=\alpha'_{CD}-\alpha_{CD}=(\alpha_{AB}-\alpha_{CD})-\sum\beta_{右}+n\times180^\circ$

写成一般公式：

$$\left.\begin{aligned}f_\beta&=(\alpha_{始}-\alpha_{终})+\sum\beta_{左}-n\times180^\circ\\ f_\beta&=(\alpha_{始}-\alpha_{终})-\sum\beta_{右}+n\times180^\circ\end{aligned}\right\}\qquad(3\text{-}1\text{-}19)$$

必须特别注意，在进行角度闭合差调整时，若观测角 β 为左角时和闭合导线一样以与闭合差相反的符号进行分配；若观测角 β 为右角时则应以与闭合差相同的符号进行分配。

(2)坐标增量闭合差的计算

如图 3-1-15 中的 B 点和 C 点，这里称之为始点和终点。附合导线的起点和终点均是已知的高级控制点，其坐标误差可以忽略不计。附合导线的纵、横坐标增量之代数和，在理论上应等于终点与始点的纵、横坐标差值，即：

$$\left.\begin{aligned}\sum\Delta x_{理}&=x_{终}-x_{始}\\ \sum\Delta y_{理}&=y_{终}-y_{始}\end{aligned}\right\}\qquad(3\text{-}1\text{-}20)$$

但是由于量边和测角有误差，因此根据观测值推算出来的纵、横坐标增量之代数和：$\sum\Delta x_{测}$ 和 $\sum\Delta y_{测}$，与上述的理论值通常是不相等的，二者之差即为纵、横坐标增量闭合差：

$$\left.\begin{aligned}f_x&=\sum\Delta x_{测}-\sum\Delta x_{理}=\sum\Delta x_{测}-(x_{终}-x_{始})\\ f_y&=\sum\Delta y_{测}-\sum\Delta y_{理}=\sum\Delta y_{测}-(y_{终}-y_{始})\end{aligned}\right\}\qquad(3\text{-}1\text{-}21)$$

上式中的 $\sum\Delta x_{测}$ 和 $\sum\Delta y_{测}$ 的计算方法参见式(3-1-4)。

表 3-1-13 为附合导线坐标计算整个过程的一个算例，仅供参考。

8. 上交测量成果资料

导线测量任务实施结束后学生需要向指导老师上交测量成果资料，主要有以下内容：

(1)测区已有的地形图和控制点的成果资料；

(2)外业测量记录手簿(钢尺量距或电磁波测距、水平角测量等)；

(3)导线内业计算表(要求每个同学都独立计算)；

附合导线坐标计算表

表 3-1-13

点号	观测角值 β (° ′ ″)	角度改正数 (″)	改正后角值 (° ′ ″)	坐标方位角 (° ′ ″)	边长 D (m)	纵坐标增量 Δx 计算值 (m)	纵坐标增量 Δx 改正数 (cm)	纵坐标增量 Δx 改正后的值 (m)	纵坐标 x (m)	横坐标增量 Δy 计算值 (m)	横坐标增量 Δy 改正数 (cm)	横坐标增量 Δy 改正后的值 (m)	横坐标 y (m)
1	2	3	4	5	6	7	8	9	10	11	12	13	14
A													
				93 56 15									
B	186 35 22	-3	186 35 19						167.81				219.17
				100 31 34	86.09	-15.73	0	-15.73		+84.64	-1	+84.63	
2	163 31 14	-4	163 31 10						152.08				303.80
				84 02 44	133.06	+13.80	0	+13.80		132.34	-1	+132.33	
3	184 39 00	-3	184 38 57						165.88				436.13
				88 41 41	155.64	+3.55	-1	+3.54		+155.60	-2	+155.58	
4	194 22 30	-3	194 22 27						169.42				591.71
				103 04 08	155.02	-35.05	0	-35.05		+151.00	-2	+150.98	
C	163 02 47	-3	163 02 44						134.37				742.69
				86 06 52									
D													
Σ	892 10 53	-16	892 10 37		529.81	-33.43	-1	-33.44		+523.58	-6	+523.52	

辅助计算

$\alpha'_{CD}=\alpha_{AB}+\sum\beta_{测}+n\times180°=86°07'08''$　　$f_x=\sum\Delta x'-(x_C-x_B)=+0.01(m)$　　$y=\sum\Delta y'-(y_C-y_B)=+0.06(m)$　　$f=\sqrt{f_x^2+f_y^2}=0.06$

$f_\beta=\alpha'_{CD}-\alpha_{CD}=86°07'08''-86°06'52''=+29''$　　$f_{\beta容}=\pm40''\sqrt{n}=\pm40''\sqrt{5}\approx\pm89''$　　$K=\frac{f}{\sum D}=\frac{0.06}{529.81}\approx\frac{1}{8\,800}$

(4)导线点的“点之记”;

(5)实习日记或实习报告。

工作任务二　GPS测量技术

学习目标

1. 叙述GPS测量的定位原理与方法、坐标系统的确定、布网原则、形式、等级及技术要求等;

2. 知道建立GPS控制网的布设方法、GPS测量的外业观测工作程序和内业数据处理步骤;

3. 分析GPS测量的坐标系统转换关系、GPS测量不同定位方法的特点、GPS测量误差产生的原因等;

4. 根据《公路勘测规范》(JTG C10—2007)和《全球定位系统(GPS)测量规范》(GB/T 18314—2009)的规定要求完成GPS测量的外业选点埋石、观测(野外数据采集)等工作;

5. 正确完成GPS测量的内业数据处理(基线解算和网基线向量平差)、成果检核和精度评定。

任务描述

GPS测量的任务就是在老师的指导下,掌握GPS测量技术设计(精度设计、网形设计和基准设计)的方法,完成对测区野外数据采集的实习工作,通过有关平差软件对野外采集的数据进行基线解算和网平差,求得合格的控制点坐标,并评定测量成果的精度,以达到提高对内业数据处理的能力,进而掌握建立GPS控制网的布设原则、技术要求、测量方法和精度分析。静态相对定位是GPS测量建立高精度控制网较方便可靠的方法,掌握GPS测量方法是培养高素质的有关专业的大学生人才的基本要求。

学习引导

本学习任务沿着以下脉络进行学习:

相关理论知识的学习 → 测区踏勘 → 资料收集 → 设备、器材筹备及人员组织 → 拟定外业观测计划 → 设计GPS网与地面网的联测方案 → GPS接收机的选择与检验 → 技术设计书编写 → 选点埋石 → 观测工作(野外数据采集) → 数据预处理与成果检核 → 技术总结与上交资料

一、相关知识

公路工程建设是我国投资巨大的基础事业,随着交通事业的快速发展,公路建设工程日益增多以及公路等级的不断提高,特别是高等级公路,由于线路长、构造物多、地形条件和技术复杂,勘测和施工的精度要求高、工期紧。尽管在工程测量中采用了全站仪等先进的测量仪器和测绘技术,但是,传统的测量方法受地形和通视条件的限制,加上方法的局限性,作业效率不高等,已经不能满足当前公路工程勘测与施工的要求。为此,迫切需要高精度、快速度、低费用、不受地形通视等条件限制、布网灵活的控制测量方法。GPS全球定位系统在这些方面就充分显示了其无比的优越性,因而在公路工程建设中得到了广泛的应用。

1. GPS 控制网的分级

根据公路工程(道路、桥梁、隧道等构造物)的特点和不同要求,卫星定位测量控制网依次为二、三、四等和一、二级。各等级 GPS 卫星定位测量控制网的主要技术指标,应符合表3-2-1的规定。

GPS 测量控制网的主要技术要求 表 3-2-1

等级	平均边长(km)	固定误差 a(mm)	比例误差系数 b(mm/km)	约束点间的边长相对中误差	约束平差后最弱边相对中误差
二等	9	≤5	≤1	≤1/250 000	≤1/120 000
三等	4.5	≤5	≤2	≤1/150 000	≤1/70 000
四等	2	≤5	≤3	≤1/100 000	≤1/40 000
一级	1	≤10	≤3	≤1/40 000	≤1/20 000
二级	0.5	≤10	≤3	≤1/20 000	≤1/10 000

同常规测量一样,GPS 测量的具体实施也包括技术设计、外业实施和内业数据处理三个阶段。技术设计包括:精度设计、基准设计和网形设计;外业实施主要包括:选点埋石、野外观测以及外业成果质量检核等;内业工作主要包括:GPS 测量数据传输及数据处理及技术总结等。

2. GPS 控制网的技术设计

GPS 测量的技术设计是进行 GPS 定位最基本性工作,它是依据国家 GPS 测量规范(规程)及 GPS 网的用途、用户的要求等对测量工作的网形、精度及基准等的具体设计。

1)GPS 网的精度设计

各类 GPS 网的精度设计主要取决于网的用途。在公路工程测量中,GPS 控制网的精度指标通常以网中相邻点之间的弦长误差表示,各等级控制网相邻点间的基线精度,可用公式:

$$\sigma = \sqrt{a^2 + (b \cdot d)^2} \tag{3-2-1}$$

式中:σ——基线长度中误差,mm;

a——固定误差,mm;

b——比例误差系数,mm/km;

d——平均边长,km。

GPS 基线测量的中误差,应小于按式(3-2-1)计算的标准差;各等级控制测量固定误差 a、比例误差系数 b 的取值,应符合表 3-2-1 的规定。计算 GPS 测量大地高差的精度时,a、b 可放宽至 2 倍。

2)基准设计

GPS 测量获得的是 GPS 基线向量,它属于 WGS-84 世界大地坐标系(World Geodetic System 1984)的三维坐标差,而实际我们需要的是国家大地坐标系或地方独立坐标系的坐标。所以在 GPS 网的技术设计时,必须明确 GPS 成果所采用的坐标系统和起算数据,即明确 GPS 网所采用的基准。我们把这项工作称为 GPS 网的基准设计。

GPS 测量采用的是 WGS-84 坐标系,需要转换到平面直角坐标系。当投影长度变形值不大于 2.5cm/km 直接转换到 1954 北京坐标系、1980 国家大地(西安)坐标系或 CGCS2000 国家大地坐标系;否则转换到公路抵偿坐标系。

经国务院批准，根据《中华人民共和国测绘法》，我国自 2008 年 7 月 1 日起启用2000 国家大地坐标系（China Geodetic Coordinate System 2000）。1954 北京坐标系、1980 国家大地（西安）坐标系与 CGCS2000 国家大地坐标系之间也可以采用 7 参数（3 个平移、1 个尺度和 3 个旋转）模型进行转换。

GPS 测量获得的是 WGS-84 坐标系统中的点位及坐标差。它们可以有两种表达方式：纬度、经度与高程的地理坐标方式，或者由 X,Y 和 Z 组成的地心坐标方式。

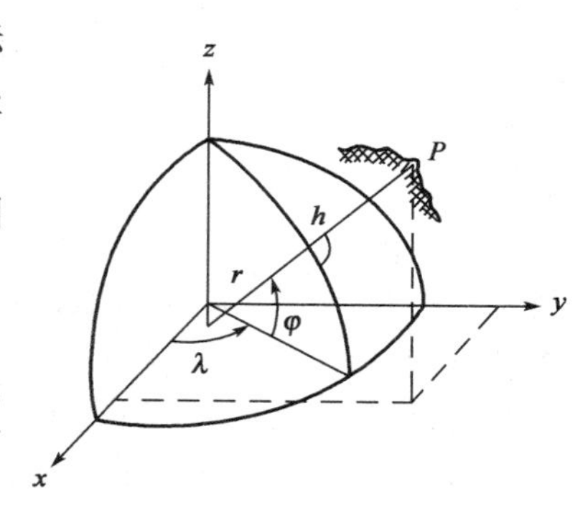

图 3-2-1　地心坐标系

以地心为中心（坐标原点）的 WGS-84 椭球是全球范围内与大地水准面拟合得最佳的参考椭球面，如图 3-2-1 所示。

新建 GPS 网的坐标系应尽量与测区过去采用坐标系统一致，如果采用独立或工程坐标系，一般需要知道以下参数：

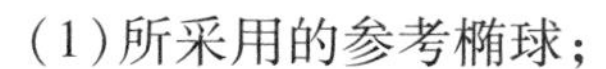

（1）所采用的参考椭球；

（2）坐标系的中央子午线经度；

（3）纵横坐标加常数；

（4）坐标系的投影面高程及测区平均高程异常值；

（5）起算点的坐标值。

3）网形设计

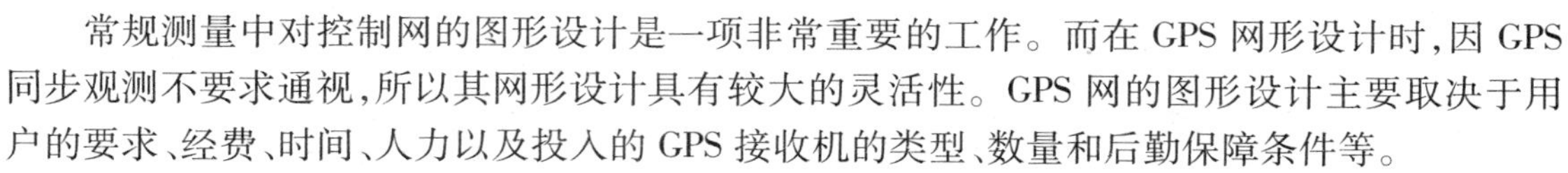

常规测量中对控制网的图形设计是一项非常重要的工作。而在 GPS 网形设计时，因 GPS 同步观测不要求通视，所以其网形设计具有较大的灵活性。GPS 网的图形设计主要取决于用户的要求、经费、时间、人力以及投入的 GPS 接收机的类型、数量和后勤保障条件等。

在公路测量中，GPS 控制网的布设应根据公路等级、沿线地形地物、作业时卫星状况、精度要求等因素进行综合设计并编制技术设计书（或大纲）。根据网的用途，通过设计应当明确精度指标和网的图形。

GPS 网的图形设计核心是如何高质量低成本地完成既定的测量任务，通常进行 GPS 网设计时必须顾及测站选址、卫星选择、用户接收机设备装置和后勤保障等因素。当网点位置和接收机台数确定后，网的设计主要体现在观测时间的确定、图形的构造及每个测站点观测的次数等。

（1）GPS 网的设计要求

GPS 控制网设计除满足平面控制网设计的一般要求（参见本学习情境工作任务一相关部分内容），还应满足下列要求：

①GPS 控制网应同附近等级高的国家控制网点联测，联测点数应不少于 3 个，并力求分布均匀，且能覆盖本控制网范围。当 GPS 控制网较长时，应增加联测点数量。

②同一公路工程项目的 GPS 控制网分为多个投影带时，在分带交界附近宜同国家平面控制点联测。

③一、二级 GPS 控制网可采用点连式布网；二、三、四等 GPS 控制网应采用网连式、边连式布网；GPS 控制网中不应出现自由基线。

④GPS 控制网由非同步观测边构成一个或若干个独立观测环或附合路线组成，并包含较多的闭合条件。其边数应满足表 3-2-2 的规定。

公路 GPS 控制网闭合环或附近合路线边数的规定 表 3-2-2

测量等级	二等	三等	四等	一级	二级
闭合环或附近合路线的边数(条)数	≤6	≤8	≤10	≤10	≤10

(2)CPS 网的基本图形的选择

根据 GPS 测量的不同用途,GPS 网的独立观测边应构成一定的几何图形,图形的基本形式如下:

①三角形网

如图 3-2-2 所示,GPS 网中的三角形边由独立观测边组成。根据常规平面测量已经知道,这种图形的几何结构强,具有良好的自检能力,能够有效地发现观测成果的粗差,以保障网的可靠性。同时,经平差后网中相邻点间基线向量的精度分布均匀。

但是,这种网形的观测上工作量大,当接收机数量较少时,将大大延长观测工作的总时间。因此,通常只有当网的精度和可靠性要求较高时,才单独采用这种图形。

②环形网

环形网由若干个含有多条独立观测边的闭合环组成,如图 3-2-3 所示。这种网形与导线网相似,其图形的结构强度不及三角形网。而环形网的自检能力和可靠性,与闭合环中所含基线边的数量有关。闭合环中的边数越多,自检能力和可靠性就越差。所以,根据环形网的不同精度要求,以限制闭合环中所含基线边的数量。

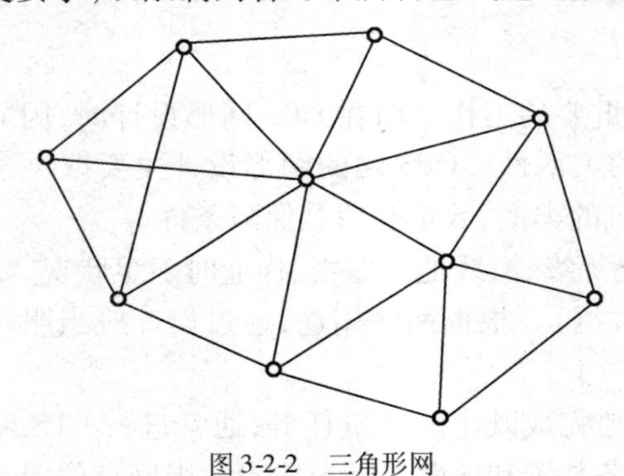

图 3-2-2 三角形网

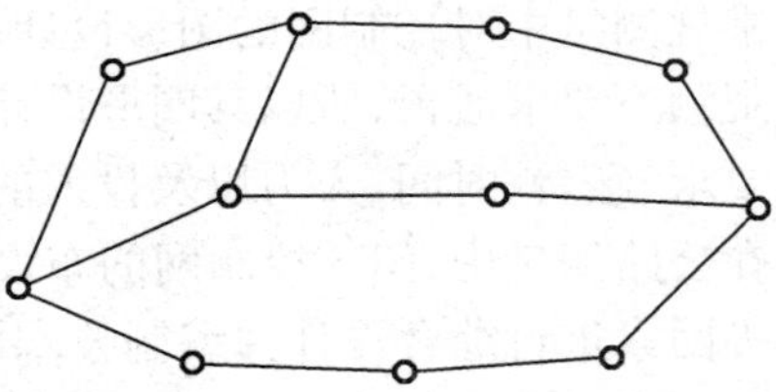

图 3-2-3 环形网

环形网观测工作量比三角形网要小,同样具有较好的自检能力和可靠性。但由于网中非直线观测的边(或称间接边)的精度要比直接观测的基线边低,所以网中相邻点间的基线精度分布不够均匀。

作为环形网的特例,在实际工作中还可按照网的用途和实际情况采用附合线路,这种附合线路与前述的附合导线相类似。采用这种图形,附合线路两端的已知基线向量必须具有较高的精度。此外,附合线路所含有的基线边数也有一定的限制。

三角形网和环形网是控制测量和精密工程测量中普遍采用的两种基本图形。在实际中,根据情况也可采用两种图形的混合网形。

③星形网

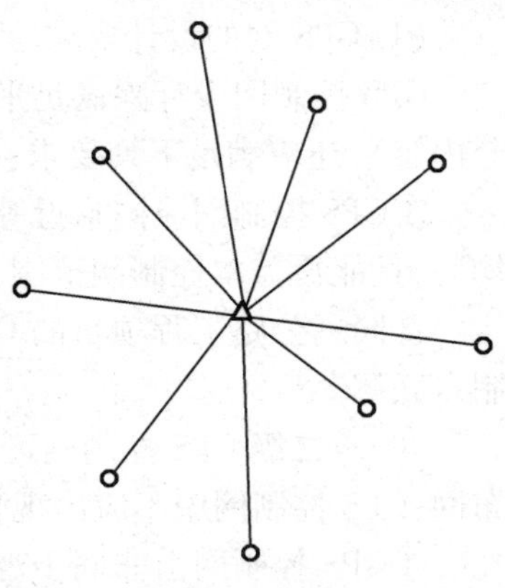

图 3-2-4 星形网

星形网的几何图形,如图 3-2-4 所示。星形网的几何图形简单,但其直接观测边之间,一般不构成闭合图形,所以检核能力差。由于这种网形在观测中般只需要两台 CPS 接收机，作业简单，因此在快速静态定位和准动态定位等快速作业模式中大多采用这种网形。它被广泛用于工程测量、边界测量、地籍测量和地形测量等。

(3)GPS 高程控制

①高程系统。

a. 大地高系统。大地高是由地面点沿通过该点的椭球面法线到椭球面的距离，通常以 H 表示。利用 GPS 定位技术，可以直接测定测点在 WGS-84 坐标系中的大地高程。

大地高是一个几何量，不具有物理上的意义。它通过与水准测量资料、重力测量资料等相结合，来确定测点的正常高，具有重要的意义。

b. 正高系统。由地面点并沿该点的铅垂线至大地水准面的距离称为正高，通常以 H_g 表示。正高具有重要的物理意义，但不能精确测定。

c. 正常高系统。正常高系统是以似大地水准面为基准面的高程系统，通常以 H_r 表示。正常高同样具有重要的物理意义，广泛应用于水利水电工程、管道和隧道工程建设中，而且可以精密地确定。

正常高系统为我国通用的高程系统，工程上常用的 1956 年黄海高程系统和 1985 国家高程基准，都是正常高系统。

②确定正常高的 GPS 高程法。

似大地水准面与椭球面之间的高程差，称为高程异常，通常以 ζ 表示；h_g 为大地水准面与参考椭球面差距，如图 3-2-5 所示。

大地高与正常高的关系：
$$H_r = H - \zeta \tag{3-2-2}$$

大地高与正高的关系：
$$H_g = H - h_g \tag{3-2-3}$$

可见，如果能确定高程异常 ζ，就能将大地高 H 换算成正常高 H_r。

确定高程异常的方法可分为直接法和拟合法。高程异常是地球重力场的一个参数，利用地球重力场模型，根据点位信息，直接可得该点的高程异常 ζ 值，此为直接法。对于高程精度要求不高或不可能进行水准测量的极其困难地区，可采用直接法。

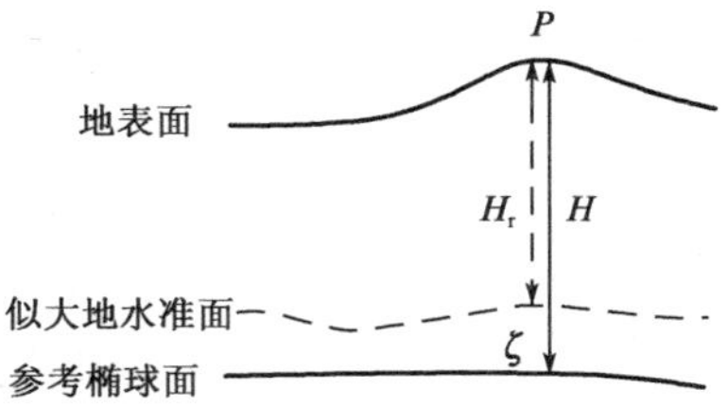

图 3-2-5　正常高与大地高之间关系

如果在 GPS 网中一些点上同时测定水准高程(通常称这些点为公共点)，结合 GPS 测量和水准测量资料，采用内插技术获得网中其他各点的高程异常，即为拟合法。常用的拟合法有：

a. 等值线图示法。根据已知点的高程异常值，绘出测区高程异常的等值线图，然后利用内插方法确定未知点的高程异常。

其精度主要取决于公共点的分布与密度，必要时应综合利用地形测绘资料、重力测量资料，以及高程异常的非线性变化。

b. 解析法。所谓解析法，即采用某种规则的数学面来拟合测区的似大地水准面。当这一数学模型建立后，根据网点的位置参数，便可计算测区内任一点的高程异常。

常用的拟合方法有以下几种：a)加权平均法；b)平面拟合法；c)二次曲面拟合法；d)多面函数拟合法；e)三次样条函数法；f)多项式曲线拟合法；g)多项式曲面拟合法；h)最小二乘推

估法;i)附加地形改正的“移去—恢复法”等。

③GPS 高程测量精度

由式(3-2-2)可知,正常高的精度主要取决于大地高差和高程异常差的精度。GPS 测定的大地高差具有很高的精度,一般可达到$(2\sim3)\times10^{-6}$。因此,GPS 高程测量精度主要取决于高程异常差。

高程异常差的误差由水准测量误差和拟合误差两部分组成。水准联测的精度一般容易保证,但需注意起算数据的可靠性检验,防止粗差。关键是拟合精度,它与公共点的分布、密度和拟合模型有关。

为满足 GPS 控制网高程拟合的需要,GPS 控制网应与四等或四等以上的水准点联测。联测的 GPS 点应均匀分布在测区四周和测区中心,水准路线连接成水准网;若测区为带状地形,则应分布于测区两端及中部。联测点数不宜少于 6 个,必须大于 3 个。

GPS 点高程拟合计算要精确计算各 GPS 点的正常高,目前主要有 GPS 水准高程、GPS 重力高程和 GPS 三角高程等方法。其中 GPS 水准高程是目前 GPS 作业中是常用的方法。

(4)GPS 测量误差来源

GPS 测量误差来源主要有以下几个方面:

①与卫星星座有关的误差:星历误差、卫星轨道误差、卫星时钟模型误差、相对效应;

②与接收机设备有关误差:接收机时钟误差、整周跳变、天线相位中心的迁移;

③与信号传输途径的误差:电离层、对流层传输延迟、多路径效应;

④与测站和其他有关误差:测站近似坐标的精度与作业方式的误差、地球潮汐、负荷潮。

二、任 务 实 施

1. GPS 测量的外业准备及技术设计书编写

在进行 GPS 测量的观测工作之前必须做好实施前的测区踏勘、资料收集、器材筹备、观测计划拟定、GPS 接收机的检验及设计书编写等工作。

1)测区踏勘

接受下达任务或签订合同后,就可以依据施工设计图对测区进行踏勘调查,主要是了解交通、水系分布、植被、控制点分布、居民点分布及当地民族风情等情况为编写技术设计、施工设计、成本预算提供依据。

2)资料收集

根据踏勘测区掌握的情况,收集下列资料:各类已有的中比例尺(1:1 万~1:10 万)地形图、交通图等;各类控制点成果(三角点、导线点、水准点、GPS 点及控制点坐标系统、技术总结等有关资料);测区有关地质、气象、交通、通信等方面的资料;行政及乡、村区划表。

3)设备、器材筹备及人员组织

主要是筹备工作所必需的仪器、计算机、交通、通信、施工等设备;组织施工队伍并拟订岗位;进行详细的投资预算等。

4)拟订外业观测计划

观测工作是 GPS 测量主要外业工作。观测开始之前，外业观测计划的拟订对于顺利完成数据采集任务，保证测量精度，提高工作效率都是极为重要的。拟订观测计划的主要依据是：

(1)GPS 网的规模大小；

(2)点位精度要求；

(3)GPS 卫星星座几何图形强度；

(4)参加作业的接收机数量；

(5)交通、通信及后勤保障等。

观测计划的主要内容：编制 GPS 卫星的可见性预报图、选择卫星的几何图形强度（强度因子可以用空间位置因子 PDOP 值≯6）、选择最佳的观测时间段（卫星数≥4 分布均匀且 PDOP 值≯6）、观测区域的设计与划分、编排作业调度表等，具体要求见表 3-2-3。

GPS 测量的主要技术要求 表 3-2-3

项目 \ 测量等级		二等	三等	四等	一级	二级
卫星高度(°)		≥15	≥15	≥15	≥15	≥15
时段长度	静态定位(min)	≥240	≥90	≥60	≥45	≥40
	快速静态(min)	—	≥30	≥20	≥15	≥10
平均重复设站数(次/每点)		≥4	≥2	≥1.6	≥1.4	≥1.2
同时观测有效卫星数(个)		≥4	≥4	≥4	≥4	≥4
点位几何图形强度因子(GDOP)		≤6	≤6	≤6	≤6	≤6

DOP 是由 GDOP（Geometry DOP 几何形状的精密值强弱度）、PDOP（Position DOP 位置的精密值强弱度）、HDOP（Horizontal DOP 水平坐标的精密值强弱度）、VDOP（Vertical DOP 垂直坐标的精密值强弱度）和 TDOP（Time clock offset 时间的精密值强弱度）等因素构成，显示的数字越小表示准确程度越高。观测者应该将当时显示的经、纬度，连同位置误差数值（EPE 或者 DOP、PDOP 等数字）一同记录下来。

这个概念听起来相当的复杂抽象，其实它的原理非常简单。一个 GPS 接收器可以在同一时间得到许多颗卫星定位信息，但在精密定位上，只要四颗卫星信号即已足够了，一个好的接收器便可判断如何在这些卫星信号当中去撷取较可靠的信号来计算，如果接收器所选取的信号当中，有两颗卫星距离甚近，两颗卫星信号在角度较小的地方会有一个重叠的区域产生，随着距离愈近，此区域便愈大，影响精度的误差亦愈大。如果选取的卫星彼此相距有一段距离，则信号相交之处便较为明确，误差当然就缩减了不少。

5)设计 GPS 网与地面网联测方案

GPS 网与地面网联测可根据地形变化和地面控制点的分布而定，GPS 网中至少重合观测三个以上的地面控制点作为约束点。

6)GPS 接收机选型与检验

GPS 接收机是完成任务的关键设备，其性能、型号、精度、数量与测量的精度有关，GPS 接收机选用可参考表 3-2-4。

GPS 控制测量作业的基本技术要求 表 3-2-4

等　级	二　等	三　等	四　等	一　级	二　级
接收机类型	双频或单频	双频或单频	双频或单频	双频或单频	双频或单频
仪器标称精度	10mm + 2ppm	10mm + 5ppm	10mm + 5ppm	10mm + 5ppm	10mm + 5ppm
观测量	载波相位	载波相位	载波相位	载波相位	载波相位

GPS 接收机的全面检验的内容包括一般性检验、通电检验、实测检验。实测检验一般由专业技术人员进行,至少每年测试一次。

7)技术设计书编写

资料收集后,编写技术设计书,主要有以下内容:

(1)任务来源及工作量;

(2)测区情况;

(3)布网方案;

(4)选点埋石;

(5)观测工作;

(6)数据处理;

(7)完成任务的措施。

2. GPS 测量外业实施

GPS 测量的观测工作,主要包括选点埋石、天线安置、观测作业、观测记录及观测数据的质量判定等。

1)选点埋石

GPS 测量观测站之间不要求通视,而且网的图形结构也比较灵活,所以选点工作比常规的控制测量的选点要简便。但由于点位的选择对保证测量工作顺利进行和保证测量结果的可靠性非常重要,所以选点还要遵循以下原则:

(1)点位应选在质地坚硬、稳固可靠的地方,同时要有利于加密和扩展,每个控制点至少应有一个通视方向;

(2)视野开阔,高度角在 15°以上的范围内,应无障碍物;

(3)点位附近不应有强烈干扰接收卫星信号的干扰源或强烈反射卫星信号的物体或高压线附近;点位距离高压线不应小于 100m,距离大功率发射台不宜小于 400m;

(4)点位应避开由于地面或其他目标反射所引起的多路径干扰的位置;

(5)充分利用符合要求的旧有控制点。

点位选定以后,应按公路前进方向顺序编号,并在编号前冠以“GPS”字样和等级。当新点与原有点重合时,应采用原有点名。同一个 GPS 控制网中严禁有相同的点名。选定的点位应标注于地形图上,绘制测站环视图和 GPS 网选点图。为了固定点位,以便长期利用 GPS 测量成果和进行重复观测,GPS 网点选定后一般应设置具有中心标志的标石,以精确标志点位。点的标石和标志必须稳定、坚固,以利于长久保存和利用,点的标志一般采用埋石方法。控制点埋石要求见附录,同时填写 GPS“点之记”(表 3-2-5)。

GPS 点　点之记　　　　表 3-2-5

日期：　年　月　日　　　　记录者：　　　　绘图者：　　　　校对者：

<table>
<tr><td rowspan="10">点名及等级</td><td>点　名</td><td></td><td rowspan="2">土　质</td><td colspan="2" rowspan="2"></td></tr>
<tr><td>点　号</td><td></td></tr>
<tr><td>等　级</td><td></td><td rowspan="2">标石说明</td><td colspan="2" rowspan="2"></td></tr>
<tr><td rowspan="7">通视点列表</td><td></td></tr>
<tr><td></td><td rowspan="2">旧点名</td><td colspan="2" rowspan="2"></td></tr>
<tr><td></td></tr>
<tr><td></td><td rowspan="4">概略位置
(L,B)</td><td rowspan="2">纬　度</td><td rowspan="2"></td></tr>
<tr><td></td></tr>
<tr><td></td><td rowspan="2">经　度</td><td rowspan="2"></td></tr>
<tr><td></td><td></td></tr>
<tr><td colspan="2">所在地</td><td colspan="4"></td></tr>
<tr><td colspan="2">交通路线</td><td colspan="4"></td></tr>
</table>

<table>
<tr><td colspan="5">选点情况</td><td>点位略图</td></tr>
<tr><td colspan="2">单位</td><td colspan="3"></td><td rowspan="5"></td></tr>
<tr><td colspan="2">选点员</td><td></td><td>日期</td><td></td></tr>
<tr><td colspan="3">联测水准情况</td><td colspan="2"></td></tr>
<tr><td colspan="3">联测水准等级</td><td colspan="2"></td></tr>
<tr><td>点位说明</td><td colspan="4"></td></tr>
</table>

2）观测工作

（1）GPS 观测工作与常规测量在技术要求上有很大差别，公路工程 GPS 控制测量作业的基本技术要求见表 3-2-3。

（2）天线安置

天线的妥善安置是实现精密定位的重要条件之一。其安置工作一般应满足以下要求：

①静态相对定位时，天线安置应尽可能利用三脚架，并安置在标志中心的上方直接对中观测，对中误差不得大于 1mm。在特殊情况下，可进行偏心观测，但归心元素应精密测定。

②天线底板上的圆水准器气泡必须严格居中。

③天线的定向标志线应指向正北，并顾及当地磁偏角的影响，以减弱相位中心偏差的影响。定向的误差依定位的精度要求不同而异，一般不应超过 ±（3°～5°）。

④雷雨天气安置天线时，应注意将其底盘接地，以防止雷击。

天线安置后，应在各观测时段的前后，各量取天线高一次，天线高量取应精确至1mm。观测的方法按仪器的操作说明进行。两次量测结果之差不应超过±3mm，并取其平均值。

这里的天线高，是指天线的相位中心至观测点标志中心顶端的铅垂距离。一般分为上、下两段，上段是从相位中心至天线底面的距离，此为常数，由厂家给出；下段是从天线底面至观测点标志中心顶端的距离，由观测者现场测定。天线高量测值为上、下两段距离之和。

(3)观测作业

观测作业的主要目的是捕获CPS卫星信号，并对其进行跟踪、处理和量测，以获取所需的定位信息和观测数据。

使用GPS接收机进行作业的具体操作步骤和方法，随接收机的类型和作业模式不同而异。而且，随着接收设备硬件和软件的不断改善，操作方法也将有所变化，自动化水平将不断提高。因此，具体操作步骤和方法可按随机操作手册进行。下面介绍NGS－200接收机野外数据采集的具体操作步骤。

①安置仪器

a.对中、整平：与经纬仪一样。

b.量天线高：从点位中心量至天线下沿h_0，则天线高为

$$H=\sqrt{h_0^2-R^2}+\Delta h$$

其中：R为天线半径，$R=0.081\text{m}$，Δh为天线相位中心至天线中部的距离，$\Delta h=0.035\text{m}$。

②连接

在接收机和采集器电源均关闭的情况下，分别对口连接电源电缆和数据采集电缆（注意：数据采集电缆和采集器连接一端的10孔插头之凹槽和采集器接口凹槽对应插头，即红点对红点），否则易损坏接收机和采集器。

③开机

打开电源上的开关，若指示灯为绿色，则电量充足；若指示灯为红色，表示电量不足，应立即关机停止测量。

④采集数据

a.打开采集器上的电源开关(ON/ESC)，出现M：提示符后输入NGC.1MG命令，则进入静态测量采集程序。

b.注册接收机：若初次使用接收机，需在Special菜单下注册接收机，输入21位的注册码，此项实习前一般预先注册过。

c.打开MENU菜单。

d.设置(SETUP)采集间隔和卫星高度截止角，一般可默认Collect Rate为15s，Mask Angle为10°。

e.观察卫星分布状况：在Mode菜单下，察看卫星分布(Satellite layout)，单点定位坐标(Single coordinate)，历元数(Epoch Number)，星历数据记录(Ephemeris Record)以及采集信息(Collect Information)，当定位模式(Fixed)为3D，几何精度因子(PDOP)小于4，跟踪卫星数不少于4颗时，即符合采集条件。

f.在文件(File)菜单下，输入天线高(Set Height)，在开始采集(Start Record)菜单下，输入测站点名(Point Name)，最多4位，输入时段数(Session Number)，确认后即开始采集。

⑤退出采集

当三台接收机同步观测时间达1h(本次实习规定)时，第一时段采集结束。可在文件菜单

下，按 Exit 键，并确认“Y”后，退出采集程序，所采集文件即被保存。若继续第二时段观测，则只要改时段号即可继续下一时段的采集。

⑥关机

在一个站采集结束并退出采集程序后，稍等几秒钟，再按 OFF 键关闭采集器，最后关闭接收机电源。

⑦拆站

在确认电源关闭后，拔出电缆线，拔出时要按住插头部的弹簧圈，才能拔出来，若硬拔，则会损坏插头。

无论采用何种接收机，GPS 测量的主要技术要求应符合表 3-2-3 的规定。在观测工作开始之前，应该注意以下事项：

①观测前，接收机一般须按规定经过预热和静置；

②观测前，应检查电池的容量、接收机的内存和可储存空间是否充足。

在外业观测工作中，应注意以下事项：

①当确认外接电源电缆及天线等各项联结无误后，方可接通电源，启动接收机。

②开机后，接收机的有关指示和仪表数据显示正常时，方可进行自测试和输入有关测站和时段控制信息。

③接收机在开始记录数据后，用户应查看有关观测卫星数据、卫星号、相位测量残差、实时定位结果及其变化、存储介质记录等情况。

④在观测过程中，接收机不得关闭并重新启动；不准改变卫星高度角的限值；不准改变天线高。

⑤每一观测时段中，气象资料一般应在时段始末及中间各观测记录一次。当时段较长时，应适当增加观测次数。

⑥观测中，应避免在接收机近旁使用无线电通信工具。

⑦作业同时，应做好测站记录，包括控制点点名、接收机序列号、仪器高、开关机时间等相关的测站信息。

⑧观测站的全部预定作业项目，经检查均已按规定完成，且记录与资料均完整无误后，方可迁站。

(4)观测记录

在外业观测过程中，所有的观测数据和资料均须完整记录(表 3-2-6)。记录可通过以下两种途径完成：

①自动记录

观测记录由接收设备自动完成，记录在存储介质(如数据存储卡)上，其主要内容包括：

a. 载波相位观测值及相应的观测历元；

b. 同一历元的测码伪距观测值；

c. GPS 卫星星历及卫星钟差参数；

d. 实时绝对定位结果；

e. 测站控制信息及接收机工作状态信息。

②手工记录

手工记录是指在接收机启动前及观测过程中，由操作者随时填写的测量手簿。其中，观测记事栏应记载观测过程中发生的重要问题、问题出现的时间及其处理方式。

③记录项目、内容：

a. 测站名、测站号；

b. 观测日期、天气状况、时段号；

c. 观测时间应包括开始与结束记录时间，宜采用协调世界时 UTC，填写至时、分；

d. 接收机设备应包括接收机类型及号码，天线号码；

e. 近似位置应包括测站的近似经、纬度和近似高程，经、纬度应取至 1′，高程应取至 0.1m；

f. 天线高应包括测前、测后量得的高度及其平均值，均取至 0.001m；

g. 观测状况应包括电池电压、接收卫星号及其信噪比（SNR）、故障情况等。

④记录要求

a. 原始观测值和记事项目应按规格现场记录，字迹要清楚、整齐、美观，不得涂改、转抄；

b. 外业观测记录各时段结束后，应及时将每天外业观测记录结果录入计算机硬、软盘；

c. 接收机内存数据文件在下载到存贮介质上时，不得进行任何剔除与删改，不得调用任何对数据实施重新加工组合的操作指令。

二、三、四等 GPS 测量手簿　　表 3-2-6

点　　号		点　　名		图 幅 编 号	
观测员		日期段号		观测日期	
接收机名称及编号		天线类型及其编号		存储介质编号数据文件名	
近似纬度	° ′ ″ N	近似经度	° ′ ″ E	近似高程	m
采样间隔	S	开始记录时间	h　min	结束记录时间	h　min
天线高测定		天线高测定方法及略图		点位略图	
测前：　测后： 测定值(m) 修正值(m) 天线高(m) 平均值(m)					

时间（UTC）	跟踪卫星号（PRN）及信噪比	纬　度 ° ′ ″	经　度 ° ′ ″	大地高（m）	天气状况
记事					

3. GPS 测量内业数据处理

GPS 测量外业观测任务结束后，必须及时在测区对观测数据进行检核，在确保准确无误后，才能进行平差计算和数据处理。GPS 网数据处理一般应采用相应软件进行，分为基线解算和 GPS 网平差。数据处理基本流程如图 3-2-6 所示。

数据采集 → 数据传输 → 预处理 → 基线解算 → GPS 网平差

图 3-2-6　数据处理基本流程图

（1）基线解算，并应满足下列要求：

①起算点的单点定位观测时间,不宜少于30min;

②解算模式可采用单基线解算模式,也可采用多基线解算模式;

③解算成果,应采用双差固定解。

(2)GPS控制测量外业观测的全部数据应经同步环、异步环及复测基线检核,并应满足下列要求:

①同步环各坐标分量闭合差及环线全长闭合差,应满足下列各式要求:

$$W_X \leqslant \frac{\sqrt{n}}{5}\sigma \tag{3-2-2}$$

$$W_Y \leqslant \frac{\sqrt{n}}{5}\sigma \tag{3-2-3}$$

$$W_Z \leqslant \frac{\sqrt{n}}{5}\sigma \tag{3-2-4}$$

$$W = \sqrt{W_X^2 + W_Y^2 + W_Z^2} \tag{3-2-5}$$

$$W \leqslant \frac{\sqrt{3n}}{5}\sigma \tag{3-2-6}$$

式中:n——同步环中基线边的个数;

W——同步环环线全长闭合差,mm。

②异步环各坐标分量闭合差及环线全长闭合差,应满足下列各式要求:

$$W_X \leqslant 2\sqrt{n}\sigma \tag{3-2-7}$$

$$W_Y \leqslant 2\sqrt{n}\sigma \tag{3-2-8}$$

$$W_Z \leqslant 2\sqrt{n}\sigma \tag{3-2-9}$$

$$W = \sqrt{W_X^2 + W_Y^2 + W_Z^2} \tag{3-2-10}$$

$$W \leqslant 2\sqrt{3n}\sigma \tag{3-2-11}$$

式中:n——异步环中基线边的个数。

③复测基线的长度较差,应满足下式要求:

$$\Delta d \leqslant 2\sqrt{2}\sigma \tag{3-2-12}$$

当观测数据不能满足要求时,应对成果进行全面分析,并舍弃不合格基线,但应保证舍弃基线后,所构成异步环的边数不应超过规范的规定。否则,应重测该基线或有关的同步图形。

4. NGS-200接收机配套平差软件数据处理的基本步骤

1)数据通信

将采集器中的数据文件传输到计算机上来,此项工作由教师或在教师指导下在实验室里完成。

2)数据处理

(1)基线解算

①开机:打开GPS数据处理软件。

②点击文件菜单下的“新建”,输入项目及坐标系。

③点击“增加观测数据文件”,根据提示,选择要处理的观测数据文件,确认。

④输入已知点坐标。

⑤进行基线解设置:包括采样间隔、卫星高度角、合格解的条件等。

⑥点击“解算全部基线”。

⑦对不合格的基线重新设置后再进行解算,直到满足为止,无法求得合格解的基线给予剔除或重新补测。

⑧对外业数据进行质量检核:点击“平差处理”下的“重复基线”和“闭合环闭合差”。主要计算重复基线的较差、同步闭合环的闭合差和异步环的闭合差。对不符合要求的进行必要的补测。

(2)进行 GPS 网平差

①平差参数设置:点击“平差处理”下的“平差参数设置”,根据提示确定设置方案。

②网平差计算:点击“平差处理”下的“网平差计算”即可,进行无约束平差或约束平差。

③网平差结果质量检核:点击“成果输出”,查看平差结果,检查无约束平差或约束平差的精度是否符合规范要求。

3)提交成果报告

(1)由“成果”菜单下的“成果报告”(文本文档)保存“平差报告”,同时由“成果报告打印”打印出“平差报告”。

(2)编写实习技术总结并附成果报告。

5. GPS 测量技术总结与上交资料

1)技术总结

GPS 测量工作结束后,需要按要求编写技术总结报告,其内容包括:

(1)测区范围与位置,自然地理条件,气候特点,交通及通信等情况;

(2)任务来源,测区已有测量情况,项目名称,施测目的和基本精度要求;

(3)施测单位,施测起讫时间,技术依据,作业人员情况;

(4)GPS 接收机设备类型与数量及检验情况;

(5)选点埋石与重合点情况,环境影响的评价;

(6)观测方法要点与补测、重测情况,野外作业发生与存在情况说明;

(7)野外数据检核,起算数据情况和数据预处理内容、方法及软件情况;

(8)工作量、工日及定额计算;

(9)方案实施与规范执行情况;

(10)上交成果尚存在的问题和需要注意的其他问题;

(11)各种附表与附图。

2)上交资料

GPS 测量任务完成后需要上交以下资料:

(1)测量任务书与专业设计书;

(2)卫星可见性预报表和观测计划;

(3)外业观测记录、测量手簿及其他记录;

(4)GPS 接收机、气象及其他设备检验资料;

(5)外业观测数据质量分析及野外检核计算资料;

(6)数据处理生成的文件、资料和成果表;

(7)GPS 网展点图、点之记、环视图和测量标志委托保管书;

(8)技术总结和成果验收报告。

工作任务三　交会法定点

学习目标

1. 叙述交会法定点常用的方法和基本原理以及作业要求等；

2. 知道用常规仪器进行交会法定点的各种方法的实施步骤、公式推导和坐标计算过程以及用全站仪进行交会定点(前方交会和后方交会)的操作步骤；

3. 分析交会法定点时待定点和已知点构成的图形、交会角的大小与待定点精度之间的关系；

4. 根据《公路勘测规范》(JTG C10—2007)规定要求完成交会法定点(前方交会、后方交会、侧方交会等)外业具体测量工作；

5. 正确完成交会法定点的各种方法的内业计算、成果检核和精度评定。

任务描述

交会法定点任务就是学生在老师的指导下，掌握用常规仪器进行交会定点的各种方法或用全站仪进行交会定点的外业测量工作，通过内业计算，求出待定点坐标并进行精度的评定，以达到由于测区测图或施工控制点不够而完成补点的目的。

学习引导

本学习任务沿着以下脉络进行学习：

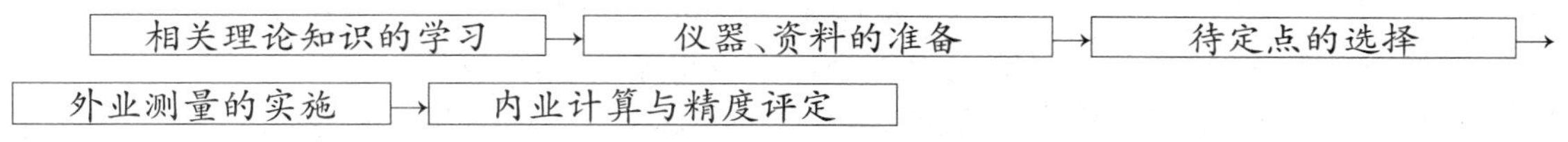

一、相 关 知 识

1. 交会定点的方法

在进行平面控制测量时，如果控制点的密度不能满足测图或工程施工的要求时，则需要进行控制点加密，即补点。控制点的加密经常采用交会法进行定点。

(1)前方交会

如图3-3-1所示设已知A点的坐标为x_A、y_A，B点的坐标为x_B、y_B。分别在A、B两点处设站，测出图示的水平角α和β，则未知点P的坐标可按以下的方法进行计算。

①按坐标计算方法推算P点的坐标

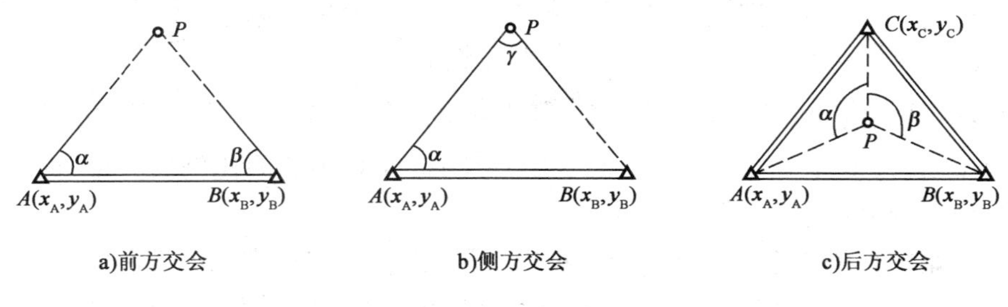

a)前方交会　b)侧方交会　c)后方交会

图3-3-1　交会定点

a. 用坐标反算公式计算 AB 边的坐标方位角 α_{AB} 和边长 D_{AB}：

$$\left.\begin{aligned}\alpha_{AB} &= \arctan\frac{\Delta y_{AB}}{\Delta x_{AB}} = \arctan\frac{y_B - y_A}{x_B - x_A} \\ D_{AB} &= \sqrt{(x_B - x_A)^2 + (y_B - y_A)^2}\end{aligned}\right\} \tag{3-3-1}$$

注：计算出的 α_{AB}，应根据 Δx、Δy 的正负，判断其所在的象限。

b. 计算 AP、BP 边的方位角 α_{AP}、α_{BP} 及边长 D_{AP}、D_{BP}：

$$\left.\begin{aligned}\alpha_{AP} &= \alpha_{AB} - \alpha \\ \alpha_{BP} &= \alpha_{AB} \pm 180° + \beta \\ D_{AP} &= \frac{D_{AB}}{\sin\gamma}\sin\beta \\ D_{BP} &= \frac{D_{AB}}{\sin\gamma}\sin\alpha\end{aligned}\right\} \tag{3-3-2}$$

式中：$\gamma = 180° - \alpha - \beta$，且有 $\alpha_{AP} - \alpha_{BP} = \gamma$（可进行计算检核）。

c. 按坐标正算公式计算 P 点的坐标：

$$\left.\begin{aligned}x_P &= x_A + D_{AP}\cos\alpha_{AP} \\ y_P &= y_A + D_{AP}\sin\alpha_{AP}\end{aligned}\right\} \tag{3-3-3}$$

或

$$\left.\begin{aligned}x_P &= x_B + D_{BP}\cos\alpha_{BP} \\ y_P &= y_B + D_{BP}\sin\alpha_{BP}\end{aligned}\right\} \tag{3-3-4}$$

由式(3-3-3)和式(3-3-4)计算的 P 点坐标应该相等，可用作校核。

②按余切公式（变形的戎洛公式）计算 P 点的坐标

推导过程略，P 点的坐标计算公式为：

$$\left.\begin{aligned}x_P &= \frac{x_A\cot\beta + x_B\cot\alpha + (y_B - x_A)}{\cot\alpha + \cot\beta} \\ y_P &= \frac{y_A\cot\beta + y_B\cot\alpha - (x_B - x_A)}{\cot\alpha + \cot\beta}\end{aligned}\right\} \tag{3-3-5}$$

在利用公式(3-3-5)计算时，三角形的点号 A、B、P 应按逆时针顺序列，其中 A、B 为已知点，P 为未知点。

为了校核和提高 P 点精度，前方交会通常是在三个已知点上进行观测，如图 3-3-2 所示，测定 α_1、β_1 和 α_2、β_2，然后由两个交会三角形各自按式(3-3-5)计算 P 点坐标。因测角误差的影响，求得的两组 P 点坐标不会完全相同，其点位较差为：$\Delta = \sqrt{\delta_x^2 + \delta_y^2}$，其中 δ_x、δ_y 分别为两组 x_P、y_P 坐标值之差。当 $\Delta D \leqslant 2 \times 0.1M$(mm)（$M$ 为测图比例尺分母）时，可取两组坐标的平均值作为最后结果。

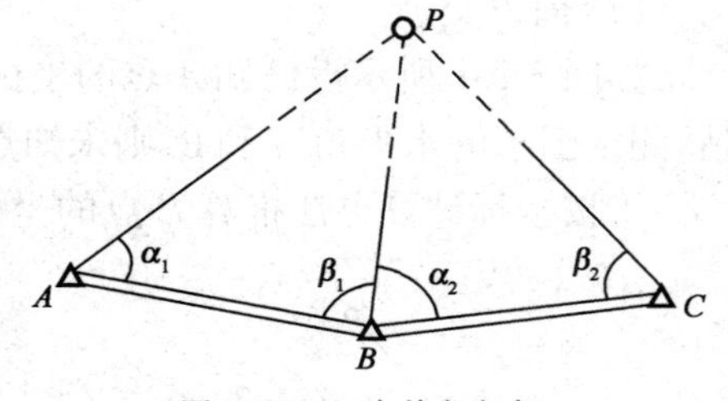

图 3-3-2　三点前方交会

在实际应用中具体采用哪一种交会法进行观测，需要根据据实地的实际情况而定。为了提高交会的精度，在选用交会法的同时，还要注意交会图形的好坏。一般情况下，当交会角（要加密的控制点与已知点所成的水平角，例如图 3-3-1a）中的∠APB 接近于 90°时，其交会精度最高。

(2)后方交会

如图3-3-3所示,后方交会是在待定点 P 设站,向三个已知点 A、B、C 进行观测,然后根据测定的水平角 α、β、γ 和已知点的坐标,计算未知点 P 的坐标。计算后方交会点坐标的方法很多,通常采用仿权计算法。其计算公式的形式和带权平均值的计算公式相似,因此得名仿权公式。未知点 P 按下式计算:

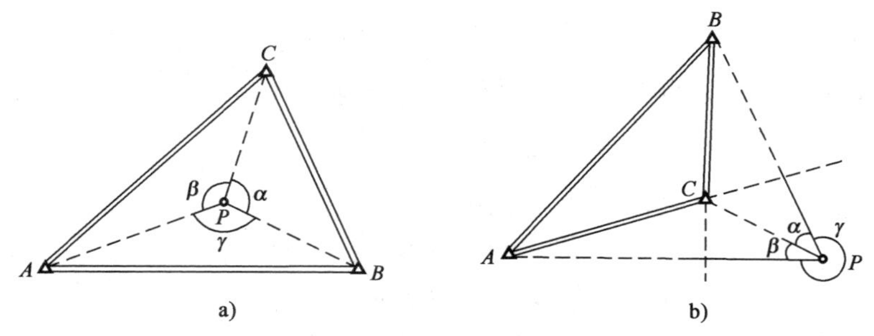

图3-3-3 后方交会

$$\left.\begin{aligned} x_P &= \frac{P_A x_A + P_B x_B + P_C x_C}{P_A + P_B + P_C} \\ y_P &= \frac{P_A y_A + P_B y_B + P_C y_C}{P_A + P_B + P_C} \end{aligned}\right\} \tag{3-3-6}$$

式中:

$$\left.\begin{aligned} P_A &= \frac{1}{\cot\angle A - \cot\alpha} \\ P_B &= \frac{1}{\cot\angle B - \cot\beta} \\ P_C &= \frac{1}{\cot\angle C - \cot\gamma} \end{aligned}\right\} \tag{3-3-7}$$

式中 $\angle A$、$\angle B$、$\angle C$ 为已知点 A、B、C 构成的三角形的内角,其值可根据三条已知边的方位角计算。未知点 P 上的三个角 α、β、γ 必须分别与 A、B、C 按图3-3-3所示的关系相对应,三个角 α、β、γ 可以按方向观测法测量,其总和值应该等于360°。

如果 P 点选在三角形任意两条边延长线的夹角之间,如图3-3-3b)所示,应用公式(3-3-6)计算坐标时,α、β、γ 均以负值代入式(3-3-7)。

仿权公式计算过程中的重复运算公式较多,因而这种方法用计算机程序进行计算比较方便。

另外,在选择 P 点位置时,应特别注意 P 点不能位于或接近三个已知点 A、B、C 组成的外接圆上,否则 P 点坐标为不定解或计算精度低。测量上把这个外接圆称为"危险圆",一般 P 点离开危险圆的距离大于 $\frac{1}{5}R$(R 为外接圆半径)。

(3)侧方交会

侧方交会的计算原理、公式和前方交会基本相同,此处不再赘述。

(4)距离交会

如图3-3-4所示,在求算要加密控制点 P 的坐标时,也可以采用测量出图示边长 a 和 b,然后利用几何关系,求算出 P 点的平面坐标的方法,这种方法称为测边(距离)交会法。与测角交会一样，距离交会也能获得较高的精度。由于全站仪和光电测距仪在公路工程中的普遍采用，这种方法在测图或工程中已被广泛地应用。

在图3-3-4中A、B为已知点，测得两条边长分别为a、b，则P点的坐标可按下述方法计算。

首先利用坐标反算公式计算AB边的坐标方位角α_{AB}和边长s：

$$\alpha_{AB} = \arctan \frac{\Delta y_{AB}}{\Delta x_{AB}} = \arctan \frac{y_B - y_A}{x_B - x_A}$$

$$s = \sqrt{(x_B - x_A)^2 + (y_B - y_A)^2} \tag{3-3-8}$$

根据余弦定律可求出$\angle A$：$\angle A = \cos^{-1}\left(\frac{s^2 + b^2 - a^2}{2bs}\right)$

而：

$$\alpha_{AP} = \alpha_{AB} - \angle A$$

于是有：

$$\left.\begin{aligned} x_P &= x_A + b\cos\alpha_{AP} \\ y_P &= y_A + b\sin\alpha_{AP} \end{aligned}\right\} \tag{3-3-9}$$

以上是两边交会法。工程中为了检核和提高P点的坐标精度，通常采用三边交会法，如图3-3-5所示三边交会观测三条边，分两组计算P点坐标进行核对，最后取其平均值。

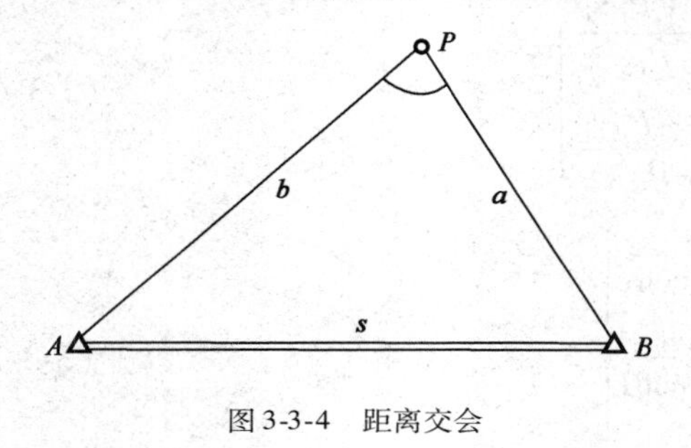

图3-3-4　距离交会

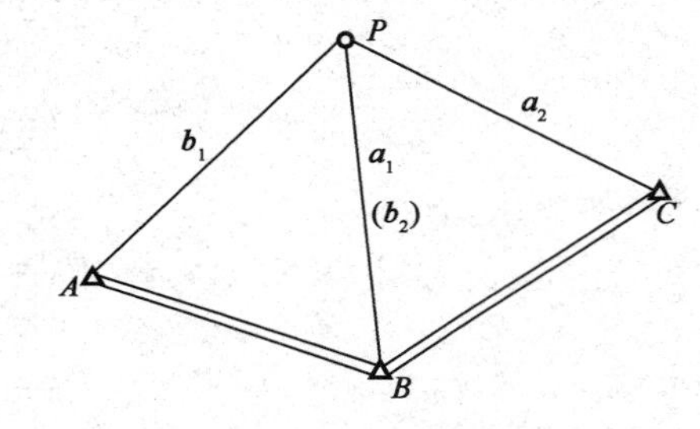

图3-3-5　三边距离交会

二、任 务 实 施

在地形测图或工程施工时，由于地形条件等原因经常出现控制点的密度不能满足作业的要求，则需要进行控制点加密，即补点。

1. 经纬仪交会定点

常规加密控制点的方法就是利用经纬仪根据具体情况选用上述方法进行作业。

(1)仪器、资料的准备

准备好交会定点所必需的测量仪器、工具和相关资料。

(2)现场踏勘、选点

根据测区测图或工程施工加密点位的需要，结合测区已知控制点的位置和地形情况，实地选择所需加密点的位置并打桩或埋石，确定交会定点的具体方法。

(3)测量实施

根据测区地形测量或工程施工的精度要求，依据《公路勘测规范》(JTG C10—2007)规定，按照选定的交会定点具体方法的操作步骤，安置仪器并完成具体的测量工作(水平角或距离测量)。具体观测方法、程序、记录等参照相应项目的作业要求进行。

(4)内业计算

根据外业测量数据经过检查无误后，按照上述交会方法相对应的计算公式进行加密点坐标的计算，并对成果进行必要的检核和精度评定。

2. 全站仪交会定点

目前全站仪在各工程单位已经广泛的使用，而大多数全站仪都具有前方交会和后方交会的专业测量功能。其工作原理就是在全站仪内置模块里已经设置有前方交会和后方交会的外业测量工作程序和内业计算公式，只要按照全站仪菜单提示步骤去操作就能快速、方便地完成交会定点工作，得到加密控制点的平面坐标（X,Y）和高程（H）。由于不同型号的全站仪菜单操作方法不尽相同，所以这里就不对具体操作步骤进行介绍，请根据全站仪具体型号参照说明书进行作业。

工作任务四　全站仪坐标测量

学习目标

1. 叙述全站仪坐标测量基本原理与计算方法和全站仪导线测量观测与计算方法等；
2. 知道全站仪坐标测量操作步骤、全站仪导线测量外业观测程序与内业计算方法等；
3. 分析全站仪坐标测量基本原理、全站仪导线测量与常规导线测量异同点；
4. 根据《公路勘测规范》（JTG C10—2007）对导线测量的基本要求完成全站仪导线测量外业观测工作；
5. 正确地完成全站仪导线测量内业数据处理、成果检核和精度评定。

任务描述

全站仪导线测量就是利用全站仪坐标测量的基本功能进行导线测量，它的任务就是在老师的指导下，进一步熟悉全站仪的基本结构、各按键的作用和全站仪的基本操作，掌握全站仪坐标测量的基本操作步骤，完成一条导线的外业测量的全部工作，通过内业计算，求出导线点三维坐标（X,Y,H），并评定测量成果的精度，以达到培养学生利用全站仪基本的测量功能完成公路工程实际的控制测量工作的能力。

学习引导

本学习任务沿着以下脉络进行学习：

相关理论知识的学习 → 踏勘选点、建立测量标志 → 仪器检校与资料的准备 → 全站仪坐标测量与全站仪导线测量 → 数据的检查、绘制导线略图与计算表格 → 导线内业计算与精度评定 → 上交全部测量成果资料

一、相关知识

常规测量确定点空间位置是把平面坐标和高程分开进行的，由于全站仪能同时测量水平角、竖直角和距离，加上全站仪内置程序模块可以直接进行计算，这样全站仪在测站就能同时通过测量计算出点的三维坐标（X,Y,H）或（N,E,Z）。如图 3-4-1 所示，其原理就是坐标的正、反算和三角高程测量。

（1）平面坐标测量

根据测站点坐标和后视已知点坐标反算方位角，由测站点已知坐标、全站仪测量的水平角

和水平距离，通过公式（3-1-5），计算待测点坐标。

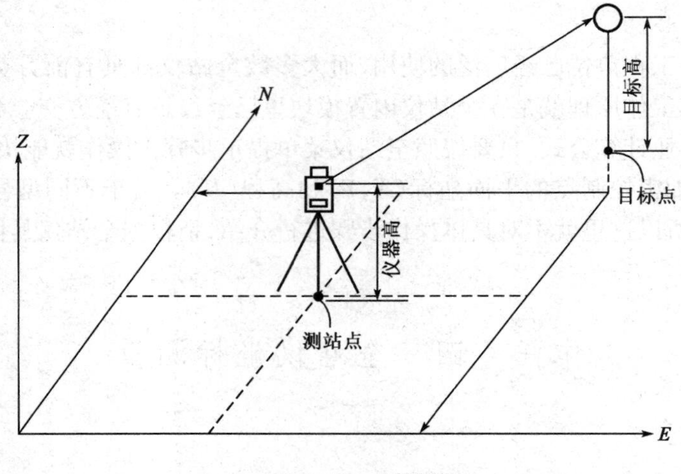

图 3-4-1　坐标测量

（2）三角高程测量

电磁波三角高程测量原理就是利用全站仪测量竖直角 α、水平距离 D，再量测仪器高 i 和目标高 l，通过公式（3-4-1）计算待定点高程（图 3-4-2）：

$$H_B = H_A + D_{AB}\tan\alpha_{AB} + i_A - l_B \tag{3-4-1}$$

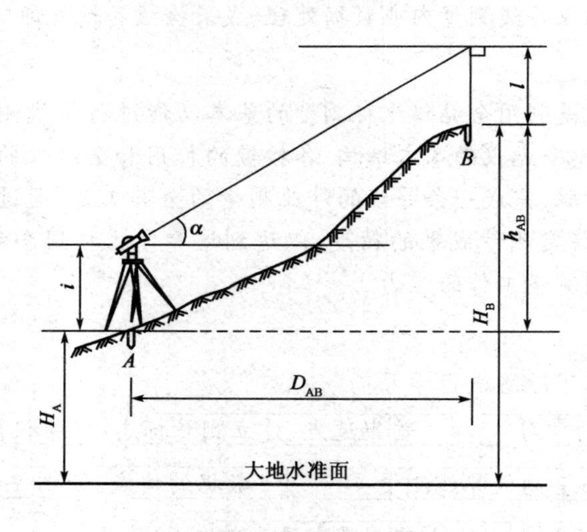

图 3-4-2　三角高程测量

二、任 务 实 施

目前全站仪作为技术先进的测量仪器已经普及，在公路工程测量中也得到广泛的应用，尤其在地形复杂的山区，进行水准测量比较困难时，全站仪导线测量就具有较大优越性。

1. 全站仪坐标测量

下面以科力达全站仪 KTS440 系列介绍全站仪坐标测量的具体操作步骤。

1）设置测站（表 3-4-1）

（1）开始坐标测量之前，需要先输入测站点坐标、仪器高和目标高。

(2)仪器高和目标高可使用卷尺量取,一般量两次取平均数,量至毫米。

(3)测站坐标数据可预先输入仪器。

(4)测站数据可以记录在所选择的工作文件中,关于工作文件的选取方法请参阅“选取工作文件”。

(5)坐标测量也可以在测量模式第 3 页菜单下,按菜单进入菜单模式后选“1. 坐标测量”来进行。

设置测站步骤 表 3-4-1

操作过程	操作键	显示
(1)在测量模式的第 2 页菜单下,按坐标键,显示坐标测量菜单,如右图所示	坐标	坐标测量 1.观测 2.设置测站 3.设置方位角
(2)选取“2. 设置测站”后按 ENT 键(或直接按数字键 2),输入测站数据,显示如右图所示	“2. 设置测站” + ENT	N0: 1234.688 E0: 1748.234 Z0: 5121.579 仪器高: 0.000m 目标高: 0.000m 取值 记录 确定
(3)输入下列各数据项: N0,E0,Z0(测站点坐标)、仪器高、目标高。每输入一数据项后按 ENT 键,若按记录键,则记录测站数据,有关操作方法请参阅“记录测站数据”,再按存储键将测站数据存入工作文件	输入测站数据 + ENT	N0: 1234.688 E0: 1748.234 Z0: 5121.579 仪器高: 1.600m 目标高: 2.000m 取值 记录 确定
(4)按确定键结束测站数据输入操作,显示恢复坐标测量菜单屏幕	确定	坐标测量 1.观测 2.设置测站 3.设置后视

☆中断输入按 ESC 键返回测站数据输入屏幕;

☆从内存读取坐标数据:按取值键

☆存储测站数据:按记录键。

若希望使用预先存入的坐标数据作为测站点的坐标,可在测站数据输入显示下按取值读取所需的坐标数据。

2)设置后视方位角(定向)

(1)输入后视坐标定向(表 3-4-2)

后视方位角可通过输入后视坐标来设置,系统根据输入的测站点和后视点坐标计算出方位角。照准后视点,通过按键操作,仪器便根据测站点和后视点的坐标,自动完成后视方向方位角的设置。

输入后视坐标定向步骤 表3-4-2

操作过程	操作键	显示
(1)在设置后视菜单中,选择"2.坐标定后视"	"2.坐标定后视"	设置后视 1.角度定后视 2.坐标定后视
(2)输入后视点坐标NBS、EBS和ZBS的值,每输入完一个数据后按ENT键,然后按确定键。若要调用作业中的数据,则按取值键	输入后视坐标+ENT+确定	后视坐标 NBS: 1 382.450 EBS: 3 455.235 ZBS: 1 234.344 取值 确定
(3)系统根据设置的测站点和后视点坐标计算出后视方位角,屏幕显示如右图所示(HAR为应照准的后视方位角)		设置方位角 请照准后视 HAR: 40°00′00″ 否 是
(4)照准后视点,按选择"是"键,结束方位角设置返回坐标测量菜单屏幕		坐标测量 1.观测 2.设置测站 3.设置后视

(2)输入后视方位角定向(表3-4-3)

后视方位角的设置可通过直接输入方位角来设置。

输入后视方位角定向步骤 表3-4-3

操作过程	操作键	显示
(1)在坐标测量菜单屏幕下用▲▼选取"3.设置后视"后按ENT(或直接按数字键3),显示如右图所示,选择"1.角度定后视"	"1.角度定后视"	设置后视 1.角度定后视 2.坐标定后视
(2)输入方位角,并按确定键	输入方位角+确定	设置方位角 HAR: 5 确定
(3)照准后视点后选择"是"	是	设置方位角 请照准后视 HAR: 0°00′00″ 否 是
(4)结束方位角设置返回坐标测量菜单屏幕		坐标测量 1.观测 2.设置测站 3.设置后视

3)坐标测量

在完成了测站数据的输入和后视方位角的设置后,通过距离和角度测量便可确定目标点的坐标(图 3-4-3)。未知点坐标的计算和显示过程如下:

测站点坐标:(N0,E0,Z0)

仪器高:

棱镜高:

高差:Z

仪器中心至棱镜中心的坐标差:(n,e,z)

未知点坐标:(N1,E1,Z1)

N1 = N0 + n

E1 = E0 + e

Z1 = Z0 + 仪器高 + z - 棱镜高

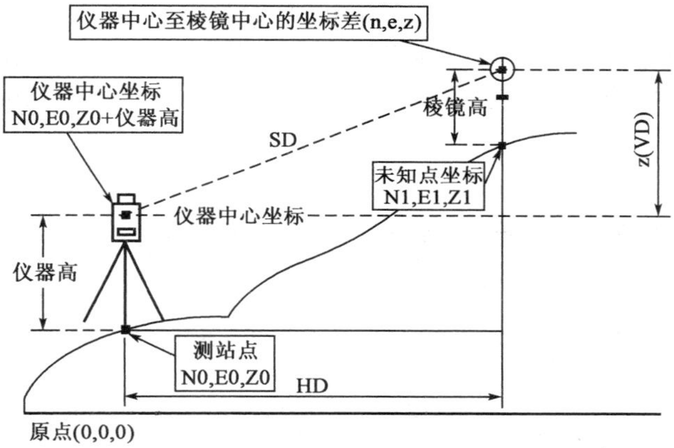

图 3-4-3　全站仪坐标测量

坐标测量步骤见表 3-4-4。

坐标测量步骤　　表 3-4-4

操作过程	操作键	显示
(1)精确照准目标棱镜中心后,在坐标测量菜单屏幕下选择“1. 观测”后按 ENT 键(或直接按数字键 1),显示如右图所示	选择“1. 观测” + ENT	坐标测量 坐标　镜常数=0 PPM=0 单次精测 停止
(2)测量完成后,显示出目标点的坐标值以及到目标点的距离、垂直角和水平角,如右图所示(若仪器设置为重复测量模式,按停止键来停止测量并显示测量值)		N: 1 534.688 E: 1 048.234 Z: 1 121.579 S: 1 382.450 m HAR: 12°34′34″ 停止 N: 1 534.688 E: 1 048.234 Z: 1 121.579 S: 1 382.450 m HAR: 12°34′34″ 记录　测站　测量

续上表

操作过程	操作键	显示
(3)若需将坐标数据记录于工作文件按记录,显示如右图所示。输入下列各数据项: 1. 点号:目标点点号 2. 编码:编码或备注信息等每输入完一数据项后按ENT键 ·当光标位于编码行时,按[↑]或[↓]可以显示和选择预先输入内存的代码。 按存储键记录数据	记录+存储	N: 1 534.688 E: 1 048.234 Z: 1 121.579 点号: 6 目标高: 1.600 m ↓ 存储 编码 ↑ : 存储 ↓ ↑
(4)照准下一目标点按选择"测量"开始下一目标点的坐标测量。按选择"测站"可进入测站数据输入屏幕,重新输入测站数据。 ·重新输入的测站数据将对下一观测起作用。因此当目标高发生变化时,应在测量前输入变化后的值	测量	N: 1 534.688 E: 1 848.234 Z: 1 821.579 S: 1 482.450 m HAR: 92°34′34″ 测站 测量
(5)按ESC键结束坐标测量并返回坐标测量菜单屏幕	ESC	坐标测量 1.观测 2.设置测站 3.设置后视

2. 全站仪导线测量

全站仪导线测量就是利用全站仪具有的坐标测量功能进行导线测量,它的优点就是在测站能同时把导线点的坐标和高程计算出来。

(1)外业观测工作

全站仪导线测量的外业工作除踏勘选点及建立标志(同常规导线测量相同)外,主要是利用全站仪的坐标测量功能,直接测量坐标和距离,并以坐标作为观测值,由已知点坐标测量到另外已知点的计算坐标,应该与该已知点的理论坐标相等,由于测量误差它们不一定相等,则需要进行成果处理。

(2)以坐标为观测值的导线近似平差

全站仪导线近似平差不是对角度和距离进行平差,而是直接对坐标进行平差。由于测量有误差,从已知点坐标 $A(x_A,y_A)$ 测量到另外已知点的计算坐标 $C'(x'_C,y'_C)$,与该已知点的理论坐标 $C(x_C,y_C)$ 不符,分别存在误差 f_x、f_y,称为纵、横坐标增量闭合差。即:

$$f_x = x'_C - x_C,\ f_y = y'_C - y_C \tag{3-4-2}$$

则导线全长闭合差:

$$f_D = \sqrt{f_x^2 + f_y^2} \tag{3-4-3}$$

导线全长闭合差是随导线长度的增大而增大,所以导线测量精度是用导线全长相对闭合差:

$$K = \frac{f_D}{\sum D} = \frac{1}{(\sum D/f_D)} \tag{3-4-4}$$

表 3-4-5

全站仪导线坐标计算表

点号	坐标观测值(m)			边长 D(m)	坐标改正数(mm)			坐标平差后值(m)			点号
	x_i'	y_i'	H_i'		V_{xi}	V_{yi}	V_{Hi}	x_i	y_i	H_i	
1	2	3	4	5	6	7	8	9	10	11	12
A								31 242.685	19 631.274		A
$B(1)$				1573.261				27 654.173	16 814.216	462.874	$B(1)$
2	26 861.436	18 173.156	467.102	865.360	−5	+4	+6	26 861.431	18 173.160	467.108	2
3	27 150.098	18 988.951	460.912	1 238.023	−8	+6	+9	27 150.090	18 988.957	460.921	3
4	27 286.434	20 219.444	451.446	1 821.746	−12	+9	+13	27 286.422	20 219.453	451.459	4
5	29 104.742	20 331.319	462.178	507.681	−18	+14	+20	29 104.724	20 331.333	462.198	5
$C(6)$	29 564.269	20 547.130	468.518	$\sum D = 6\,006.071$	−19	+16	+22	29 564.560	20 547.146	468.540	$C(6)$
D								30 666.511	21 880.362		D

辅助计算

$$f_x = x_C' - x_C = 29\,564.269 - 29\,564.250 = +19\text{mm}$$

$$f_y = y_C' - y_C = 20\,547.130 - 20\,547.146 = -16\text{mm}$$

$$f_D = \sqrt{f_x^2 + f_y^2} = 24\text{mm}$$

$$f_H = H_C' - H_C = 468.518 - 468.540 = -22\text{mm}$$

$$K = \frac{f_D}{\sum D} = \frac{0.024}{6\,006.071} = \frac{1}{250\,000} \leqslant K_{容}$$

当 $K > K_{容}$ 时，应检查外业成果和计算过程，不合格应补测或重测；

当 $K \leqslant K_{容}$ 时，应对闭合差进行分配。

$$\left.\begin{aligned} V_{xi} &= -\frac{f_x}{\sum D} \cdot \sum D_i \\ V_{yi} &= -\frac{f_y}{\sum D} \cdot \sum D_i \end{aligned}\right\} \tag{3-4-5}$$

式中：$\sum D$——导线的全长；

$\sum D_i$——第 i 点之前导线边长之和。

坐标按下式计算：

$$\left.\begin{aligned} x_i &= x'_i + V_{xi} \\ y_i &= y'_i + V_{yi} \end{aligned}\right\} \tag{3-4-6}$$

另外全站仪可以同时进行高程测量，高程测量成果也按照水准测量的方法同样处理。即按下列公式：

$$f_H = H'_C - H_C \tag{3-4-7}$$

高程测量限差参照电磁波三角高程测量的技术要求执行。

各导线点高程的改正数为：

$$V_{Hi} = -\frac{f_H}{\sum D} \cdot \sum D_i \tag{3-4-8}$$

各导线点的高程按公式：

$$H_i = H'_i + V_{Hi} \tag{3-4-9}$$

进行计算，最后求出各导线点高程。表 3-4-5 为全站仪导线测量以坐标为观测值的近似平差计算全过程的一个算例。

工作任务五　三、四等水准测量

学习目标

1. 叙述三、四等水准测量路线的布设原则、各等级精度指标和作业技术要求等；

2. 知道三、四等水准测量外业观测程序、表格记录与计算方法和各项限差要求；

3. 分析三、四等水准测量每站按“后前前后”的程序观测的原因和四等水准测量每站也可以按“后后前前”的程序观测的异同点；三、四等水准测量误差产生的原因；

4. 根据《公路勘测规范》(JTG C10—2007)和《国家三、四等水准测量规范》(GB/T 12898—2009)的规定要求完成一条三、四等(闭合或附合)水准路线测量的外业选点、埋石、观测和记录计算等工作；

5. 正确完成三、四等(闭合或附合)水准测量内业平差计算、成果检核和精度评定。

任务描述

三、四等水准测量的任务就是学生在老师的指导下，完成一条三、四等(闭合或附合)水准路线测量的外业选点、埋石、观测、记录和计算等工作，内业通过手工表格或有关计算机程序对外业观测数据进行成果检核、平差计算和精度评定，最后求出水准点高程，从而达到正确掌握三、四等水准测量路线的布设原则、精度指标、施测方法、技术要求、成果计算与精度评定，培养学生解决公路工程高程控制实际应用能力的目的。

学习引导

本学习任务沿着以下脉络进行学习：

相关理论知识的学习 → 测区踏勘与选点埋石 → 已有资料的收集与仪器检校 → 拟定三、四等水准测量的布网方案 → 三、四等水准测量的外业施测 → 内业计算、成果检核与精度评定 → 技术总结、上交全部成果资料

一、相关知识

地面点空间位置是由坐标(x,y)和高程(H)确定的，所以控制测量除了要完成平面控制测量外，还要进行高程的控制测量。工程测量的高程控制精度等级的划分，依次为二、三、四、五等，各等级高程控制宜采用水准测量，四等及以下等级可采用电磁波测距三角高程测量，五等也可采用 GPS 拟合高程测量。首级高程控制网的等级，应根据工程规模、控制网的用途和精度要求合理选择。首级网应布设成环形网，加密网宜布设成附合路线或结点网。小区域的测图和工程施工的高程控制测量一般以三、四等水准测量作为首级控制。

测区的高程系统，宜采用 1985 年国家高程基准。在已有高程控制网的地区测量时，可沿用原有的高程系统；当小测区联测有困难时，也可采用假定高程系统。本工作任务主要介绍三、四等水准测量。

1. 水准测量的技术要求

对于公路工程，各级公路及构造物的高程控制测量等级不得低于表 3-1-1 的规定。

各等级水准测量的主要技术要求见表 3-5-1。

水准测量的主要技术要求 表 3-5-1

等级	每公里高差中数误差(mm)		附合或环线水准路线长度(km)		往返较差、附合(mm)		检测已测测段高差之差(mm)
	偶然中数误差 M_Δ	全中误差 M_W	路线、隧道	桥梁	平原、微丘	山岭、重丘	
二等	±1	±2	600	100	$\leq 4\sqrt{\lambda}$	$\leq 4\sqrt{\lambda}$	$\leq 6\sqrt{L_i}$
三等	±3	±6	60	10	$\leq 12\sqrt{\lambda}$	$\leq 3.5\sqrt{n}$ 或 $\leq 15\sqrt{\lambda}$	$\leq 20\sqrt{L_i}$
四等	±5	±10	25	4	$\leq 20\sqrt{\lambda}$	$\leq 6.0\sqrt{n}$ 或 $\leq 25\sqrt{\lambda}$	$\leq 30\sqrt{L_i}$
五等	±8	±16	10	1.6	$\leq 30\sqrt{\lambda}$	$\leq 45\sqrt{\lambda}$	$\leq 40\sqrt{L_i}$

注：计算往返较差时，λ 为水准点间的路线长度(km)；计算附和或环线闭合差时，λ 为附和或环线的路线长度(km)。n 为测站书；L_i 为检测测段长度(km)，小于 1km 按 1km 计算；数字水准仪测量的技术要求和同等级的光学水准仪相同。

2. 水准测量的观测方法

应符合表3-5-2的规定。

水准测量的观测方法　表3-5-2

测量等级	观测方法		观测顺序
二等	光学测微法	往、返	后→前→前→后
	中丝读数法		
三等	光学测微法		
	中丝读数法		
四等	中丝读数法	往	后→后→前→前
五等	中丝读数法	往	后→前

二、任务实施

1. 资料准备与仪器检校

1)资料的准备

学生准备好实习过程中所需要的资料(收集测区已有的水准点的成果资料和水准点分布图)和用具(H或2H铅笔、记录手簿等)。

2)仪器的准备

(1)学生按分组到测量仪器室领取有关实习仪器水准仪、水准尺、尺垫和记录板等;

(2)学生熟悉仪器并对水准仪、水准尺进行必要检验与校正。

水准测量所使用的仪器应符合下列规定:水准仪的视准轴与水准管的夹角 i,在作业开始的第一周内应每天测定一次,i 角稳定后每隔15天测定一次,其值不得大于20″;水准尺上的米间隔平均长与名义长之差,对于线条式铟瓦标尺不应大于0.1mm,对于区格式木质标尺不应大于0.5mm。

2. 踏勘选点

水准测量实施之前应根据已知测区范围、水准点分布、地形条件以及测图和施工需要等具体情况,到实地踏勘,合理地选定水准点的位置。水准点的布设,应符合下列规定:

(1)高程控制点间的距离,一般地区应为1~3km;工业厂区、城镇建筑区宜小于1km。但一个测区及周围至少应有3个高程控制点。

(2)应将点位选在质地坚硬、密实、稳固的地方或稳定的建筑物上,且便于寻找、保存和引测;当采用数字水准仪作业时,水准路线还应避开电磁场的干扰。

(3)埋石:水准点位置确定后应建立标志,一般宜采用水准标石,也可采用墙上水准点。标志及标石的埋设规格,应执行规范附录的规定执行;埋设完成后,应绘制“点之记”,必要时还应设置指示桩。

水准观测,应在标石埋设稳定后进行。各等级水准观测的主要技术要求,应符合表3-5-3中的规定。

水准测量观测的主要技术要求 表 3-5-3

等 级	仪器类型	水准尺类型	视线长(m)	前后视较差(m)	前后视累积差(m)	视线离地面最低高度(m)	基辅(黑红)面读数差(mm)	基辅(黑红)面高差之差(mm)
二等	DS0.5	铟瓦	≤50	≤1	≤3	≥0.3	≤0.4	≤0.6
三等	DS1	铟瓦	≤100	≤3	≤6	≥0.3	≤1.0	≤1.5
	DS2	双面	≤75				≤2.0	≤3.0
四等	DS3	双面	≤100	≤5	≤10	≥0.2	≤3.0	≤5.0
五等	DS3	双面	≤100	≤10	—	—	—	≤7.0

注:(1)二等水准视线长度小于20m时,其视线高度不应低于0.3m;

(2)三、四等水准采用变动仪器高度观测单面水准尺时,所测两次高差较差,应与黑面、红面所测高差之差的要求相同;

(3)数字水准仪观测,不受基、辅分划或黑、红面读数较差指标的限制,但测站两次观测的高差较差,应满足表中相应等级基、辅分划或黑、红面所测高差较差的限值。

3. 水准测量施测

下面以一个测站为例,介绍三、四等水准测量观测的程序,其记录与计算参见表3-5-4。

三(四)等水准测量记录计算表 表 3-5-4

日期:_____年___月___日 天气:_____ 仪器型号:___________ 组号:________

观测者:_____________ 记录者:_____________ 司尺者:_________________

测站编号	点号	后尺 上丝 / 下丝 / 后视距 / 视距差 d	前尺 上丝 / 下丝 / 前视距 / 累加差 $\sum d$	方向及尺号	标尺读数 黑面(m)	标尺读数 红面(m)	K+黑-红(mm)	高差中数(m)	备注
		(1)	(4)	后 尺1号	(3)	(8)	(14)		
	|	(2)	(5)	前尺2号	(6)	(7)	(13)		
		(9)	(10)	后－前	(15)	(16)	(17)	(18)	
		(11)	(12)						
1	BM1	1.571	0.739	后尺1号	1.384	6.171	0		已知水准点的高=____ 尺1号的 K=4.787 尺2号的 K=4.687
	|	1.197	0.363	前尺2号	0.551	5.239	-1		
	ZD1	37.4	37.6	后－前	+0.833	+0.932	+1	+0.832 5	
		-0.2	-0.2						
2	ZD1	2.121	2.196	后尺2号	1.934	6.621	0		
	|	1.747	1.821	前尺1号	2.008	6.796	-1		
	ZD2	37.4	37.5	后－前	-0.074	-0.175	+1	-0.0745	
		-0.1	-0.3						
3	ZD2	1.914	2.055	后尺1号	1.726	6.513	0		
	|	1.539	1.678	前尺2号	1.866	6.554	-1		
	ZD3	37.5	37.7	后－前	-0.140	-0.041	+1	-0.1405	
		-0.2	-0.5						

续上表

测站编号	点号	后尺 上丝 / 下丝	前尺 上丝 / 下丝	方向及尺号	标尺读数		K+黑-红(mm)	高差中数(m)	备注
		后视距	前视距		黑面(m)	红面(m)			
		视距差 d	累加差 $\sum d$						
4	ZD3 | ZD3	1.965	2.141	后尺2号	1.832	6.519	0		
		1.700	1.874	前尺1号	2.007	6.793	+1		
		26.5	26.7	后-前	-0.175	-0.274	-1	-0.1745	
		-0.2	-0.7						已知水准点的高=____ 尺1号的 K =4.787 尺2号的 K =4.687
5	ZD4 | ZD5	1.540	2.813	后尺1号	1.304	6.091	0		
		1.069	2.357	前尺2号	2.585	7.272	0		
		47.1	45.6	后-前	-1.281	-1.181	0	-1.2810	
		+1.5	+0.8						
本页校核		$\sum[(3)+(8)]-\sum[(6)+(7)]=40.095-41.671=-1.576$ $\sum[(15)+(16)]=-1.576$;$2\sum(18)=-1.576$ 由此可以满足$\sum[(3)+(8)]-\sum[(6)+(7)]=\sum[(15)+(16)]=2\sum(18)$ $\sum(9)-\sum(10)=185.9-185.1=+0.8=$末站(12) 总视距$=\sum(9)+\sum(10)=371.0$							

1)一个测站的观测顺序

(1)照准后视尺黑面,分别读取上、下、中三丝读数,并记为(1)、(2)、(3);

(2)照准前视尺黑面,分别读取上、下、中三丝读数,并记为(4)、(5)、(6);

(3)照准前视尺红面,读取中丝读数,并记为(7);

(4)照准后视尺红面,读取中丝读数,并记为(8)。

上述四步观测,简称为"后→前→前→后(黑→黑→红→红)",这样的观测步骤可消除或减弱仪器或尺垫下沉误差的影响。对于四等水准测量,规范允许采用"后→后→前→前(黑→红→黑→红)"的观测步骤,这种步骤比上述的步骤要简便些,主要目的是尽量缩短观测时间,减少外界环境对测量的影响,但必须保证读数、记录等绝对正确,否则适得其反。

2)一个测站的计算与检核

(1)视距的计算与检核

后视距:(9)=[(1)-(2)]×100m

前视距:(10)=[(4)-(5)]×100m　　三等:≤75m,四等:≤100m

前、后视距差:(11)=(9)-(10)　　三等:≤3m,四等:≤5m

前、后视距差累积:(12)=本站(11)+上站(12)　　三等:≤6m,四等:≤10m

(2)水准尺读数的检核

同一根水准尺黑面与红面中丝读数之差:

前尺黑面与红面中丝读数之差(13)=(6)+K-(7)

后尺黑面与红面中丝读数之差(14)=(3)+K-(8)　　三等:≤2mm,四等:≤3mm

上式中的 K 为红面尺的起点常数,为4.687m或4.787m。

(3)高差的计算与检核

黑面测得的高差(15)=(3)-(6)

红面测得的高差(16)=(8)-(7)

校核:黑、红面高差之差(17)=(15)-[(16)±0.100]或(17)=(14)-(13)

三等:≤3mm,四等:≤5mm

在测站上,当后尺红面起点为4.687m,前尺红面起点为4.787m时,取“+”0.100,反之取“-”0.100。(即“±”是以黑面数字为准,黑面数字小就取“-”,黑面数字大就取“+”)。

3)每页计算检核

(1)高差部分在每页上,后视红、黑面读数总和与前视红、黑面读数总和之差,应等于红、黑面高差之和。

对于测站数为偶数的页:

$\sum[(3)+(8)]-\sum[(6)+(7)]=\sum[(15)+(16)]=2\sum(18)$

对于测站数为奇数的页:

$\sum[(3)+(8)]=\sum[(6)+(7)]=\sum[(15)+(16)]=2\sum(18)\pm 0.100$

(2)视距部分

在每页上,后视距总和与前视距总和之差应等于本页末站视距差累积值与上页末站视距差累积值之差。校核无误后,可计算水准路线的总长度。

$\sum(9)-\sum(10)$=本页末站之(12)-上页末站之(12);

水准路线总长度$=\sum(9)+\sum(10)$。

4. 三、四等水准测量的成果整理

1)内业成果计算与检核

三、四等水准测量的闭合路线或附合路线的成果整理,和普通水准测量计算一样对高差闭合差进行调整,然后计算水准点的高程。

四等水准高差闭合差应按式(3-5-1)或式(3-5-2)计算,必须符合表3-5-1的要求。

$$f_{h容}=\pm 6\sqrt{n} \quad (mm)(山区) \tag{3-5-1}$$

$$f_{h容}=\pm 20\sqrt{L} \quad (mm)(平原) \tag{3-5-2}$$

2)观测结果的重测和取位

高程控制测量数字取位,应符合表3-5-5的规定。

高程测量数字取位要求 表3-5-5

测量等级	各测站高差(mm)	往返测距离总和(km)	往返测距离中数(km)	往返测高差总和(mm)	往返测高差中数(mm)	高程(mm)
各等	0.1	0.1	0.1	0.1	1	1

(1)观测结果超限必须进行重测。

(2)测站观测超限必须立即重测,否则从水准点或间歇点开始重测。

(3)测段往、返测高差较差超限必须重测,重测后应选往、返测合格的结果。如果重测结果与原测结果分别比较,较差均不超过限差时,取3次结果的平均值。

(4)每条水准路线按测段往返测高差较差、附合路线的环线闭合差计算的高差中误差M_{Δ}或高差中数全中误差M_{w},超限时,应先对路线上闭合差较大的测段进行重测。

M_{Δ}和M_{w}按式(3-5-3)和式(3-5-4)计算。

3)精度评定

水准测量的数据处理,应符合下列规定:

当每条水准路线分测段施测时,应按公式(3-5-3)计算每千米水准测量的高差偶然中误差,其绝对值不应超过表 3-5-1 中相应等级每千米高差全中误差的 1/2

$$M_{\Delta} = \sqrt{\frac{1}{4n}\left[\frac{\Delta\Delta}{L}\right]} \tag{3-5-3}$$

式中:M_{Δ}——高差偶然中误差,mm;

Δ——测段往返高差不符值,mm;

L——测段长度,km;

n——测段数。

水准测量结束后,应按式(3-5-4)计算每千米水准测量高差全中误差,其绝对值不应超过表 3-5-1 中相应等级的规定

$$M_{W} = \sqrt{\frac{1}{N}\left[\frac{WW}{L}\right]} \tag{3-5-4}$$

式中:M_{W}——高差全中误差,mm;

W——附合或环线闭合差,mm;

L——计算各 W 值时,相应的路线长度,km;

N——附合路线和闭合环的总个数。

5. 上交资料

每小组在完成一条三、四等(闭合或附合)水准路线外业观测和内业计算全部工作后,应该把所有的测量资料(包括原始观测数据的记录手簿、计算表格、成果精度评定及其他有关资料)和实习报告等上交任课或实习指导老师。

学习情境四　地形图的测绘与应用

工作任务一　大比例尺地形图的测绘

学习目标

1. 知道地形测量的基本概念与表示方法；
2. 了解大比例尺地形图的基本概念与作用；
3. 掌握地形图的测绘方法；
4. 能进行地形图的测绘、拼接、整饰和检查；
5. 能用全站仪进行数字化测图；

任务描述

地形图的测绘任务就是在地面图根控制点上设站，架立仪器，测定周围地形特征点在图上的平面位置和高程，进而描绘出地物和地貌。根据教师课堂上和现场的讲解，能在实习场地设站、测点，完成特征点的测量工作，然后根据所测点的空间、平面关系将所测点描绘于图纸上。然后根据相关要求，完成地形图的拼接，整饰和检查；最后完成地形图的测绘。

学习引导

本学习任务沿着以下脉络进行学习：

相关理论知识的学习 → 测图的准备工作 → 地形图的测绘 → 地形图的拼接、整饰和检查 → 上交全部测量成果资料

一、相关知识

1. 地形测量的基本知识

工程测量中将地球表面上相对固定的物体，分为天然地物（自然地物）和人工地物，如居民地、工程建筑物与构筑物、道路、水系、独立地物、境界、管线垣栅和土质与植被等，称为地物。将地表面高低起伏的状态，按其自然形态可分为高原、山地、丘陵、平原、盆地等，称为地貌。地物和地貌的总称为地形。

地形测量指的是测绘地形图的作业。即对地球表面的地物、地形在水平面上的投影位置和高程进行测定，并按一定比例缩小，用符号和注记绘制成地形图的工作。地形图指的是地表起伏形态和地物位置、形状在水平面上的投影图。具体来讲，将地面上的地物和地貌按水平投影的方法（沿铅垂线方向投影到水平面上），并按一定的比例尺缩绘到图纸上，这种图称为地形图。当测区面积不大，半径小于10km（甚至25km）的面积时，可以水平面代替水准面。在这个前提下，可以把测区内的地面景物沿铅垂线方向投影到平面上，按规定的符号和比例缩小而

构成的相似图形,称为平面图。

地形图的测绘基本上采用航空摄影测量方法,利用航空相片主要在室内进行测图。但面积较小的或者工程建设需要的地形图,采用平板仪测量方法,在野外进行测图。地形测量包括控制测量和碎部测量。①控制测量是测定一定数量的平面和高程控制点,为地形测图的依据。平板仪测图的控制测量通常分首级控制测量和图根控制测量。首级控制以大地控制点为基础,用三角测量或导线测量方法在整个测区内测定一些精度较高、分布均匀的控制点。图根控制测量是在首级控制下,用小三角测量、交会定点方法等加密满足测图需要的控制点。图根控制点的高程通常用三角高程测量或水准测量方法测定。②碎部测量是测绘地物地形的作业。地物特征点、地形特征点统称为碎部点。碎部点的平面位置常用极坐标法测定,碎部点的高程通常用视距测量法测定。按所用仪器不同,有平板仪测图法、经纬仪和小平板仪联合测图法、经纬仪(配合轻便展点工具)测图法等。它们的作业过程基本相同。测图前将绘图纸或聚酯薄膜固定在测图板上,在图纸上绘出坐标格网,展绘出图廓点和所有控制点,经检核确认点位正确后进行测图。测图时,用测图板上已展绘的控制点或临时测定的点作为测站,在测站上安置整平平板仪并定向,然后用望远镜照准碎部点,通过测站点的直尺边即为指向碎部点的方向线,再用视距测量方法测定测站至碎部点的水平距离和高程,按测图比例尺沿直尺边沿自测站截取相应长,即碎部点在图上的平面位置,并在点旁注记高程。这样逐站边测边绘,即可测绘出地形图。

地形图的测绘应遵循"从整体到局部、先控制后碎部、由高级到低级"的原则,因此在测绘地形图时,应先根据测图的目的及测区的具体情况建立平面及高程控制网,然后根据控制网在控制点上安置仪器进行地物和地貌的碎部测量。

地形图比例尺表示图上距离比实际距离缩小(或放大)的程度,因此也叫缩尺。如 1:10 万,即图上 1cm 长度相当于实地 1 000m。严格地讲,只有在表示小范围的大比例尺地图上,由于不考虑地球的曲率,全图比例尺才是一致的。通常绘注在地图上的比例尺称为主比例尺。在地图上,只有某些线或点符合主比例尺。比例尺与地图内容的详细程度和精度有关。

(1)比例尺的表示方法

用公式表示为:比例尺 = 图上距离/实际距离。比例尺通常有三种表示方法。

①数字式,用数字的比例式或分数式表示比例尺的大小。例如地图上 1cm 代表实地距离 500km,可写成:1: 50 000 000 或写成:1/50 000 000。

②线段式,在地图上画一条线段,并注明地图上 1cm 所代表的实际距离(图 4-1-1)。

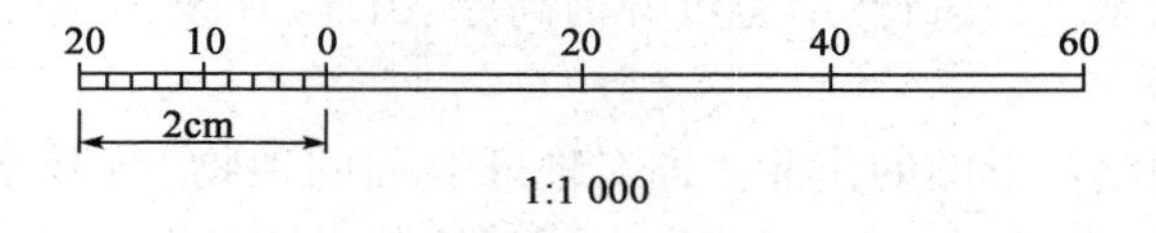

图 4-1-1 线段式比例尺

③文字式,在地图上用文字直接写出地图上 1cm 代表实地距离多少千米,如:图上 1cm 相当于地面距离 500km,或 5 000 万分之一。

根据地图上的比例尺,可以量算图上两地之间的实地距离;根据两地的实际距离和比例尺,可计算两地的图上距离;根据两地的图上距离和实际距离,可以计算比例尺。

(2)比例尺的分类

根据地图的用途,所表示地区范围的大小、图幅的大小和表示内容的详略等不同情况,制图选用的比例尺有大有小。地图比例尺中的分子通常为1,分母越大,比例尺就越小。

我国将地形图按比例尺大小划分为大、中、小三种比例尺地形图。

①大比例尺地图

通常把1:500、1:1 000、1:2 000和1:5 000比例尺的地形图,称为大比例尺地形图。对于大比例尺地形图的测绘,传统测量方法是利用经纬仪或平板仪进行野外测量;现代测量方法是利用光电测距照准仪,或电磁波测距仪,或全站仪,从野外测量、计算到内业一体化的数字化成图测量。

②中比例尺地图

把1:10 000、1:25 000、1:50 000、1:100 000的地形图称为中比例尺地形图。中比例尺地形图一般采用航空摄影测量或航天遥感数字摄影测量方法测绘,一般由国家测绘部门完成。

③小比例尺地图

把小于1:100 000的如:1:20万、1:25万、1:50万、1:100万等的地形图称为小比例尺地形图。小比例尺地形图一般是以比其大的比例尺地形图为基础,采用编绘的方法完成。

1:1万、1:2.5万、1:5万、1:10万、1:25万、1:50万、1:100万的比例尺地形图,被确定为国家基本比例尺地形图。

在同样图幅上,比例尺越大,地图所表示的范围越小,图内表示的内容越详细,精度越高;比例尺越小,地图上所表示的范围越大,反映的内容越简略,精确度越低。地理课本和中学生使用的地图册中的地图,多数属于小比例尺地图。

(3)比例尺精度

确定测图比例尺的主要因素是在图上需要表示的最小地物有多大;点的平面位置或两点距离要精确到什么程度,为此就需要知道比例尺精度,通常人眼能分辨的两点间的最小距离是0.1mm,因此,把地形图上0.1mm所能代表的实地水平距离称为比例尺精度。

根据比例尺精度,不但可以按照比例尺确定地面上量距应精确到什么程度,而且还可以按照量距的规定精度来确定测图比例尺。例如:测绘1:13 000比例尺的地形图时,地面上量距的精度为0.1mm × 1 000 = 0.1m;又如要求在图上能表示出0.5m的精度,则所用的测图比例尺为0.1mm/0.5m = 1/5 000。各种比例尺精度及用途见表4-1-1。

比例尺精度及用途 表4-1-1

比　例　尺	比例尺精度(m)	用　　途
1:10 000	1.00	城市规划设计(城市总体规划、厂址选择、区域位置、方案比较等)
1:5 000	0.50	
1:2 000	0.20	城市详细规划和工程项目的初步设计
1:1000	0.10	城市详细规划、管理、地下人防工程的竣工图、工程项目的施工图设计等
1:500	0.05	

2. 地形图的注记

标准地形图在图外注有图名、图号、接合图表、比例尺、外图廓、坐标格网、三北方向线及坡度尺等内容。

(1)图名

图名即地图的名称。对于单幅专题地图而言,通常根据此地图的区域范围、制图主题等对图幅给予命名;由多幅普通地图构成的一组地图,一般选择图内最著名的地理名称作为图名。

图名可以置于图外,也可以置于图内。置于图外时,通常都是将图名放在北图廓外居中的位置,距外图廓的间距约为 1/3 字高。置放在图内时,一般安置在右上角或左上角,可以用横排、竖排的形式。如图 4-1-2 所示。

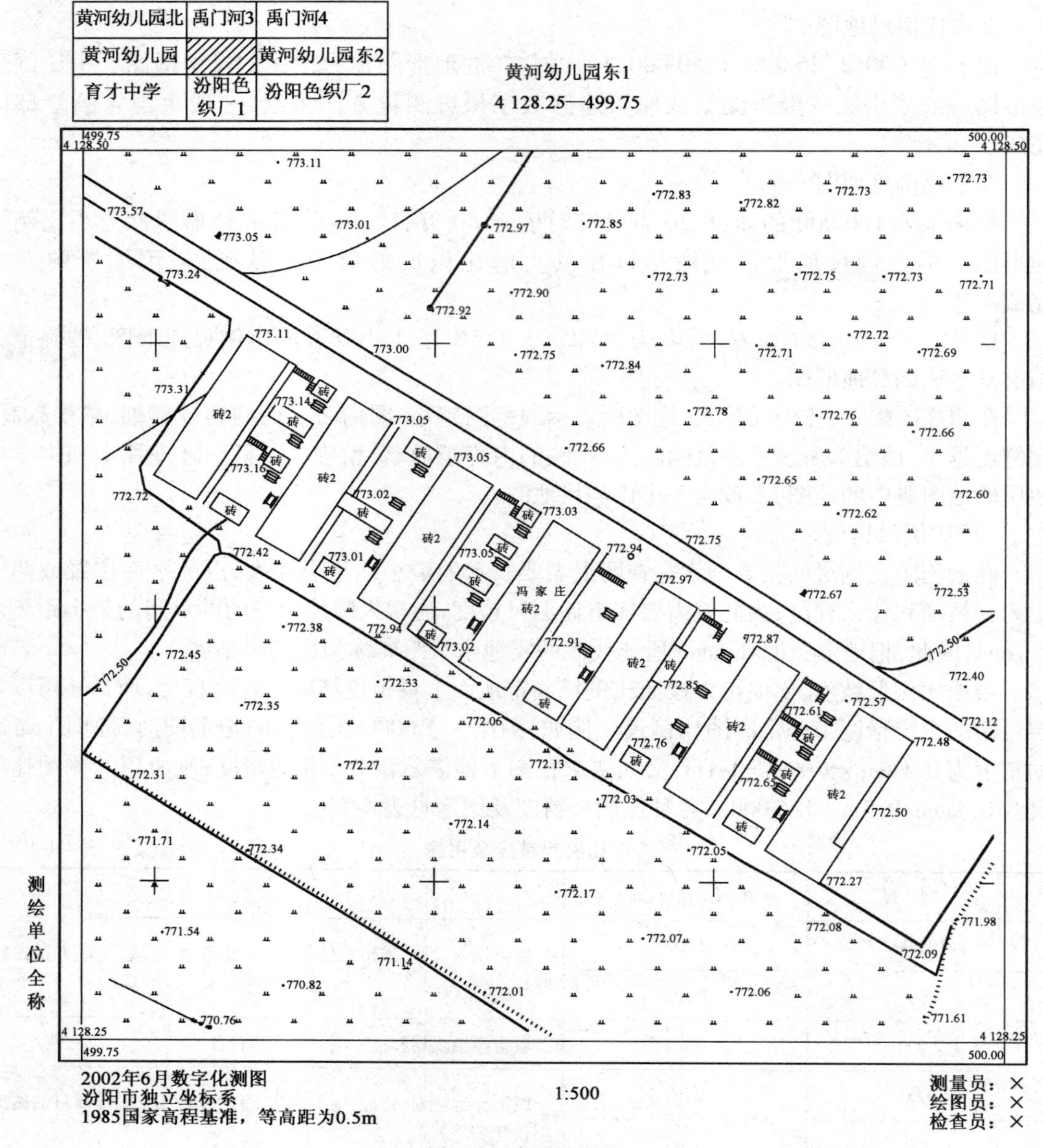

图 4-1-2 标准地形图

(2)图号

地图图号是指为便于使用和管理,按照一定方法将各分幅地图进行的编号。常用的地图编号方法有:行列编号法、经纬度编号法、自然序数编号法、坐标格网法等。

中国基本比例尺地形图的编号,是在国际百万分一地图编号基础上进行的。

1:50 万地形图是在 1:100 万地形图图号后面加上大写的拉丁字母 A、B、C、D;

1:25 万地形图是在 1:50 万地形图图号后面加上小写拉丁字母 a、b、c、d;

1:10 万地形图是在 1:100 万地形图图号后面加阿拉伯数字 1、2、3、…、144;

1:5 万地形图图号是在 1:10 万地形图图号后面加大写拉丁字母 A、B、C、D;

1:2.5 万地形图是在 1:5 万地形图图号后面加阿拉伯数字 1、2、3、4;

1:1 万地形图是在 1:10 万地形图图号后面加(1)、(2)、(3)、…(64);

1:5 000 地形图是在 1:1 万地形图图号后面加小写拉丁字母 a、b、c、d。

中国曾采用 1:20 万地形图,其图号是在 1:100 万地形图图号后面加阿拉伯数字[1]、[2]、[3]、…、[36]。还有一种并行系统,即将拉丁字母用阿拉伯数字或甲、乙、丙、丁代替,南、北以 S、N 代替。

①梯形分幅与编号

a. 1:100 万比例尺图的分幅与编号

按国际上的规定,1:100 万的世界地图实行统一的分幅和编号。即自赤道向北或向南分别按纬差 4°分成横列,各列依次用 A、B、…、V 表示。自经度 180°开始起算,自西向东按经差 6°分成纵行,各行依次用 1、2、…、60 表示。每一幅图的编号由其所在的“横列—纵行”的代号组成。例如某地的经度为东经 117°54′18″,纬度为北纬 39°56′12″,则其所在的 1:100 万比例尺图的图号为 J-50。

b. 1:50 万、1:25 万、1:10 万比例尺图的分幅和编号

在 1:100 万的基础上,按经差 3°、纬差 2°将一幅地形图分成四幅 1:50 万地形图,依次用 A、B、C、D 表示。将一幅 1:100 万的地形图按照经差 1°30′纬差 1°分成 16 幅 1:25 万地形图,依次用[1]、[2]、…、[16]表示。将一幅 1:100 万的图,按经差 30′,纬差 20′分为 144 幅 1:10 万的图,依次用 1、2、…、144 表示。

c. 1:5 万和 1:2.5 万比例尺图的分幅和编号

这两种比例尺图的分幅编号都是以 1:10 万比例尺图为基础的,每幅 1:10 万的图,划分成 4 幅 1:5 万的图,分别在 1:10 万的图号后写上各自的代号 A、B、C、D。每幅 1:5 万的图又可分为 4 幅 1:2.5 万的图,分别以 1、2、3、4 编号。

d. 1:10 000 和 1:5 000 比例尺图的分幅编号

1:10 000 和 1:5 000 比例尺图的分幅编号也是在 1:10 万比例尺图的基础上进行的。每幅 1:10 万的图分为 64 幅 1:10 000 的图,分别以(1)、(2)、…、(64)表示。每幅 1:10 000 的图分为 4 幅 1:5 000 的图,分别在 1:10 000 的图号后面写上各自的代号 a、b、c、d。

②矩形分幅与编号

为满足工程设计、施工及资源与行政管理的需要所测绘的 1:500、1:1 000、1:2 000 和小区域 1:5 000 比例尺的地形图,采用矩形分幅,图幅一般为 50cm×50cm 或 40cm×50cm,以纵横坐标的整公里数或整百米数作为图幅的分界线。50cm×50cm 图幅最常用。矩形分幅及面积

见表 4-1-2。

矩形分幅的编号,一般采用该图幅西南角的 x 坐标和 y 坐标以公里为单位,纵坐标 x 在前,横坐标 y 在后,之间用连字符连接。如 3810.0—25.5。

按正方形分幅的不同比例尺图幅 表 4-1-2

比 例 尺	图幅大小(cm)	图廓边的实地长度(m)	图幅实地面积(km^2)	一幅 1:5 000 图中包含该比例尺图幅数(幅)
1:5 000	40×40	2 000	4	1
1:2 000	50×50	1 000	1	4
1:1 000	50×50	500	0.25	16
1:500	50×50	250	0.062 5	64

编号时:

1:5 000 坐标取至 1km;

1:2 000、1:1 000,坐标取至 0.1km;

1:500 坐标取至 0.01km。

如图 4-1-3 所示,是以 1:5 000 地形图为基础进行的正方形分幅。

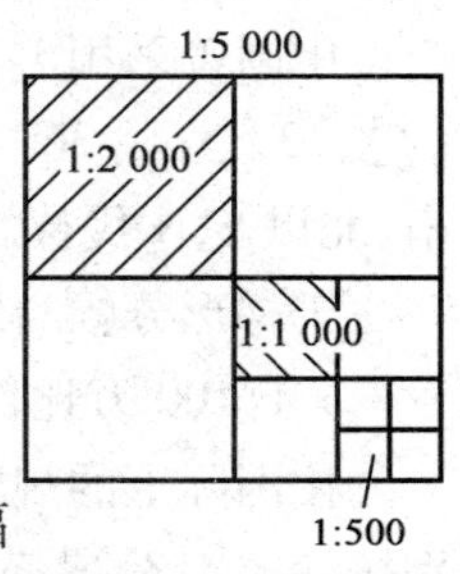

图 4-1-3 正方形分幅

(3)接合图表

为了说明本幅图与相邻图幅之间的关系,便于索取相邻图幅,在图幅左上角列出相邻图幅图名,斜线部分表示本图位置,如图 4-1-2 所示。

(4)图廓

图廓是地形图的边界线,有内、外图廓线之分。内图廓就是坐标格网线,也是图幅的边界线,用 0.1mm 细线绘出。在内图廓线内侧,每隔 10cm,绘出 5mm 的短线,表示坐标格网线的位置。外图廓线为图幅的最外围边线,用 0.5mm 粗线绘出。内、外图廓线相距 12mm,在内外图廓线之间注记坐标格网线坐标值,如图 4-1-4 所示。

内图廓——地形图的主体信息。包括坐标格网或经纬网、地物符号、地貌符号和注记。

外图廓——为充分反映地形图特性和用图方便而布置的各种说明、注记,统称为说明资料。

(5)三北方向线

三北方向线是指真子午线、磁子午线和坐标纵轴线,三线之间的关系如图 4-1-5 所示,绘制三线时使真子午线垂直于下图廓边。在该图中磁偏角为 9°50′(西偏);坐标纵轴线偏于真子午线以西 0°05′;而磁子午线偏于坐标纵线以西 9°45′。利用该关系图,可对图上任一方向的真方位角、磁方位角和坐标方位角三者间作相互换算。

(6)坡度比例尺

对于梯形图幅在其下图廓偏左处,绘有坡度比例尺,用以图解地面坡度和倾角,如图 4-1-3 所示。它是按下式制成:

$$i = \tan\alpha = \frac{h}{d \cdot M}$$

式中:i——地面坡度;

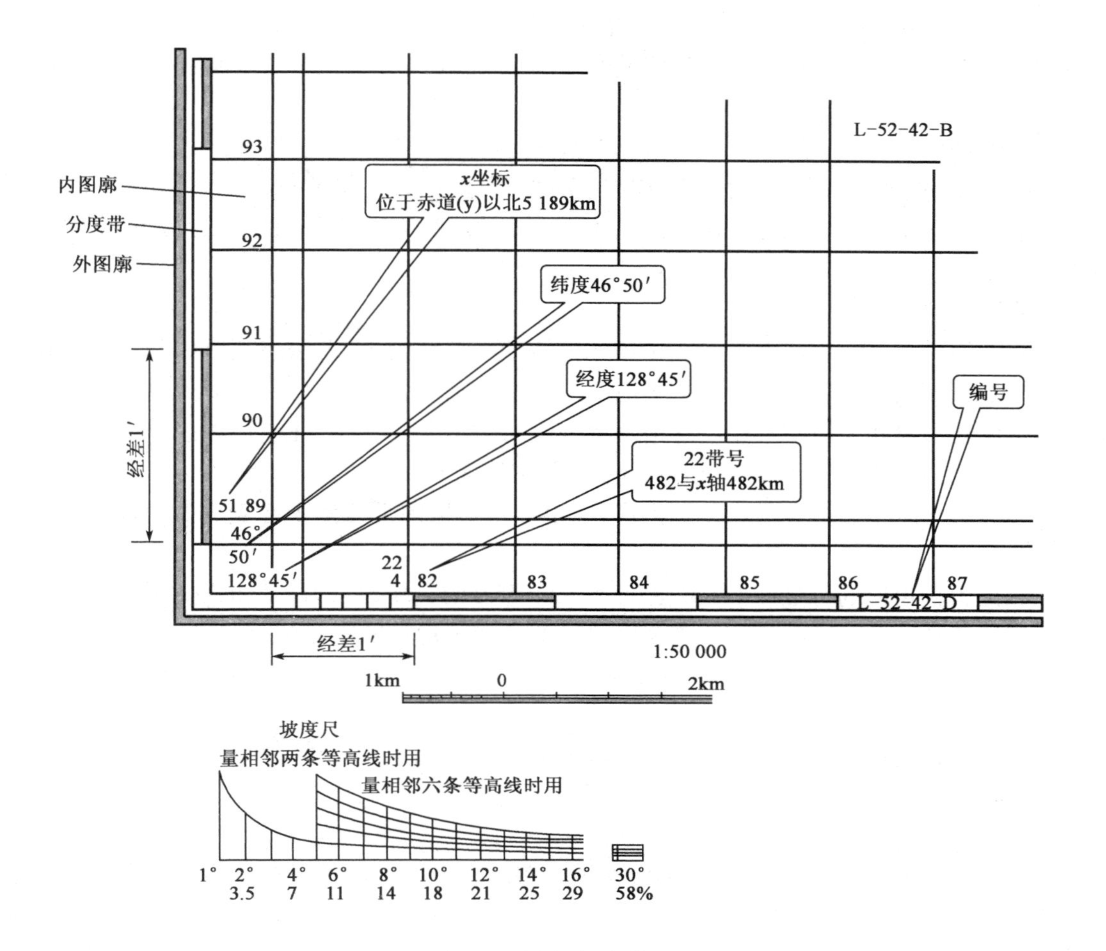

图 4-1-4　图廓及坐标格网

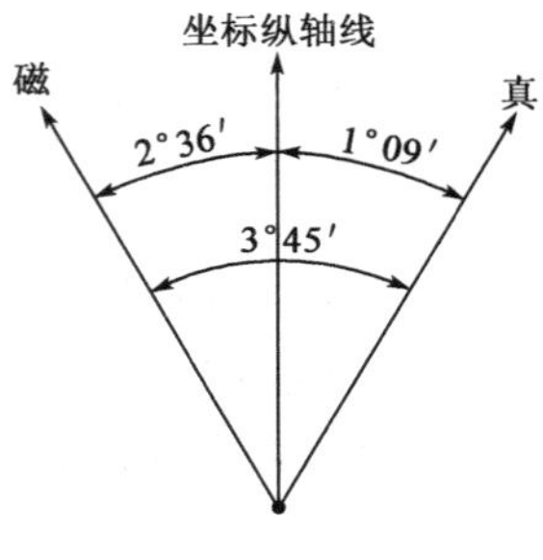

图 4-1-5　三北方向线

α——地面倾角；

h——两点间的高差；

d——两点间的水平距离：

M——比例尺分母。

使用时利用分规量出相邻两点间的水平距离，在坡度比例尺上即可读取地面坡度 i。

除了上述注记外，在地形图上还注记有一些其他注记，如在外图廓左下角应注记测图时间、坐标系统、高程系统、图式版本等；右下角应注明测量员、绘图员和检查员以及在图幅左侧注明测绘单位全称等。

3. 工程地形图上符号表示

(1)地物的表示方法

地形图要求清晰、准确、完整地显示测区内的地物和地貌，为了便于测图和读图，所有实地的地物、地貌在图上都是用各种简明、准确、易于判断的图形或符号表示出来的，这些符号统称为地形图图式，表示地物的称地物符号，表示地貌的称地貌符号。

地面上的地物，如房屋、道路、河流、森林、湖泊等，其类别、形状和大小及其地图上的位置，都是用规定的符号来表示的。根据地物的大小及描绘方法的不同，地物符号分为以下几类：

①比例符号

轮廓较大的地物，如房屋、运动场、湖泊、森林、田地等，凡能按比例尺把它们的形状、大小和位置缩绘在图上的，称为比例符号。这类符号的形状、大小和位置均表示了地物的实际情况。

②非比例符号

有些地物，如三角点、水准点、独立树和里程碑等，轮廓较小，无法将其形状和大小按比例绘到图上，则不考虑其实际大小，而采用规定的符号表示之，这种符号称为非比例符号。非比例符号不仅其形状和大小不按比例绘出，而且符号的中心位置与该地物实地的中心位置关系，也随各种不同的地物而异，在测图和用图时应注意下列几点；

a. 规则的几何图形符号（圆形、正方形、三角形等），以图形几何中心点为实地地物的中心位置。

b. 底部为直角形的符号（独立树、路标等），以符号的直角顶点为实地地物的中心位置。

c. 宽底符号（烟囱、岗亭等），以符号底部中心为实地地物的中心位置。

d. 几种图形组合符号（路灯、消火栓等），以符号下方图形的几何中心为实地地物的中心位置。

e. 下方无底线的符号（山洞、窑洞等），以符号下方两端点连线的中心为实地地物的中心位置。各种符号均按直立方向描绘，即与南图廓垂直。

③半比例符号

长度依地图比例尺表示，而宽度不依地图比例尺表示的线状符号。一般表示长度大而宽度小的狭长地物，如铁路、公路、河流、堤坝、管道等。这种符号能精确定位和量长度，但不能显示其宽度。这种符号一般表示地物的中心位置，比如城墙和垣栅等，其准确位置在其符号的底线上。

④地物注记

地形图上仅用地物符号有时还无法表示清楚地物的某些特定性质和量值的地物，如城镇、学校、河流、道路、房屋等，只能用文字、数字或特有符号来说明，这些均称为注记符号。因为测图比例尺影响地物缩小的程度，所以同一地物在不同比例尺图上运用符号就不相同。例如：一个直径为 6m 的水塔和路宽为 2.5m 的公路，在 1:1 000 的图上可用比例符号表示，但在 1:5 000图上只能用非比例符号和半比例符号表示。

工程地形图上符号的示例见表 4-1-3。

（2）地貌的表示方法

地貌表示地表起伏的形态，如陆地上的山地、平原、河谷、沙丘，海底的大陆架、大陆坡、深海平原、海底山脉等。在地形图上表示地貌的方法有多种，目前最常用的地貌符号是等高线，但对梯田、峭壁、冲沟等特殊的地貌，不便用等高线表示时，可根据《地形图图式》绘制相应的符号。

①等高线的概念

等高线指的是地形图上高程相等的各点所连成的闭合曲线。把地面上海拔高度相同的点连成的闭合曲线。垂直投影到一个标准面上，并按比例缩小画在图纸上，就得到等高线。等高线也可以看作是不同海拔高度的水平面与实际地面的交线，所以等高线是闭合曲线。

等高线的特性有：

a. 位于同一等高线上的地面点，海拔高度相同。

b. 在同一幅图内，除了悬崖以外，不同高程的等高线不能相交。

表 4-1-3

编号	符号名称	1∶500　1∶1 000	1∶2 000
1	一般房屋 混—房屋结构 3—房屋层数	 混3	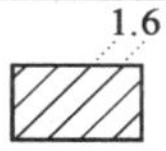 1.6
2	简单房屋		
3	建筑中的房屋	 建	
4	破坏房屋	 破	
5	棚房	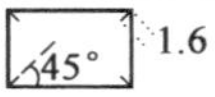 45° 1.6	
6	架空房屋	 混凝土4　1.0　混凝土　混凝土4	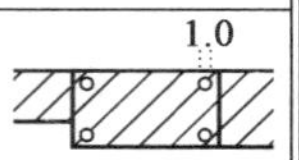 1.0
7	廊房	 混3　1.0	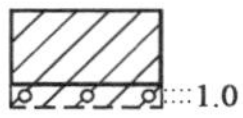 1.0
8	台阶	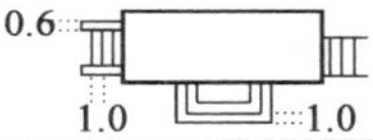 0.6　1.0　1.0	
9	无看台的露天体育场	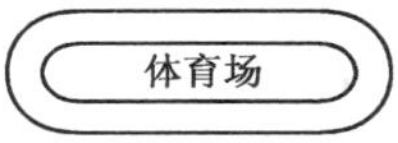 体育场	
10	游泳池	 泳	
11	过街天桥	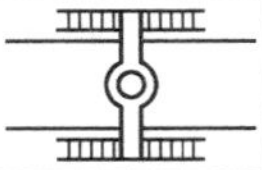	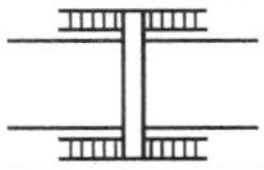
12	高速公路 a.收费站 0—技术等级代码	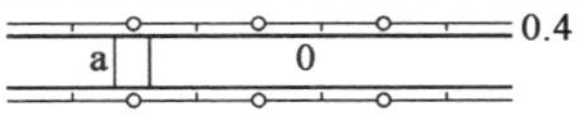 a　0　0.4	
13	等级公路 2—技术等级代码 (G325)—国道路线编码	 2(G325)　0.2　0.4	
14	乡村路 a.依比例尺的 b.不依比例尺的	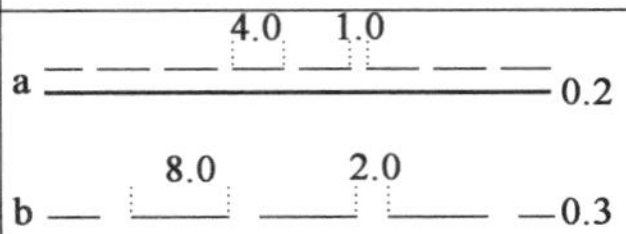 a　4.0　1.0　0.2 b　8.0　2.0　0.3	
15	小路	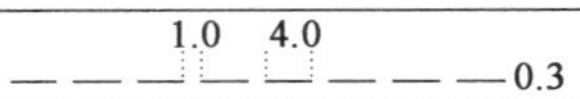 1.0　4.0　0.3	
16	内部道路	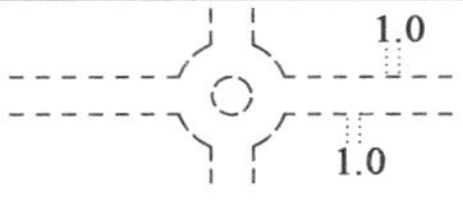 1.0　1.0	
17	阶梯路	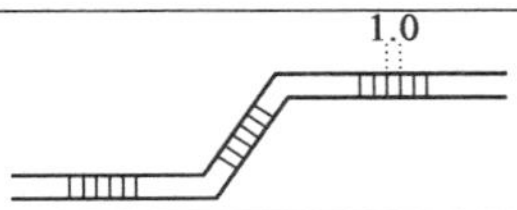 1.0	
18	打谷场、球场	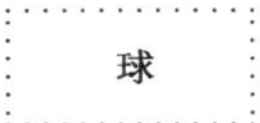 球	
19	旱地	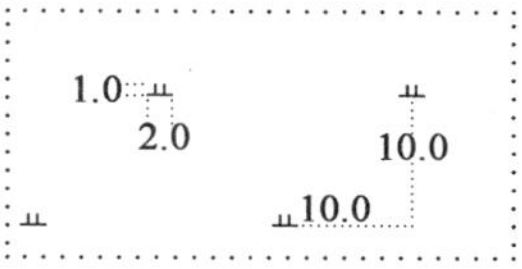 1.0　2.0　10.0　10.0	
20	花圃	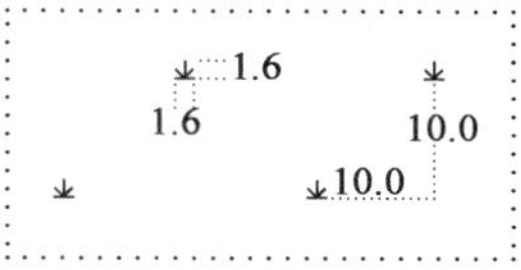 1.6　1.6　10.0　10.0	
21	有林地	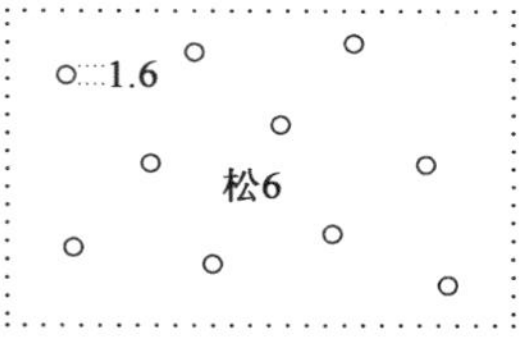 1.6　松6	
22	人工草地	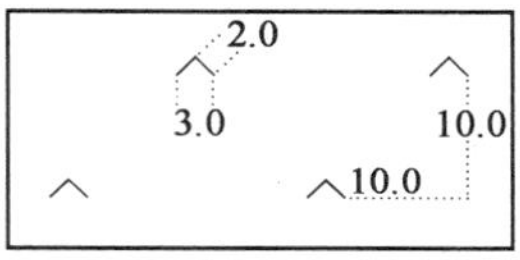 2.0　3.0　10.0　10.0	
23	稻田	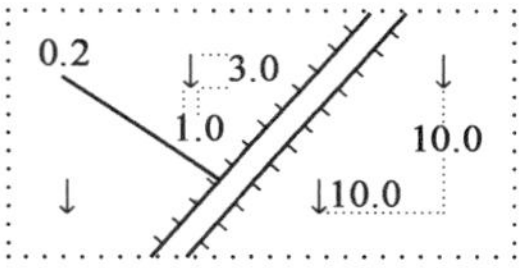 0.2　3.0　1.0　10.0　10.0	
24	常年湖	 青湖	
25	池塘	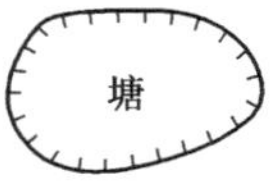 塘	 塘
26	常年河 a.水涯线 b.高水界 c.流向 d.潮流向 涨潮 落潮	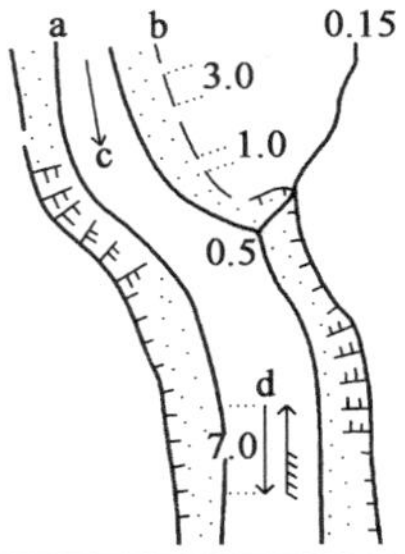 a　b　0.15　3.0　c　1.0　0.5　d　7.0	
27	喷水池	 1.0　3.6	
28	GPS控制点	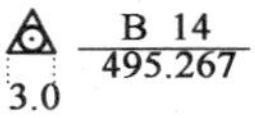 B 14 / 495.267　3.0	

编号	符号名称	1∶500　1∶1 000	1∶2 000
29	三角点 凤凰山—点名 394.468—高程	凤凰山 / 394.468　3.0	
30	导线点 I16—等级、点号 84.46—高程	2.0　116 / 84.46	
31	埋石图根点 16—点号 84.46—高程	1.6　16 / 84.46　2.6	
32	不埋石图根点 25—点号 61.74—高程	1.6　25 / 62.74	
33	水准点 Ⅱ京石5—等级、点名、点号 32.804—高程	2.0　Ⅱ京石5 / 32.804	
34	加油站	1.6　3.6　1.0	
35	路灯	2.0　1.6　4.0　1.0	
36	独立树 a.阔叶 b.针叶 c.果树 d.棕榈、椰子、槟榔	a　1.6　2.0　3.0　1.0 b　1.6　3.0　1.0 c　1.6　3.0　1.0 d　2.0　3.0　1.0	
37	独立树 棕榈、椰子、槟榔	2.0　3.0　1.0	
38	上水检修井	2.0	
39	下水（污水）、雨水检修井	2.0	
40	下水暗井	2.0	
41	煤气、天然气检修井	2.0	
42	热力检修井	2.0	
43	电信检修井 a.电信人孔 b.电信手孔	a　2.0 2.0 b　2.0	
44	电力检修井	2.0	
45	地面下的管道	污　4.0　1.0	
46	围墙 a.依比例尺的 b.不依比例尺的	a　10.0 b　10.0　0.3　0.6	
47	挡土墙	1.0　6.0	
48	栅栏、栏杆	10.0　1.0	
49	篱笆	10.0　1.0	
50	活动篱笆	6.0　1.0　0.6	
51	铁丝网	10.0　1.0	
52	通信线 地面上的	4.0	
53	电线架		
54	配电线 地面上的	4.0	
55	陡坎 a.加固的 b.未加固的	2.0 a b	
56	散树、行树 a.散树 b.行树	a　1.6 b　10.0　1.0	
57	一般高程点及注记 a.一般高程点 b.独立性地物的高程	a　0.5　163.0 b　75.4	
58	名称说明注记	友谊路　中等线体4.0(18k) 团结路　中等线体3.5(15k) 胜利路　中等线体2.75(12k)	
59	等高线 a.首曲线 b.计曲线 c.间曲线	a　0.15 b　0.3 c　1.0　6.0　0.15	
60	等高线注记	25	
61	示坡线	0.8	
62	梯田坎	56.4　1.2	

c. 在图廓内相邻等高线的高差一般是相同的，因此地面坡度与等高线之间的水平距离成反比，相邻等高线水平距离愈小，等高线排列越密，说明地面坡度愈大；相邻等高线之间的水平距离愈大，等高线排列越稀，则说明地面坡度愈小。因此等高线能反映地表起伏的势态和地表

形态的特征。

d. 每一条等高线都是闭合的曲线，如果不在本幅图内闭合，则必在其他图幅闭合。

e. 除在悬崖和绝壁处外，等高线在图上不能相交，也不能重合。

f. 等高线与山脊线、山谷线成正交。

g. 等高线不能在图内中断，但遇道路、房屋、河流等地物符号和注记处可以局部中断。

②等高线表示地貌的原理

如图 4-1-6 所示，设有一座小山立于平静湖水中，湖水淹没到仅见山顶时的水面高程为 100m，此时，水面与山坡就有一条交线，而且是闭合曲线，曲线上各点的高程是相等的，这就是高程为 100m 的等高线。随后水位下降 5m，山坡与水面又有一条交线，这就是高程为 95m 的等高线。把这组实地上高程相等曲线沿铅垂方向投影到水平面上，并按规定的比例尺缩绘到图纸上，就得到与实地形状相似的等高线图。因此，用等高线可以真实地反映地貌的形态和地面的高低起伏情况。

③等高线的分类

等高线按其作用不同，分为首曲线、计曲线、间曲线与助曲线四种，如图 4-1-7 所示。

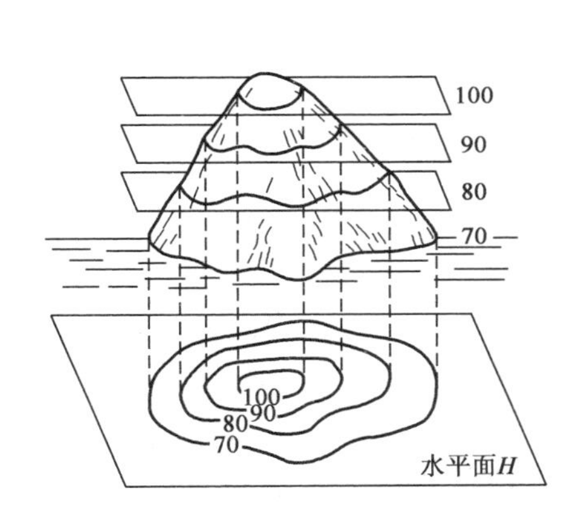

图 4-1-6　等高线表示地貌的原理

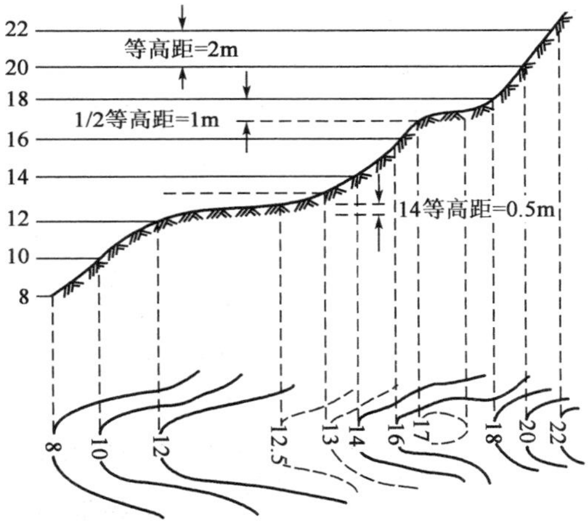

图 4-1-7　等高线类型

a. 首曲线，又叫基本等高线，是按规定的等高距测绘的细实线，用以显示地貌的基本形态。

b. 计曲线，又叫加粗等高线，从规定的高程起算面起，每隔 5 个等高距将首曲线加粗为一条粗实线，并在其上注记高程值。

c. 间曲线，又叫半距等高线，是按二分之一等高距用细长虚线加绘的等高线，主要用以在个别地区显示首曲线不能显示的某段微型地貌。

d. 助曲线，又叫辅助等高线，是按四分之一等高距描绘的细短虚线，用以显示间曲线仍不能显示的某段微型地貌。

间曲线和助曲线只用于显示局部地区的地貌，故除显示山顶和凹地各自闭合外，其他一般都不闭合。还有一种与等高线正交、指示斜坡方向的短线叫示坡线，与等高线相连的一端指向上坡方向，另一端指向下坡方向。

④等高线的判读

a. 数值大小：

平原：海拔 200m 以下；

丘陵:海拔 500m 以下,相对高度小于 100m;

山地:海拔 500m 以上,相对高度大于 100m;

高原:海拔高度大,相对高度小,等高线在边缘十分密集,而顶部明显稀疏。

b. 疏密程度:

密集:坡度陡;

稀疏:坡度缓。

c. 形状特征:

山顶:等高线闭合,且数值从中心向四周逐渐降低;

盆地或洼地:等高线闭合,且数值从中心向四周逐渐升高(如果没有数值注记,可根据示坡线来判断:示坡线为垂直于等高线的短线);

山脊:等高线凸出部分指向海拔较低处,等高线从高往低突,就是山脊;

山谷:等高线凸出部分指向海拔较高处,等高线从低往高突,就是山谷;

鞍部:正对的两山脊或山谷等高线之间的空白部分;

缓坡与陡坡及陡崖:等高线重合处为悬崖;等高线越密集处,地形越陡峭;等高线越稀疏处,坡度越舒缓。

⑤典型地貌的等高线

地貌的形态一般可归纳为下列几种基本形状。图 4-1-8 是某地区综合地貌示意图及其对应的等高线图。

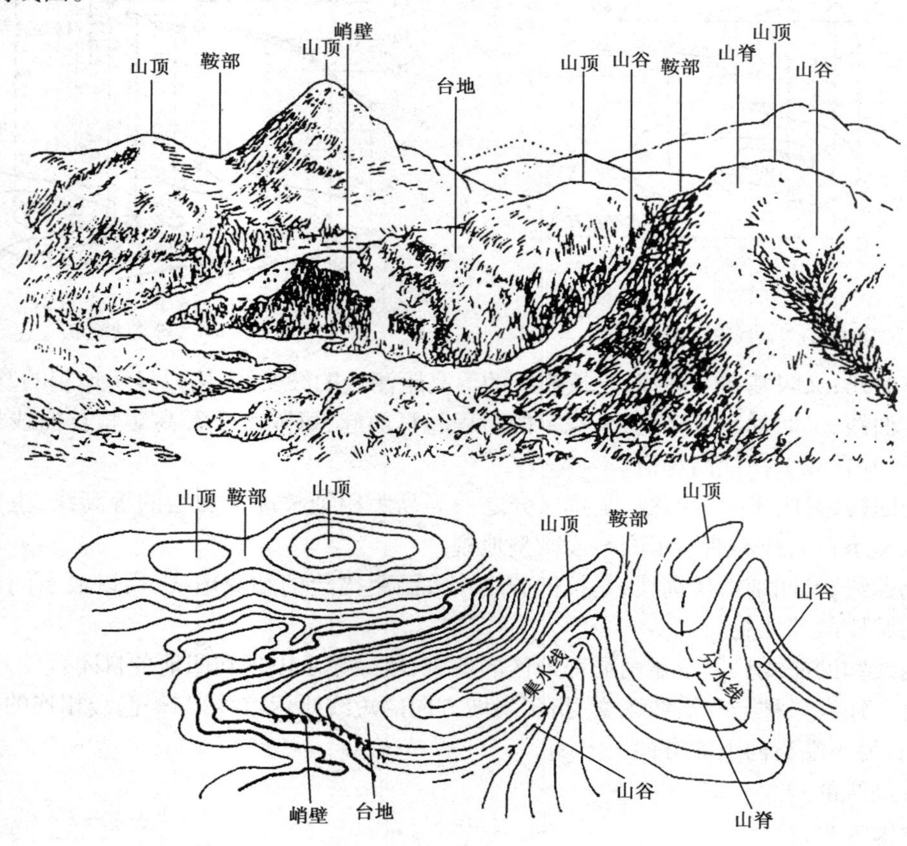

图 4-1-8　地貌常见的五种类型

山脊和山谷：山脊是沿着一定方向延伸的高地，其最高棱线称为山脊线，又称分水线，图4-1-9所示山脊的等高线是一组向低处凸出为特征的曲线。山谷是沿着一方向延伸的两个山脊之间的凹地，贯穿山谷最低点的连线称为山谷线，又称集水线，山谷的等高线是一组向高处凸出为特征的曲线。山脊线和山谷线是显示地貌基本轮廓的线，统称为地性线，它在测图和用图中都有重要作用。

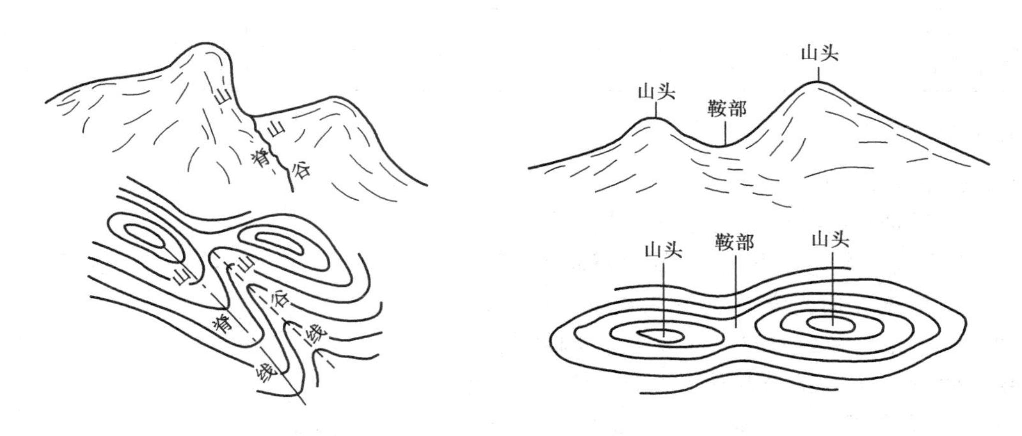

图4-1-9　山脊线与山谷线

鞍部：鞍部是相邻两山头之间低凹部位呈马鞍形的地貌，如图4-1-9所示。两个山脊与两个山谷的会合处，等高线由一对山脊和一对山谷的等高线组成，俗称垭口。

陡崖和悬崖：陡崖是坡度在70°以上的陡峭崖壁。悬崖是上部突出中间凹进的地貌，这种地貌等高线如图4-1-8所示。

冲沟：冲沟又称雨裂，如图4-1-8所示，它是具有陡峭边坡的深沟，由于边坡陡峭而不规则，所以用锯齿形符号来表示。

地貌的形状虽然千差万别，但都能找到一些反映其特征的点，如：山顶最高点、盆地最低点、鞍部点、谷口点、山脚点、坡度变换点等，这些都称为地貌特征点。在地形图测绘中，立尺点就应选择在这些地貌特征点上。

⑥等高距和等高线平距

相邻等高线之间的高差称为等高距，常用 h 表示。在同一幅地形图上，等高距 h 是相等的。相邻等高线之间的水平距离称为等高线平距，常以 d 表示。h 与 d 的比值就是地面坡度 i。

$$i = \frac{h}{d \cdot M}$$

式中：M——比例尺分母；

i——坡度，一般以百分数表示，上坡为正、下坡为负。

用等高线表示地貌时，等高距越小，显示地貌就越详细；等高距越大，显示地貌就越简略。但等高距过小，会导致等高线过于密集，从而影响图面的清晰度。因此，在测绘地形图时，应根据测图比例尺与测区地形情况来选择合适的等高距，见表4-1-4。这个等高距称基本等高距。等高距选定后，等高线的高程必须是基本等高距的整倍数，而不能用任意高程。

大比例尺测图用基本等高距(m)　　表 4-1-4

比　例　尺	地面倾斜角			
	平原(0°~2°)	丘陵(2°~6°)	山地(6°~25°)	高山(25°以上)
1:5 000	2.0	5.0	5.0	5.0
1:2 000	1.0(0.5)	1.0	2.0(2.5)	2.0(2.5)
1:1 000	0.5(1.0)	1.0	1.0	2.0
1:500	0.5	1.0(0.5)	1.0	1.0

4. 视距测量方法

1)视距测量的原理

视距测量是利用经纬仪望远镜内十字丝上的视距丝(即十字丝的上丝和下丝)并配合视距尺(普通水准尺等),根据几何光学及三角学原理,同时测定两点间的水平距离和高差的一种方法。这种方法操作简单,速度快,不受地形起伏的限制,但测距精度较低,相对误差约为 1/300,低于钢尺量距,其精度能满足一般的碎部测量。因此视距测量常用于地形测图。

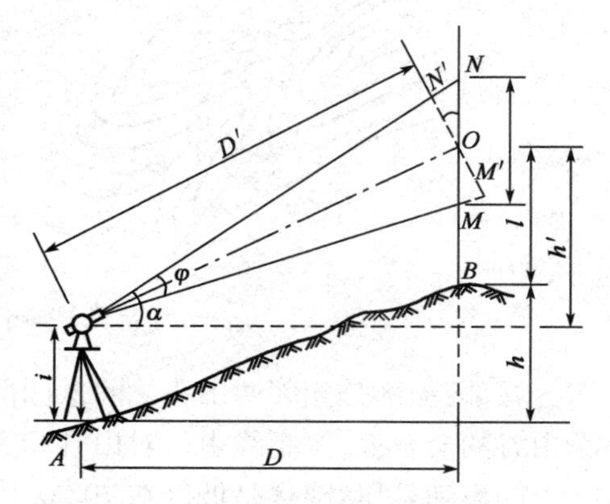

图 4-1-10　视线倾斜时的视距测量

当地面起伏较大时,由于地形和通视条件的限制,必须将望远镜倾斜才能照准视距尺,如图 4-1-10 所示,此时的视准轴不再垂直于尺子,在此情况下是不能用式(4-3-1)和式(4-3-2)来计算水平距离和高差的。若想引用前面的公式,测量时则必须将尺子置于垂直于视准轴的位置,但那是不太可能的。如图 4-3-2 所示,通常在进行观测时,视线是倾斜的,但可以设想:使立在 B 点的视距尺绕 O 点旋转一个 α 角后再与视线垂直,此时只要能把实测的视距间隔$n(MN)$换算为旋转后的相应值 $n'(M'N')$,则可直接应用公式(4-3-1)。由于 φ 角很小(约为35′),则$\angle NN'O$ 可视为直角。

因此有:

$$N'M' = NO \cdot \cos\alpha + OM \cdot \cos\alpha = MN \cdot \cos\alpha$$

即:$n' = n\cos\alpha$

应用公式(4-3-1)即可得出:

$$D' = K \cdot n' = K \cdot n \cdot \cos\alpha$$

则:

$$D = D'\cos\alpha = K \cdot n \cdot \cos^2\alpha = 100n \cdot \cos^2\alpha \qquad (4\text{-}3\text{-}5)$$

计算出两点的水平距离 D 后,可以根据测得的竖直角 α、量得的仪器高 i 以及望远镜十字丝中丝读数 l,按下式计算 A、B 两点的高差 h:

$$h = D \cdot \tan\alpha + i - l = \frac{1}{2}K \cdot n \cdot \sin2\alpha + i - l \qquad (4\text{-}3\text{-}6)$$

对于竖直角 α 来说,若 α 为仰角,即 α 为正,$D\tan\alpha\left(\text{亦即 }\frac{1}{2}K \cdot n \cdot \sin2\alpha\right)$也为正;若 α 为俯角,即 α 为负,$D\tan\alpha\left(\text{亦即 }\frac{1}{2}K \cdot n \cdot \sin2\alpha\right)$也为负。

2）视距测量的方法

（1）安置仪器于测站点上，对中、整平后，量取仪器高 i 至厘米，记入手簿。

（2）在测点上竖立视距尺，并使视距尺竖直，尺面朝向仪器。

（3）碎部测量一般只用经纬仪盘左位置进行观测即可，在观测之前首先求得经纬仪的竖盘指标差 x。然后盘左瞄准视距尺，消除视差，读取下丝读数 a、上丝读数 b 和中丝读数 l，记入手簿。

（4）转动竖盘指标水准管的微动螺旋，使竖盘指标水准管气泡居中，读取竖盘读数（若竖盘指标自动归零，则可直接读数），考虑竖盘指标差 x，求出竖直角 α。

（5）按式（4-3-5）和式（4-3-6）计算出测站点与碎部点的水平距离和高差，填入手薄。则一个点的观测与计算完成。

然后重复上述步骤，观测计算下一个点。

3）视距测量的计算

用经纬仪进行视距测量的记录与计算如表 4-1-5 所列。

视距测量观测记录与计算表 表 4-1-5

观测点	视距尺读数			中丝读数（m）	竖直角 α（° ′）	仪器高 i（m）	$i-l$（m）	高差 h（m）	测站高程（m）	测点高程（m）	水平距离 D（m）
	上丝读数	下丝读数	视距间隔								
1	0.660	2.182	1.552	1.420	+5 27	1.42	0	+14.39	21.40	35.79	150.83
2	1.377	1.627	0.250	1.502	+2 45	1.42	-0.082	+1.12	21.40	22.52	24.94
3	1.862	2.440	0.578	2.151	-1 35	1.42	-0.731	-2.33	21.40	19.07	57.76

二、任 务 实 施

地形图测绘就是在地面图根控制点上设站，架立仪器，测定周围地形特征点在图上的平面位置和高程，进而描绘出地物和地貌。

1. 测图前的准备工作

测图前应首先对测区进行全面的了解，整理出测区内所有控制点的资料，根据用图要求拟定测绘方案和测图比例尺，选择合适的仪器，并对仪器进行检验和校正，尤其是对竖盘指标差要进行经常性校正。

1）图纸准备

大比例尺地形图的图幅大小一般为 50cm × 50cm、50cm × 40cm、40cm × 40cm。为保证测图的质量，应选择优质绘图纸。对于小测区临时性的测图，可以将图纸（白纸）直接固定在图板上进行绘测。对于需要长期保存的地形图，应采用聚酯薄膜测图，聚酯薄膜图纸的厚度为 0.07 ~0.1mm，其优点是变形小、不受潮、透明度好、耐用而且可以直接在上面上墨、复印、晒图、照相制版。缺点是易折、易老化、易燃，因此在使用保管中应注意防火、防折。使用时只需要用透明胶带纸或大铁夹固定在图板上即可测图。一般临时性测图，可直接固定将图纸在图板上进行测绘；需要长期保存的地形图，为减少图纸的伸缩变形，通常将图纸裱糊在锌板、铝板或胶合板上。

2）坐标格网的绘制

为了准确地将控制点展绘在图纸上，首先要在图纸上绘制 10cm × 10cm 的直角坐标格网。

绘制坐标格网的工具很多，可用坐标仪或坐标格网尺等专用仪器工具。坐标仪是专门用于展绘控制点和绘制坐标格网的仪器；坐标格网尺是专门用于绘制格网的金属尺。它们是测图单位的一种专用设备。

如图4-1-11所示，在购置的图纸上先轻轻的绘制两条对角线，交点为 M；以交点 M 为圆心以适当长度为半径在对角线上截取等距离的 A、B、C、D 四点，然后用直线连接 A、B、C、D 各点，则得到一个矩形；再从 A、D 两点起各沿 AB、DC 方向和从 A、B 两点起各沿 AD、BC 方向每隔10cm准确地截取一点。连接对边的对应点，即可绘出坐标格网。

绘制坐标格网还可以在计算机中用AutoCAD软件编制好坐标格网图形，然后把该图形通过绘图仪绘制在图纸上。

不论采用哪种方法绘制坐标格网，都必须进行精度检查。检查时首先将直尺边沿方格的对角线放置，各方格的交点应在同一条直线上，偏离不应大于0.2mm；对角线长误差和图廓边长误差应不大于0.3mm；格网线粗细及刺孔直径不大于0.1mm。格网绘完后，除保留格网线外，把其余辅助线全部擦干净。

3）展绘控制点

经过精度检查后的坐标格网，就可以根据测区内控制网内的各控制点的坐标值，在坐标格网上展绘控制点。展绘控制点的原则是尽量把控制点展绘在图纸中间。

如图4-1-12所示，展绘控制点前，先按图的分幅位置将坐标格网线的坐标值注在相应方格网边线的外侧。展绘控制点时，先根据控制点的坐标值，确定控制点所在的方格，然后计算出控制点与对应方格网的坐标差 Δx 和 Δy，再按比例在格网的纵、横边上截取与此坐标差相等的距离，对应连接相交，相交点即为所要展现的控制点。

控制点展绘好后，用比例尺量取相邻两控制点之间的距离，它和实测距离进行比较，其允许差值在图纸上的长度不应超过±0.3mm，合格后可以进行测图。

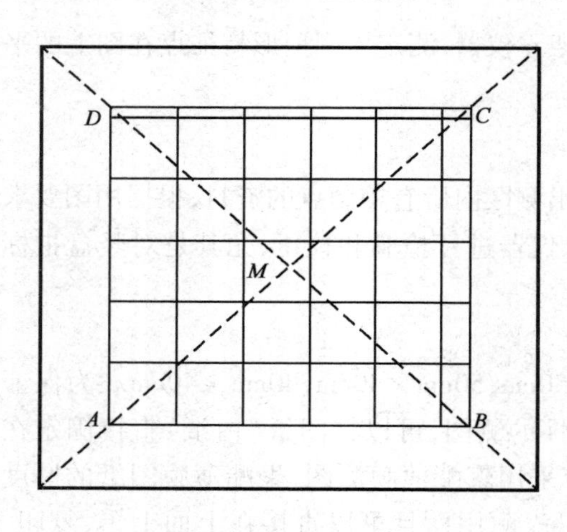

图4-1-11　坐标格网绘制方法

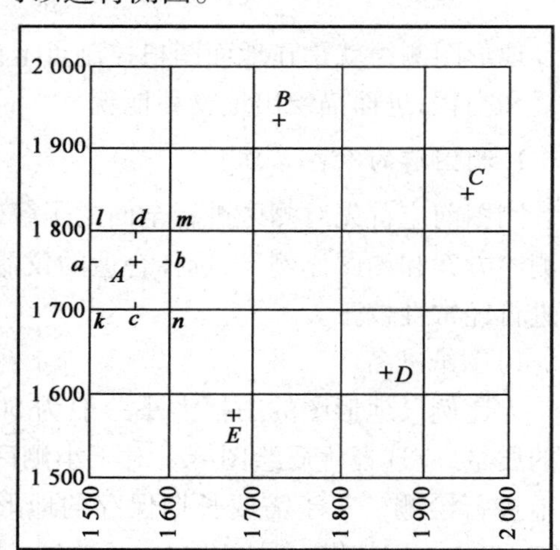

图4-1-12　控制点的展绘方法

2. 地形图的测绘方法

测绘地形图应遵循“从整体到局部”、“先控制后碎部”的原则，测绘方法有：平板仪测绘法、经纬仪测绘法、经纬仪和小平板联合测绘法、光电测距仪测绘法及全站仪野外采集数据辅助成图法等。

1）经纬仪测绘法

(1)安置仪器

在控制点 A(测站点)旁1~2m的 A' 点安置经纬仪,并量取仪器高 i(图4-1-13)。

(2)测绘 A' 点

用照准仪的直尺边紧贴 a 点,并使照准仪瞄准经纬仪垂球线,然后自 a 点用铅笔轻轻画出方向 aa';再用钢尺量取 A、A' 两点间的水平距离,根据该水平距离按测图比例尺将 A' 点的位置绘在图上,得到 a 点。

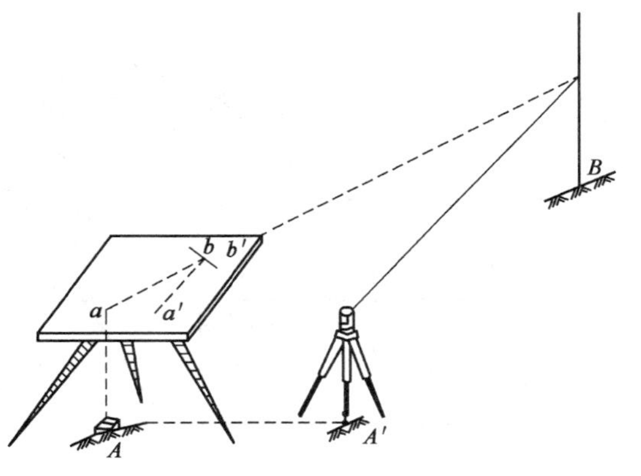

图4-1-13　经纬仪测图法

(3)展绘碎部点

首先用经纬仪瞄准碎部点 B 处的水准尺,读取下、中、上三丝读数和竖直角;然后根据下、中、上丝读数计算出 A、B 两点之间的距离以及 A、B 两点间的高差。再用照准仪紧贴 a 点,瞄准碎部点 B,画出方向线 ab';用圆规或卡规以 a 点为圆心,以测图比例尺量取的 A、B 两点间的水平距离为半径画弧,与方向线 ab' 相交得 b 点,该点即为碎部点 B 在图纸上的位置,然后在 b 点右侧注记该点的高程。同法可以测绘出其他碎部点在图纸上的位置。最后根据这些点的相互关系连出轮廓线和地性线,进而绘出地物或地貌。

3.地形图的绘制

1)地物的绘制

描绘的地形图要按图式规定的符号表示地物。依比例描绘的房屋,轮廓要用直线连接,道路、河流的弯曲部分要逐点连成光滑的曲线。不依比例描绘的地物,需按规定的非比例符号表示。

2)等高线勾绘

由于等高线表示的地面高程均为等高距 h 的整倍数,因而需要在两碎部点之间内插以 h 为间隔的等高点。内插是在同坡段上进行。下面介绍两种常见方法:

(1)目估法

在实际工作中,等高线的勾绘是根据高差与平距成正比,按照相似三角形的原理结合实际地形用目估法内插等高线通过的位置,其原则是"取头定尾,中间等分"。即先确定两头等高线通过的位置,再等分中间等高线通过的位置。如目估不合理,可重新调整。此法简单、迅速,特别适合野外作业,但需反复练习方能熟练掌握。

按照上述方法将各地性线上的通过点全部确定后(图4-1-14),即可描绘等高线。图4-1-15就是根据特征点高程,用目估法求得等高线通过点后所勾绘的等高线。

(2)图解法

绘一张等间隔若干条平行线的透明纸,蒙在勾绘等高线的图上,转动透明纸,使 a、b 两点分别位于平行线间的0.9和0.5的位置上,如图4-1-16所示,则直线 ab 和五条平行线的交点,便是高程为44m、45m、46m、47m及48m的等高线位置。

4.地形图的拼接,整饰和检查

在大区域内测图,地形图是分幅测绘的。为了保证相邻图幅的互相拼接,每一幅图的四边,要测出图廓外5mm。测完图后,还需要对图幅进行拼接,检查与整饰,方能获得符合要求的地形图。

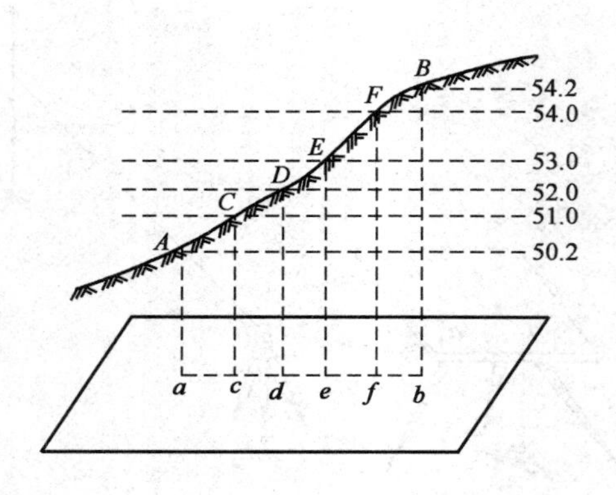

图 4-1-14　确定等高线通过点

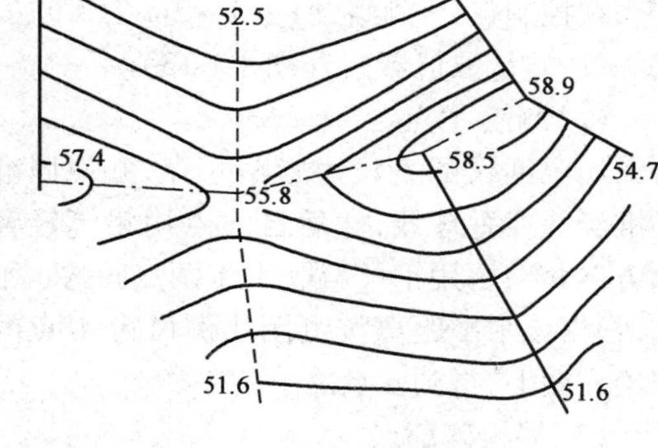

图 4-1-15　等高线的勾绘

1)地形图的检查

(1)室内检查

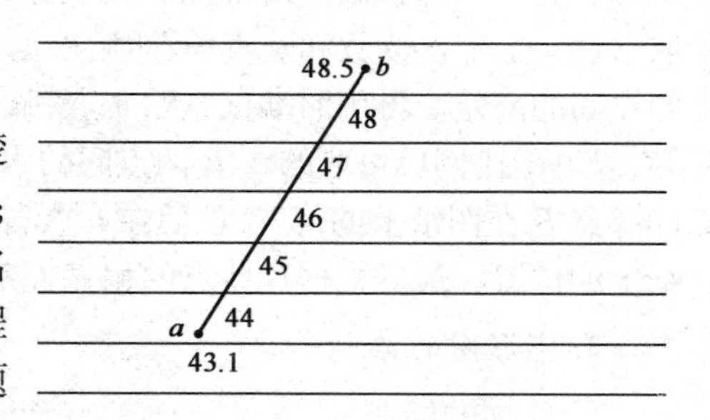

图 4-1-16　图解法内插等高线

主要检查观测和计算手簿的记载是否齐全、清楚和正确;计算过程有无错误;各项限差是否符合规定;图上地物、地貌是否真实、清晰,各种符号的运用、名称注记等是否符合规定;等高线与地貌特征点的高程有无矛盾或可疑的地方;相邻图幅的接边有无问题等。如发现错误或疑点,应到野外进行实地检查后再确定是否修改。

(2)外业检查

首先进行巡视检查,它根据室内检查的重点,按预定的巡视路线,进行实地对照查看。主要查看原图的地物、地貌有无遗漏;勾绘的等高线是否符合实际情况,符号、注记是否正确等。

(3)设站检查

除对在室内检查和巡视检查过程中发现的重点错误和遗漏进行补测和更正外,对一些怀疑点,地物、地貌复杂地区,图幅的四角或中心地区,也需抽样设站检查,一般为10%左右。

2)地形图的拼接

每幅图施测完,并进行检查后,需要对原图进行拼接。在相邻图幅的连接处,由于测量误差的影响,无论是地物或地貌,往往都会出现接边差。如相邻图幅地物和等高线的偏差,不超过规定的$2\sqrt{2}$倍时,两幅图才可以进行拼接;通常用宽5~6cm的透明纸蒙在左图幅的接图边上,用铅笔把坐标格网线、地物、地貌描绘在透明纸上,然后再把透明纸按坐标格网线位置蒙在右图幅衔接边上,同样用铅笔描绘地物、地貌。若接边差在限差内,则在透明纸上用彩色笔平均配赋,并将纠正后的地物地貌分别刺在相邻图边上,以此修正图内的地物、地貌(图4-1-17)。

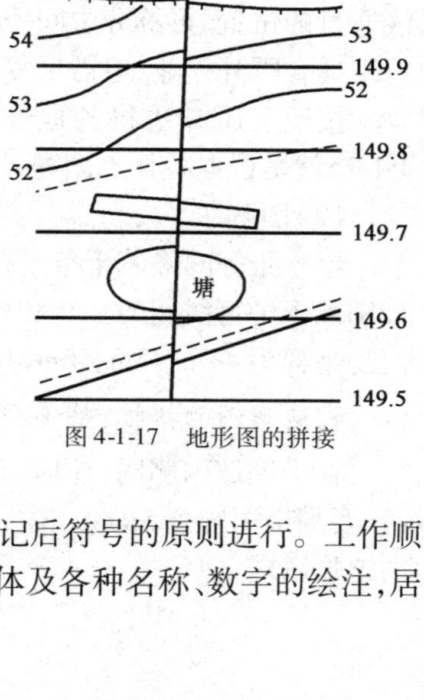

150
54
53
149.9
53
52
149.8
52
149.7
塘
149.6
149.5

图 4-1-17　地形图的拼接

3)地形图的整饰

当原图经过拼接和检查后,要进行清绘和整饰,使图面更加合理,清晰,美观。整饰应遵循先图内后图外,先地物后地貌,先注记后符号的原则进行。工作顺序为:内图廓、坐标格网,控制点、地形点符号及高程注记,独立物体及各种名称、数字的绘注,居民地等建筑物，各种线路、水系等，植被与地类界，等高线及各种地貌符号等。图外的整饰包括外图廓线、坐标网、经纬度、接图表、图名、图号、比例尺，坐标系统及高程系统、施测单位、测绘者及施测日期等。图上地物以及等高线的线条粗细、注记字体大小均按规定的图式进行绘制。

具体做法是擦去多余的线条，如坐标格网线，只保留交点处纵横 1.0cm 的“+”字；靠近内图廓保留 0.5cm 的短线，擦去用实线和虚线表示的地性线，擦去多余的碎部点，只保留制高点、河岸重要的转折点、道路交叉点等重要的碎部点。

现代测绘部门大多已采用计算机绘图工序，经外业测绘的地形图，只需用铅笔完成清绘，然后用扫描仪使地图矢量化，便可通过 AutoCAD 等绘图软件进行地形图的机助绘制。

5.全站仪数字化测图

利用全站仪能同时测定距离、角度、高差，提供待测点三维坐标，将仪器野外采集的数据，结合计算机、绘图仪以及相应软件，就可以实现自动化测图。

1)全站仪测图模式

结合不同的电子设备，全站仪数字化测图主要有如图 4-1-18 三种模式。

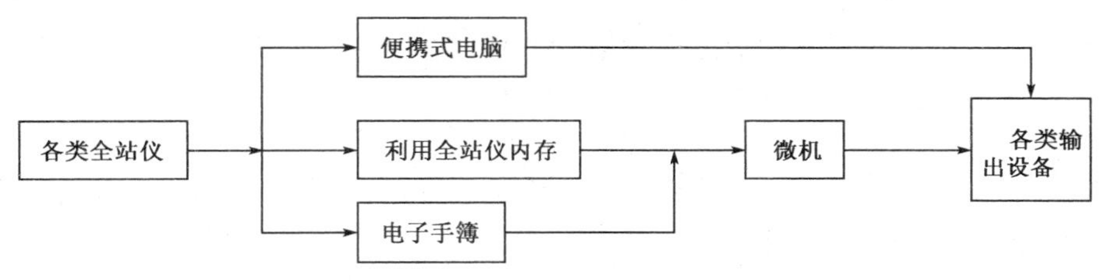

图 4-1-18　全站仪数字化测图模式

(1)全站仪结合电子平板模式

该模式是以便携式电脑作为电子平板，通过通信线直接与全站仪通信、记录数据，实时成图。因此，它具有图形直观、准确性强、操作简单等优点，即使在地形复杂地区，也可现场测绘成图，避免野外绘制草图。目前这种模式的开发与研究相对比较完善，由于便携式电脑性能和测绘人员综合素质不断提高，因此它符合今后的发展趋势。

(2)直接利用全站仪内存模式

该模式使用全站仪内存或自带记忆卡，把野外测得的数据，通过一定的编码方式，直接记录，同时野外现场绘制复杂地形草图，供室内成图时参考对照。因此，它操作过程简单，无需附带其他电子设备；对野外观测数据直接存储，纠错能力强，可进行内业纠错处理。随着全站仪存储能力的不断增强，此方法进行小面积地形测量时，具有一定的灵活性。

(3)全站仪加电子手簿或高性能掌上电脑模式

该模式通过通信线将全站仪与电子手簿或掌上电脑相联，把测量数据记录在电子手簿或便携式电脑上，同时可以进行一些简单的属性操作，并绘制现场草图。内业时把数据传输到计算机中，进行成图处理。它携带方便，掌上电脑采用图形界面交互系统，可以对测量数据进行简单的编辑，减少了内业工作量。随着掌上电脑处理能力的不断增强，科技人员正进行针对于全站仪的掌上电脑二次开发工作，此方法会在实践中进一步完善。

2)全站仪数字测图过程

全站仪数字化测图，主要分为准备工作、数据获取、数据输入、数据处理、数据输出等五个阶段。在准备工作阶段，包括资料准备、控制测量、测图准备等，与传统地形测图一样，在此不再赘述，现以实际生产中普遍采用的全站仪加电子手簿测图模式为例，从数据采集到成图输出介绍全站仪数字化测图的基本过程。

(1)野外碎部点采集

一般用“解算法”进行碎部点测量采集,用电子手簿记录三维坐标(x,y,H)及其绘图信息。既要记录测站参数、距离、水平角和竖直角的碎部点位置信息,还要记录编码、点号、连接点和连接线型四种信息,在采集碎部点时要及时绘制观测草图。

(2)数据传输

用数据通信线连接电子手簿和计算机,把野外观测数据传输到计算机中,每次观测的数据要及时传输,避免数据丢失。

(3)数据处理

数据处理包括数据转换和数据计算。数据处理是对野外采集的数据进行预处理,检查可能出现的各种错误;把野外采集到的数据编码,使测量数据转化成绘图系统所需的编码格式。数据计算是针对地貌关系的,当测量数据输入计算机后,生成平面图形、建立图形文件、绘制等高线。

(4)图形处理与成图输出

编辑、整理经数据处理后所生成的图形数据文件,对照外业草图,修改整饰新生成的地形图,补测重测存在漏测或测错的地方。然后加注高程、注记等,进行图幅整饰,最后成图输出。

3)数据编码

野外数据采集,仅测定碎部点的位置并不能满足计算机自动成图的需要,必须将所测地物点的连接关系和地物类别(或地物属性)等绘图信息记录下来,并按一定的编码格式记录数据。编码按照 GB/T 14804—93《1:500、1:1 000、1:2 000 地形图要素分类与代码》进行,地形信息的编码由 4 部分组成;大类码、小类码、一级代码、二级代码,分别用 1 位十进制数字顺序排列。第一大类码是测量控制点,又分平面控制点、高程控制点、GPS 点和其他控制点四个小类码,编码分别为 11、12、13 和 14。小类码又分若干一级代码,一级代码又分若干二级代码。如小三角点是第 3 个一级代码,5 秒小三角点是第 1 个二级代码,则小三角点的编码是 113,5 秒小三角点的编码是 1132。

野外观测,除要记录测站参数、距离、水平角和竖直角等观测量外,还要记录地物点连接关系信息编码。现以一条小路为例(图 4-1-19),说明野外记录的方法。记录格式见表 4-1-6,表中连接点是与观测点相连接的点号,连接线型是测点与连接点之间的连线形式,有直线、曲线、圆弧和独立点四种形式,分别用 1、2、3 和空为代码,小路的编码为 443,点号同时也代表测量碎部点的顺序,表中略去了观测值。

野外数据采集记录 表 4-1-6

单元	点号	编号	连接点	连接线性
第一单元	1	443	1	
	2	443		2
	3	443		
	4	443		
第二单元	5	443	5	
	6	443		-2
	7	443	-4	
第三单元	8	443	5	1

目前开发的测图软件一般是根据自身特点的需要、作业习惯、仪器设备和数据处理方法制定自己的编码规则。利用全站仪进行野外测设时，编码一般由地物代码和连接关系的简单符号组成。如代码 F0、F1、F2 分别表示特种房、普通房、简单房（F 字为“房”的第一拼音字母，以下类同），H1、H2 表示第一条河流、第二条河流的点位。

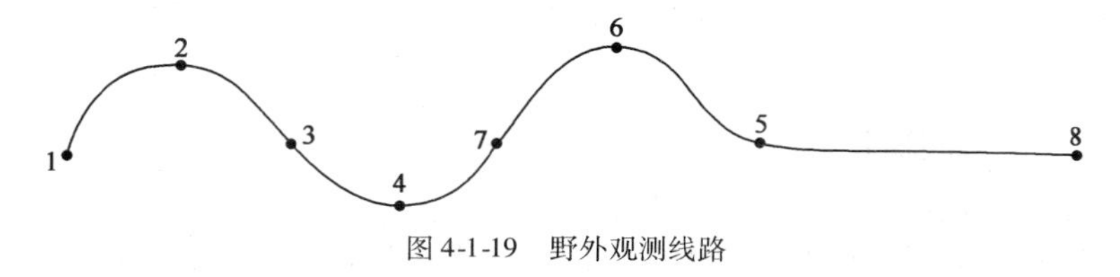

图 4-1-19 野外观测线路

工作任务二 地形图的应用

学习目标

1. 描述地形图上的符号表示的意义与作用；
2. 知道如何从地形图上读取信息；
3. 掌握基本的地形图的应用；
4. 能够正确地阅读和应用地形图解决工程建设中的各种问题。

任务描述

地形图的应用任务就是能在地形图上读取相关的信息，如点的平面坐标；直线的距离、方向和坡度等；并能根据这些基本信息绘制断面图、确定汇水面积、利用地形图实地定向等；最终能够正确地阅读和应用地形图解决工程建设中的各种问题。

学习引导

本学习任务沿着以下脉络进行学习：

相关理论知识的学习 → 确定点的平面坐标 → 确定直线的距离、方向和坡度 → 绘制断面图 → 确定汇水面积 → 利用地形图实地定向 → 上交全部测量成果资料

一、相关知识

地形图是地形测量的最终成果，它记载了丰富的地表信息，能全面、客观地反映地面情况，是工程建设、规划设计不可缺少的重要资料。因此，能够正确地阅读和应用地形图解决工程建设中的各种问题，是公路与桥梁专业工程技术人员必备的基本技能。

1. 确定点的平面坐标

如图 4-2-1 所示，欲求图上 A 点的坐标，可先从该图幅的图廓坐标格网中读出，该图始点坐标为：$x_0 = 5\,000\text{m}$，$y_0 = 1\,000\text{m}$。首先找出 A 点所在的小方格，读出 A 点所在方格的左下坐标为 $x_0' = 5\,200\text{m}$，$y_0' = 1\,200\text{m}$，然后通过 A 点在地形图的坐标格网上作平行于坐标格网的平行线 ab、cd，再量取 aA 和 cA 的长度，则 A 点的平面坐标为：

$$\begin{aligned} x_A &= x_0' + cA \cdot M \\ y_A &= y_0' + aA \cdot M \end{aligned} \tag{4-2-1}$$

式中：M——比例尺分母。

由于图纸的伸缩，以及在图上量测长度时存在一定的误差，为了提高坐标量算的精度，则 A 的坐标应按下式计算：

$$x_A = x_0' + \frac{l}{cd} cA \cdot M$$

$$y_A = y_0' + \frac{l}{ab} aA \cdot M \tag{4-2-2}$$

式中：　　l——坐标格网边长；

ab、cd、aA、cA——图上量取的长度，cm，精确至0.1mm。

一般认为，图解精度为图上0.1cm，所以图解坐标精度不会高于0.1M（单位为毫米）

例如：在图4-2-1中，根据比例尺量出 $aA = 80.4$m，$cA = 135.2$m，$ab = 200.2$m，$cd = 200.4$m，已知坐标格网边长名义长度 $l = 200$m，根据公式（4-2-2），可得 A 点的坐标：

$$x_A = 5\,200 + \frac{200}{200.4} \times 135.2 = 5\,334.9\text{m}$$

$$y_A = 1\,200 + \frac{200}{200.2} \times 80.4 = 1\,280.3\text{m}$$

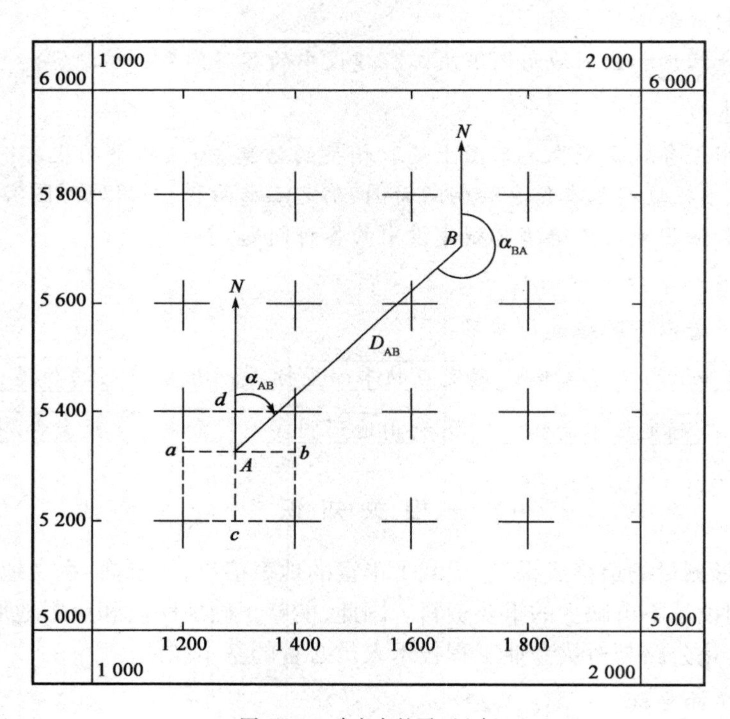

图4-2-1　确定点的平面坐标

2. 确定直线的距离、方向、坡度

如图4-2-1所示，欲求 A、B 两点的距离，先用式（4-2-2）求出 A、B 两点的坐标，则 A、B 两点的距离为：

$$D_{AB} = \sqrt{(x_B - x_A)^2 + (y_B - y_A)^2} \tag{4-2-3}$$

A、B 直线的坡度为：

$$i = \frac{H_B - H_A}{D_{AB}} \tag{4-2-4}$$

A、B 直线的坐标方位角为：

$$\alpha_{AB} = \arctan\left(\frac{y_B - y_A}{x_B - x_A}\right) \tag{4-2-5}$$

3. 在图上确定等坡度线

在山区或丘陵地区进行线路、管线等工程的设计时，为了减小工程量，往往需要考虑路线纵坡的限制，这就要求在不超过某一坡度 i 的前提下选择一条最短的线路，如图 4-2-2 所示，地形图的比例尺为 1∶500，等高距 $h = 1\text{m}$，要求从 C 点到 D 点选定一条路线，限定坡度为 4%。具体做法如下：

(1) 求坡度不超过 4% 时，路线通过相邻等高线的最短距离 d 为：

$$d = \frac{h}{i \cdot M} = 1 \div (0.04 \times 500) = 0.05\text{m}$$

(2) 用两脚规截取长度 d，以 C 点为圆心，d 为半径作圆弧，交 49m 等高线于 1 点；再以 1 点为圆心、以 d 为半径作圆弧，交 50m 等高线于 2 点；依此进行，直至 D 点。连接各相邻点，便得到坡度为 4% 的路线。用同样的方法可以在图上确定多个路线，在设计中应通过技术、经济比较，选定一条最佳路线方案。当相邻等高线间平距大于 d 时，则说明地面坡度小于规定坡度，路线走向可按地形实际情况和设计要求确定。

4. 根据地形图绘制断面图

在进行道路等工程设计时，为了合理地设计线路的填挖土石方，或是为了考虑线路的竖曲线是否合理等问题，就需要对线路上地面的高低起伏情况有所了解，因此需要绘制断面图，如图 4-2-3 所示，根据 AB 与各等高线的交点的高程和平距绘制纵断面图。具体做法是：

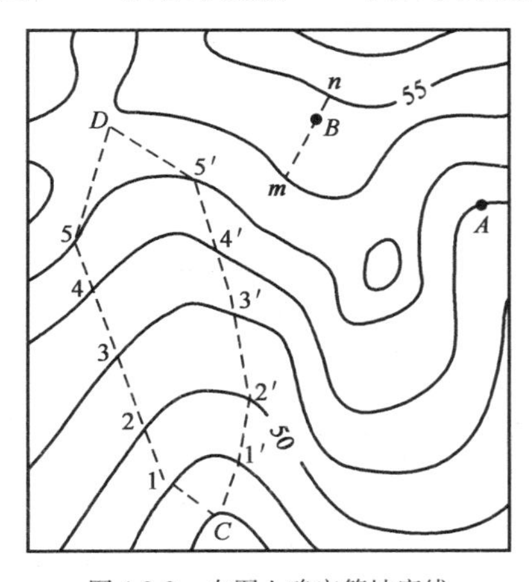

图 4-2-2　在图上确定等坡度线

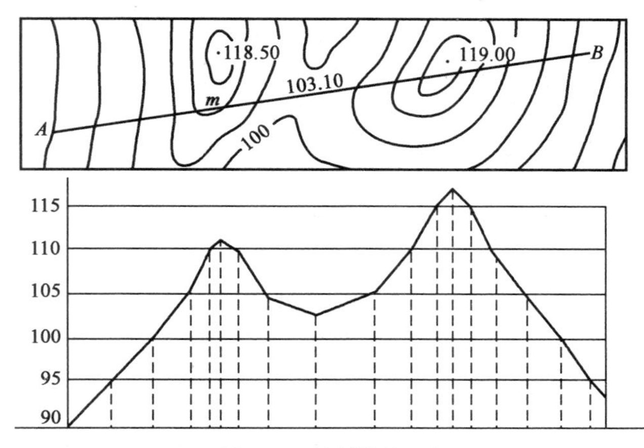

图 4-2-3　绘制纵断面图

(1) 在毫米方格纸上绘出两条互相垂直的轴线，以横轴表示水平距离，以纵轴表示高程，并在纵坐标轴上注记高程。为了能明显地反映出地面的起伏状况，高程比例尺要比水平距离比例尺大 10 ~ 20 倍。

(2) 连接 A、B 直线与各等高线相交，量取 A 点至各交点的距离，转绘到横坐标轴上，定出各点在横坐标轴上的位置。

(3) 自横坐标轴上的各点作垂线，并以相应的高程定各交点在断面上的位置。

(4)用光滑曲线连接各相邻点,即得 AB 方向的断面图。

5. 确定汇水面积

图 4-2-4　在图上确定汇水面积

在公路、桥梁、涵洞设计时,必须通过计算河流或沟谷的水流量来确定桥涵孔径的大小。而水流量的大小是通过汇水面积来计算的,汇水面积是指地面上某一区域内的雨水汇集于河谷并流经某一指定断面的面积,它是通过一系列分水线的界线而求得。如图 4-2-4 所示,沿山脊线通过鞍部用虚线连起来,即得到通过桥涵 A 的汇水范围。

6. 利用地形图实地定向

已知站立点及周围某个明显目标在图上的位置,或站立点正好位于某直线形地物(如道路、河岸边)上时,可将地形图放平,用三棱尺与图上的站立点和目标点的连线相切,转动图纸,通过三棱尺瞄准实地目标即可。

在实际工作中,有时只需将地形图方向大致摆正作概略定向,可将两手握住图的东西边,使地形图北边朝前,转动身体面向北方;或选择某一明显目标,转动图纸,使图上目标与实地相应点大致对准即完成概略定向。

二、任 务 实 施

1. 资料准备与仪器检校

1)资料的准备

学生准备好实习过程中所需要的资料(上一任务所完成的地形图)和用具(H 或 2H 铅笔、记录手簿等)。

2)仪器的准备

铅笔、尺子、计算器、绘图板等。

2. 确定点的平面坐标

老师于地形图上任意指定 5、6 个点,各组内的同学们按所学方法,计算每个点的坐标,并标记于图纸上。

3. 确定直线的距离、方向、坡度

老师于地形图上任意指定 1、2 条直线,各组同学分别计算直线的距离、方向和坡度。

4. 绘制断面图

各组分别绘制老师指定的直线所处位置的断面图。

5. 确定汇水面积

老师指定地形图上某一区域,各组分别计算汇水面积。

学习情境五　地面点的测设

工作任务一　地面点的测设

学习目标

1. 描述已知坐标的放样方法；
2. 描述已知高程的放样方法；
3. 会利用全站仪进行坐标放样；
4. 会利用水准仪进行高程放样。

任务描述

地面点的测设任务是根据已布设好的控制点的坐标和待测设点的坐标，反算出测设数据，再利用上述测设方法标定出设计点位，根据所用的仪器设备、控制点的分布情况、测设场地地形条件及测设点精度要求等条件进行测设。同学们根据教师课堂上和现场的讲解，能根据地形图或给定坐标，在实习场地完成点的测设。

学习引导

本学习任务沿着以下脉络进行学习：

相关理论知识的学习 → 点的测设方法 → 视距测量的方法 → 水准仪高程放样 → 全站仪坐标放样

一、相关知识

1. 地面点的测设的目的和意义

点的平面位置测设是根据已布设好的控制点的坐标和待测设点的坐标，反算出测设数据，即控制点和待测设点之间的水平距离和水平角，再利用上述测设方法标定出设计点位。根据所用的仪器设备、控制点的分布情况、测设场地地形条件及测设点精度要求等条件进行测设工作。

地面点的测设方法有：直角坐标法、极坐标法、角度交会法、距离交会法。

2. 施工放样的概念

把设计图纸上工程建筑物的平面位置和高程，用一定的测量仪器和方法测设到实地上去的测量工作称为施工放样（也称施工放线）。测图工作是利用控制点测定地面上地形特征点，缩绘到图上。施工放样则与此相反，是根据建筑物的设计尺寸，找出建筑物各部分特征点与控制点之间位置的几何关系，算得距离、角度、高程等放样数据，然后利用控制点，在实地上定出建筑物的特征点，据以施工。

二、任 务 实 施

1. 点的测设方法

1）直角坐标法

直角坐标法是建立在直角坐标原理基础上测设点位的一种方法。当建筑场地已建立有相互垂直的主轴线或筑方格网时，一般采用此法。

如图 5-1-1 所示，A、B、C、D 为建筑方格网或建筑基线控制点，1、2、3、4 点为待测设建筑物轴线的交点，建筑方格网或建筑基线分别平行或垂直待测设建筑物的轴线。根据控制点的坐标和待测设点的坐标可以计算出两者之间的坐标增量。下面以测设 1、2 点为例，说明测设方法。首先计算出 A 点与 1、2 点之间的坐标增量，即

$$\Delta x_{A1} = x_1 - x_A, \Delta y_{A1} = y_1 - y_A$$

测设 1、2 点平面位置时，在 A 点安置经纬仪，照准 C 点，沿此视线方向从 A 沿 C 方向测设水平距离 Δy_{A1} 定出 1′点。再安置经纬仪于 1′点，盘左照准 C 点（或 A 点），转 90°给出视线方向，沿此方向分别测设出水平距离 Δx_{A1} 和 Δx_{12} 定 1、2 两点。同法以盘右位置定出再定出 1、2 两点，取 1、2 两点盘左和盘右的中点即为所求点位置。

采用同样的方法可以测设 3、4 点的位置。

检查时，可以在已测设的点上架设经纬仪，检测各个角度是否符合设计要求，并丈量各条边长。如果待测设点位的精度要求较高，可以利用精确方法测设水平距离和水平角。

2）极坐标法

极坐标法是大比例尺地形测图中最基本的方法，它通过测定测站和特征点之间的距离和方向来确定特征点在图上的位置。

如图 5-1-2 所示，A、B 为地面上的控制点，图上相应点位为 1、2、3 为特征点。在 A 点安置仪器，在特征点 1 上立标尺，测出 A-1 方向与 AB 方向间的水平角 β_1 和 A-1 的水平距离 D_1，并按比例换算成图上距离 d_1，在图上根据 β_1 定出 A-1 方向，在此方向线上截取 d_1 长度，即可定出特征点 1 的图上位置。同法可定出 2、3 点。

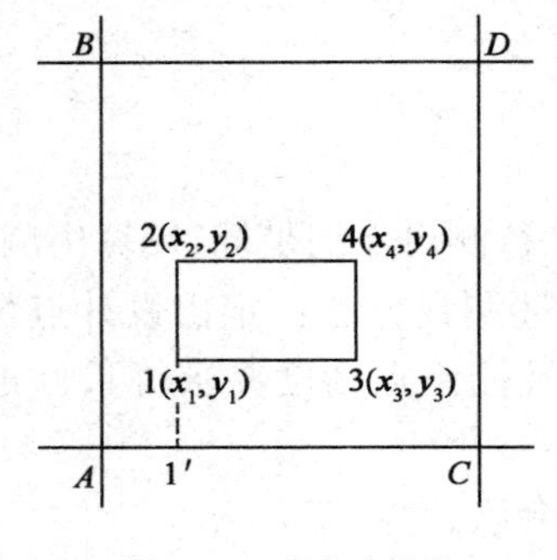

图 5-1-1　直角坐标法

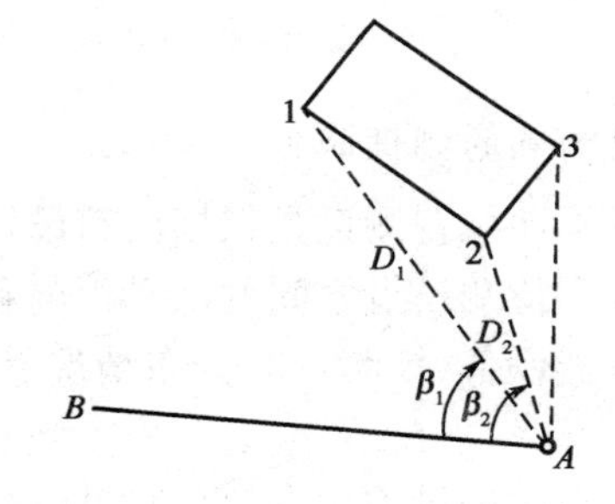

图 5-1-2　极坐标法

3）角度交会法

角度交会法是在 2 个控制点上分别安置经纬仪，根据相应的水平角测设出相应的方向，根据两个方向交会定出点位的一种方法。此法适用于测设点离控制点较远或量距有困难的情况。

如图 5-1-3 所示，根据控制点 A、B 和测设点 1、2 的坐标，反算测设数据 β_{A1}、β_{A2}、β_{B1} 和 β_{B2}

角值。将经纬仪安置在 A 点，瞄准 B 点，利用 β_{A1}、β_{A2} 角值按照盘左盘右分中法，定出 A-1、A-2 方向线，并在其方向线上的 1、2 两点附近分别打上两个木桩（俗称骑马桩），桩上钉小钉以表示此方向，并用细线拉紧。

然后，在 B 点安置经纬仪，同法定出 B-1、B-2 方向线。根据 A-1 和 B-1、A-2 和 B-2 方向线可以分别交出 1、2 两点，即为所求待测设点的位置。

当然，也可以利用两台经纬仪分别在 A、B 两个控制点同时设站，测设出方向线后标定出 1、2 两点。检核时，可以采用丈量实地 1、2 两点之间的水平边长，并与 1、2 两点设计坐标反算出的水平边长进行比较。

4）距离交会法

如图 5-1-4 所示，图中 P、Q 为已测绘好的地物点，1、2 为待测点。先用皮尺量出 P-1、Q-1 的水平距离，按比例换算为图上长度 d_1、d_2，然后在图上分别以 P、Q 为圆心，以 d_1、d_2 为半径画弧，两弧的交点即为所求的 1 点。同法可求得 2 点。只用两个距离交会出一个点缺少检核，为避免错误，应再丈量一些距离，如以 1-2 的边长与图上距离比较作检核。由于测定的点受圆心点和长度的精度影响，故交会层次不宜多。

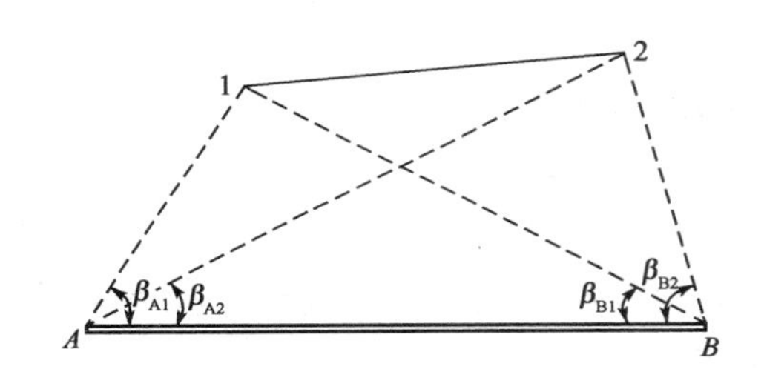

图 5-1-3　角度交会法

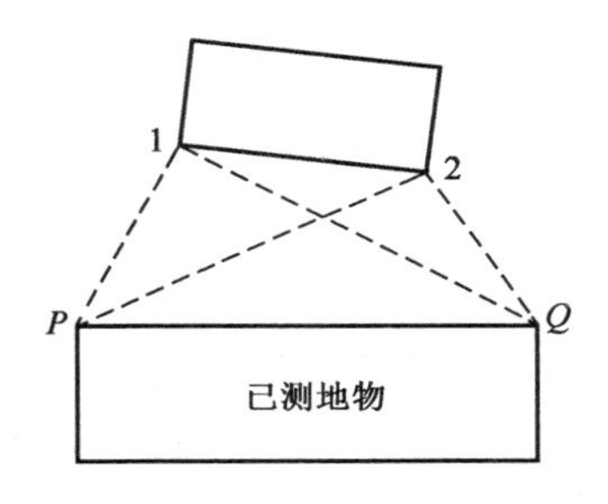

图 5-1-4　距离交会法

2. 水准仪进行高程放样

高程放样时，首先需要在测区内布设一定密度的水准点，作为放样的起算点，然后根据设计高程在实地表定出放样点的高程位置。高程位置的标定措施可根据工程要求及现场条件确定，土石方工程一般用木桩标定放样高程的位置，可在木桩侧面划水平线或标定在桩顶上；混凝土及砌筑工程一般用红漆作记号标定在他们的面壁或模板上。

1）一般的高程放样

如图 5-1-5 所示，已知高程点 A，其高程为 H_A，需要在 B 点标定出已知高程为 H_B 的位置。方法是：在 A 点和 B 点中间安置水准仪，精平后读取 A 点的标尺读数为 a，则仪器的视线高程为 $H_i = H_A + a$，由图可知测设已知高程为 H_B 的 B 点标尺读数应为：

$$b = H_i - H_B$$

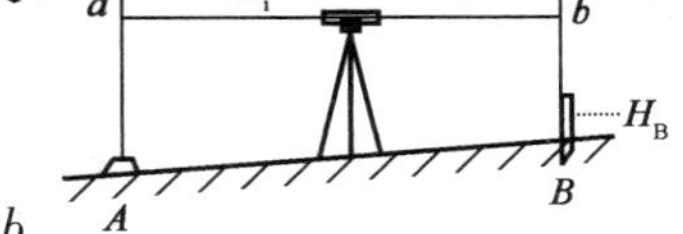

图 5-1-5　水准仪高程放样

将水准尺紧靠 B 点木桩的侧面上下移动，直到尺上读数为 b 时，沿尺底画一横线，此线即为设计高程 H_B 的位置。测设时应始终保持水准管气泡居中。

2）斜坡的高程放样

在土方工程施工中，常遇到斜坡的放样工作。这时，首先应根据设计坡度 i 和放样点至已知高程的点之间的距离，计算出放样点的高程 H。若要放样 C、D、B 三点，则先求 B 点的高程，

$H_B = H_A - iS_{AB}$，利用前述方法放样出 B 点。当坡度 i 较小时，可在 A 点安置水准仪，量取仪器高 m，用望远镜瞄准 B 尺上的读数 m，则望远镜的视准轴即为坡度线的平行线。在 C、D 点上安置水准尺，同样使仪器视准线上的读数为 m，则水准尺的零点即为该点的放样高程。当坡度 i 较大时，则 h_{AB} 较大。这时，可利用在 A 点安置的经纬仪，照准 B 点处的水准尺，使尺上的读数为 m，求得坡度线的平行线。同法在 C、D 点上安置水准尺，放样出 C、D 点。

3）深基坑的高程放样

当基坑开挖较深时，基底设计高程与基坑边已知水准点的高程相差较大并超出水准尺的工作长度时，可采用水准仪配合悬挂钢尺的方法向下传递高程。如图 5-1-6 所示，A 点为已知水准点，其高程为 H_A，要在 B 点定出高程为 H_B 的位置，在基坑边用支架悬挂钢尺，钢尺零端朝下并悬挂 10kg 重物，放样时最好用两台水准仪同时观测，具体方法如下：

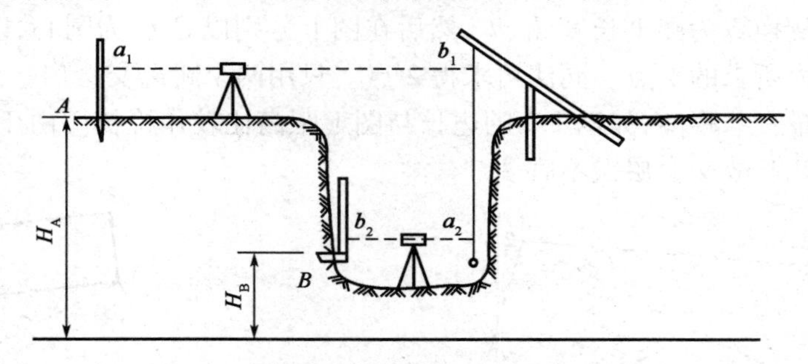

图 5-1-6　深基坑的高程放样

在 A 点立水准尺，基坑顶的水准仪后视 A 尺并读数 a_1，前视钢尺读数 b，基坑底的水准尺后视钢尺读数 a_2，然后计算 B 处水准尺应有的前视读数：

$$b_2 = H_A + a_1 - (b_1 - a_2) - H_B$$

上下移动 B 处的水准尺，直到水准仪在尺上的读数恰好为 b_2 时标定点位。为了控制基坑开挖深度，一般需要在基坑四周定出若干个高程均为 H_B 的点。如果 H_B 比基地设计高程高出一个定值 ΔH，施工人员就可用长度为 ΔH 的木条方便地检查基地标高是否达到了设计值，在基础砌筑时还可用于控制基础顶面标高。

4）高墩台的高程放样

当桥梁墩台高出地面较多时，放样高程位置往往高于水准仪的视线高，这时可采用钢尺直接量取垂距或"倒尺"的方法。

如图 5-1-7 所示，A 为已知点，其高程为 H_A，要在 B 点墩身或墩身模板上定出高程为 H_B 的点。放样点的高程 H_B 高于仪器视线高程，先在基础顶面或墩身（模板）适合位置选择一点，用水准测量的方法测定其高程值，然后以该点作为起算点，用悬挂钢尺直接量取垂距来标定放样点的高程位置。

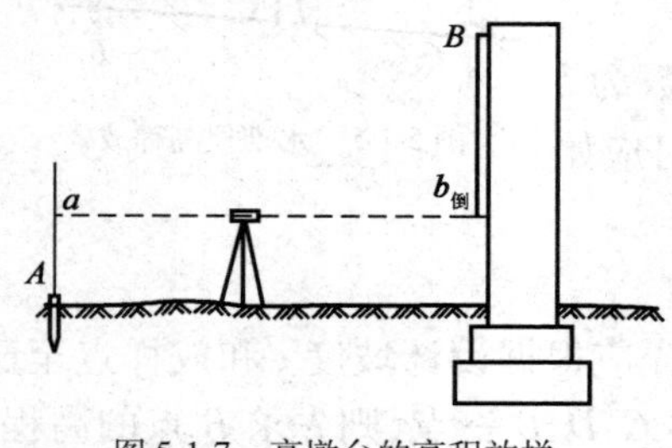

图 5-1-7　高墩台的高程放样

当 B 处放样点高程 H_B 的位置高于水准仪视线高，但不超出水准尺工作长度时，可用到此法放样。在已知高程点 A 与墩身之间安置水准仪，在 A 点立水准尺，后视 A 尺并读数 a，在 B 处靠墩身倒立水准尺，放样点高程 H_B 对应的水准尺读数为 $b_{倒}$ 为：

$$b_{倒} = H_B - (H_A + a)$$

靠 B 点墩身竖立水准尺，上下移动水准尺，当水准仪在

尺上的读数恰好为 $b_{倒}$ 时，沿水准尺尺底（零端）划一横线即为高程为 H_B 的位置。

3. 全站仪进行坐标放样

全站仪不仅具有测设高精度、速度快的特点，而且可以直接测设点的位置。同时，在施工放样中受天气和地形条件的影响较小，从而在生产实践中得到了广泛应用。

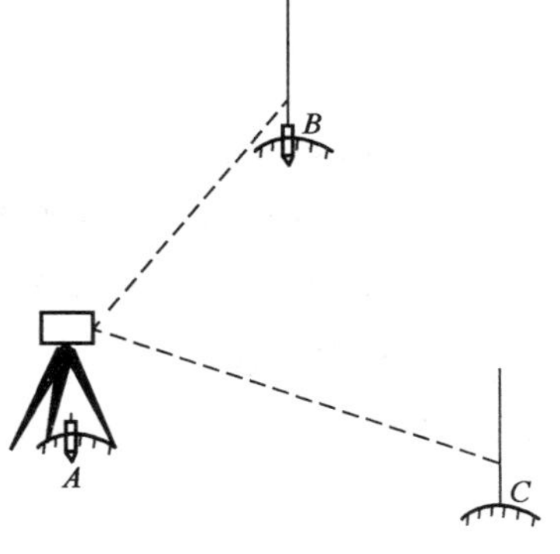

图 5-1-8　坐标放样原理

如图 5-1-8 所示，已知 A、B、C 三点坐标为(X_A, Y_A)、(X_B, Y_B)、(X_C, Y_C)，其中 A、B 两点在地面上的位置已确定，要求在实地确定 C 点的地面位置。

设 A 点为测站点，B 点为后视点，C 点为放样点。安置全站仪于 A 点，后视 B 点。

首先计算 AB 直线的坐标方位角 α_{AB}：

$$\alpha_{AB} = \arctan\frac{|Y_B - Y_A|}{|X_B - X_A|} \tag{5-1-1}$$

则：

$$\Delta Y = Y_B - Y_A, \Delta X = X_B - X_A$$

$$\Delta X > 0, \Delta Y > 0 \quad \alpha_{AB} = \alpha$$

$$\Delta X > 0, \Delta Y < 0 \quad \alpha_{AB} = 360° - \alpha$$

$$\Delta X < 0, \Delta Y < 0 \quad \alpha_{AB} = 180° + \alpha$$

$$\Delta X < 0, \Delta Y > 0 \quad \alpha_{AB} = 180° - \alpha$$

同理可计算 AC 直线坐标方位角 α_{AC}：

则：

$$\angle BAC = \alpha_{AC} - \alpha_{AB} \tag{5-1-2}$$

$$D_{AC} = \sqrt{\Delta Y_{AC}^2 + \Delta X_{AC}^2} \tag{5-1-3}$$

在全站仪里输入后视方向 AB 的坐标方位角和放样点 C 的坐标后，仪器自动计算并显示放样的角度 $\angle BAC$ 和放样的距离 D_{AC}、高差 h_{AC}。

1）全站仪坐标放样前的基本设置

（1）测量模式的选择和棱镜常数的设置；

（2）仪器高和目标高的输入；

（3）测站点坐标和高程的输入；

（4）已知测站点至定向点坐标方位角的设置，或者输入定向点的坐标；

（5）大气改正数的输入。

2）坐标放样基本操作步骤

（1）安置仪器于测站点 A，进行对中、整平等基本操作；

（2）对仪器进行基本设置，包括棱镜参数、仪器高、棱镜高、角度单位、距离单位、显示格式；

（3）使仪器置于测设模式，然后输入控制点和测设点的坐标；

（4）一人持反光棱镜立在待测设点附近，用望远镜照准棱镜，按坐标测设功能键，全站仪显示出棱镜位置与测设点的坐标差；

（5）根据坐标差值，移动棱镜位置，直到坐标差值等于零，此时，棱镜位置即为测设点的点位。

为了能够发现错误，每个测设点位置确定后，可以再测定其坐标作为检核。

工作任务二　GPS RTK 放样平面点位

学习目标

1. 描述 GPS RTK 放样平面点位的方法；
2. 会使用 GPS RTK 放样平面点位。

任务描述

GPS RTK 放样点位任务是根据教师课堂上和现场的讲解，能利用 RTK 仪器进行点的测量工作。

学习引导

本学习任务沿着以下脉络进行学习：

相关理论知识的学习 → RTK 的原理 → RTK 的测量步骤 → RTK 的精度分析

一、相关知识

1. RTK 的原理

RTK 是以载波相位观测量为根据的实时差分 GPS 测量，它能够实时地提供测站点在指定坐标系中的厘米级精度的三维定位结果。RTK 测量系统通常由三部分组成，即 GPS 信号接收部分（GPS 接收机及天线）、实时数据传输部分（数据链，俗称电台）和实时数据处理部分（GPS 控制器及其随机实时数据处理软件）。

RTK 测量是根据 GPS 的相对定位理论，将一台接收机设置在已知点上（基准站），另一台或几台接收机放在待测点上（移动站），同步采集相同卫星的信号。基准站在接收 GPS 信号并进行载波相位测量的同时，通过数据链将其观测值、卫星跟踪状态和测站坐标信息一起传送给移动站；移动站通过数据链接收来自基准站的数据，然后利用 GPS 控制器内置的随机实时数据处理软件与本机采集的 GPS 观测数据组成差分观测值进行实时处理，实时给出待测点的坐标、高程及实测精度，并将实测精度与预设精度指标进行比较，一旦实测精度符合要求，手簿将提示测量人员记录该点的三维坐标及其精度。作业时，移动站可处于静止状态，也可处于运动状态；可在已知点上先进行初始化后再进入动态作业，也可在动态条件下直接开机，并在动态环境下完成整周模糊值的搜索求解。在整周模糊值固定后，即可进行每个历元的实时处理，只要能保持 4 颗以上卫星相位观测值的跟踪和必要的几何图形，则移动站可随时给出待测点的厘米级的三维坐标。

2. RTK 测量精度

RTK 的测量精度包括两个部分，其一是 GPS 的测量误差，其二是坐标转换带来的误差。

GPS 的测量误差在实时测量时可以从手簿上的工程之星中看得到（HRMS 和 VRMS）。对于坐标转换误差来说，又可能有两个误差源，一是投影带来的误差，二是已知点误差的传递。当用三个以上的平面已知点进行校正时，计算转换四参数的同时会给出转换参数的中误差（北方向分量和东方向分量，必须通过控制点坐标库进行校正才能得到）。值得注意的是，如果此时发现转换参数中误差比较大（比如大于 5cm），而在采集点时实时显示的测量误差在标称精度范围之内，则可以判定是已知点的问题（有可能找错点或输错点），有可能已知点的精度不够,也有可能是已知点的分布不均匀。当平面已知点只有两个时,则只能满足计算坐标转换四参数的必要条件,无多余条件,也就不能给出坐标转换的精度评定,此时,可以从查看四参数中的尺度比 K 来检验坐标转换的精度,该值理想值为 1,一般要保证 $0.9999 < K < 1.00009$,如果发现 K 偏离 1 较多,则在保证 GPS 测量精度满足要求的情况下,可判定已知点有问题。

为了保证 RTK 的高精度,最好有三个以上平面坐标已知点进行校正,而且点精度要均等,并要均匀分布于测区周围,要利用坐标转换中误差对转换参数的精度进行评定。如果利用两点校正,一定要注意尺度比是否接近于 1(图 5-2-1)。

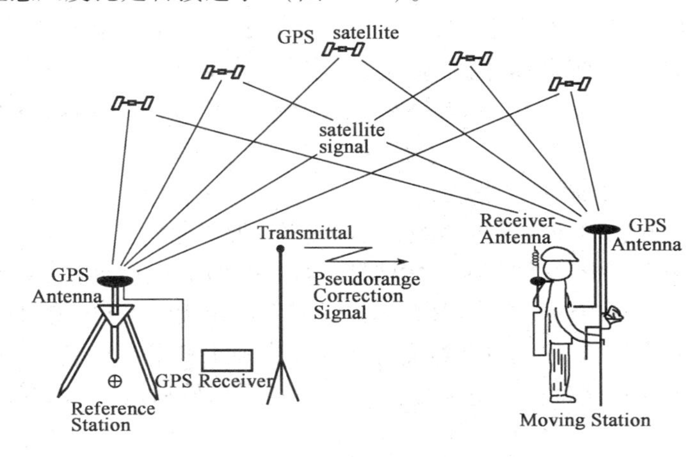

图 5-2-1 GPS-RTK 系统工作示意图

二、任 务 实 施

RTK 测量步骤其操作步骤是先启动基准站,后进行移动站操作。

1. 基准站部分

(1)架好脚架于已知点上,对中整平(如架在未知点上,则大致整平即可)。

(2)接好电源线和发射天线电缆。注意电源的正负极正确(红正黑负)。

(3)打开主机和电台,主机开始自动初始化和搜索卫星,当卫星数和卫星质量达到要求后(大约 1min),主机上的 DL 指示灯开始 5s 快闪 2 次,同时电台上的 TX 指示灯开始每秒钟闪 1 次。这表明基准站差分信号开始发射,整个基准站部分开始正常工作。

注意:为了让主机能搜索到多数量卫星和高质量卫星,基准站一般应选在周围视野开阔,避免在截止高度角 15°以内有大型建筑物;为了让基准站差分信号能传播得更远,基准站一般应选在地势较高的位置。

2. 移动站部分

(1)将移动站主机接在碳纤对中杆上,并将接收天线接在主机顶部,同时将手簿夹在对中杆的适合位置。

(2)打开主机,主机开始自动初始化和搜索卫星,当达到一定的条件后,主机上的 DL 指示灯开始 1s 闪 1 次(必须在基准站正常发射差分信号的前提下),表明已经收到基准站差分信号。

(3)打开手簿,启动软件。快捷方式一般在手簿的桌面上,如手簿冷启动后则桌面上的快捷方式消失,这时必须在 Flashdisk 中启动原文件(我的电脑→Flashdisk→SETUP→ERTKPro

2.0.exe)。

(4)启动软件后,软件一般会自动通过蓝牙和主机连通。如果没连通则首先需要进行设置蓝牙(工具→连接仪器→选中"输入端口:7"→点击"连接")。

(5)软件在和主机连通后,软件首先会让移动站主机自动去匹配基准站发射时使用的通道。如果自动搜频成功,则软件主界面左上角会有信号在闪动。如果自动搜频不成功,则需要进行电台设置(工具→电台设置→在"切换通道号"后选择与基准站电台相同的通道→点击"切换")。

(6)在确保蓝牙连通和收到差分信号后,开始新建工程(工程→新建工程),依次按要求填写或选取如下工程信息:工程名称、椭球系名称、投影参数设置、四参数设置(未启用可以不填写)、七参数设置(未启用可以不填写)和高程拟合参数设置(未启用可以不填写),最后确定,工程新建完毕。

(7)进行校正。校正有两种方法。

方法一:利用控制点坐标库(设置→控制点坐标库)求四参数。

在控制点坐标库界面中点击"增加",根据提示依次增加控制点的已知坐标和原始坐标,一般至少 2 个控制点,当所有的控制点都输入以后察看确定无误后,单击"保存",选择参数文件的保存路径并输入文件名,建议将参数文件保存在当前工程下文件名 result 文件夹里面,保存的文件名称以当天的日期命名。完成之后单击"确定"。然后单击"保存成功"小界面右上角的"OK",四参数已经计算并保存完毕。

方法二:校正向导(工具→校正向导),这时又分为两种模式。

注意:此方法只在此介绍单点校正,一般是在有四参数或七参数的情况下才通过此方法进行单点校正。

a. 基准站架在已知点上

选择"基准站架设在已知点",点击"下一步",输入基准站架设点的已知坐标及天线高,并且选择天线高形式,输入完后即可点击"校正"。系统会提示你是否校正,并且显示相关帮助信息,检查无误后"确定"校正完毕。

b. 基准站架在未知点上

选择"基准站架设在未知点",再点击"下一步"。输入当前移动站的已知坐标、天线高和天线高的量取方式,再将移动站对中立于已知点上后点击"校正",系统会提示是否校正,"确定"即可。

注意:如果当前状态不是"固定解"时,会弹出提示,这时应该选择"否"来终止校正,等精度状态达到"固定解"时重复上面的过程重新进行校正。

(8)将对中杆对立在需测的点上,当状态达到固定解时,利用快捷键"A"开始保存数据。

学习情境六　道路中线测量

工作任务一　路线转角的测设与里程桩的设置

学习目标

1. 叙述道路中线测量的概念、任务；
2. 熟悉交点、转点的含义；
3. 掌握路线转角的测定及里程桩的设置的方法；
4. 能测设转角与设置里程桩。

任务描述

在实习场地设站、测点，通过直线和平曲线的测设，完成路线转角的测量工作，将道路中心线的平面位置用木桩具体地标定在现场，并测定路线的实际里程。

学习引导

本学习任务沿着以下脉络进行学习：

相关理论知识的学习 → 选线和定线的方法 → 交点测量 → 里程桩的设置 → 上交全部测量成果资料

一、相关知识

公路是一种线形的带状构筑物，道路工程测量的主要任务就是勘测道路中线的空间位置，为设计人员提供精确的地形资料，并将设计的位置在实地标定出来，作为设计和现场施工的依据。

一般从理论上讲，路线以平、直最为理想，但实际上，由于受到地形、水文、地质等因素的影响与限制。路线的前进方向必然发生改变。为了保证行车舒适、安全，并使路线具有合理的线形，在直线转向处必须用曲线连接起来，这种曲线称为平曲线。平曲线包括圆曲线与缓和曲线两种。圆曲线指的是道路平面走向改变方向或竖向改变坡度时所设置的连接两相邻直线段的圆弧形曲线。由一个圆曲线组成的曲线称为单曲线；由两个或两个以上同向圆曲线组成的曲线称为复曲线。转向相同的两相邻曲线连同其间的直线段所组成的曲线称为同向曲线；转向相反的两相邻曲线连同其间的直线段所组成的曲线称为反向曲线。缓和曲线指的是平面线形中，在直线与圆曲线，圆曲线与圆曲线之间设置的曲率连续变化的曲线。缓和曲线是道路平面线形要素之一，它是设置在直线与圆曲线之间或半径相差较大的两个转向相同的圆曲线之间的一种曲率连续变化的曲线。

中线测量是实地测设道路中线的平面位置，是道路工程测量的主要内容。在中线测量之前应先进行控制测量和带状地形图测绘。根据初选的道路走向,沿道路中线附近选择平面控制点和水准点,分别进行导线测量和水准测量,作为道路工程测量的平面和高程控制。并根据这些控制点测绘大比例尺的带状地形图,然后再进行中线测量。

由以上分析可知,路线中线是由直线和平曲线两部分组成。道路中线测量是通过直线和平曲线的测设,将道路中心线的平面位置用木桩具体地标定在现场,并测定路线的实际里程。道路中线测量是公路工程测量中关键性的工作,它是测绘纵、横断面图和平面图的基础,是公路设计、施工和后续工作的依据。

1. 低等级公路交点距离和测角测量

1)公路交点测量的任务

公路定线测量完成后,测角工作就可以进行。其主要任务是:

(1)标定直线与修定点位;

(2)测角与转角计算;

(3)平曲线要素计算;

(4)钉设平曲线中点方向桩;

(5)观测导线磁方位角并进行复核;

(6)视距测量;

(7)路线主要桩位固定等。

为确保路线质量,加快测设进度,定线、测角应紧密配合相互协作。作为后续作业的测角工作,应善于体会选线意图,发现问题及时予以修正补充,使之不断完善。

2)测角工作内容与要求

(1)标定直线与修正点位

对于相互通视的交点,如果定线测量无误,根本不存在点位修正问题,一般可以直接引用。

但是当交点间相距较远或地形起伏较大,通过陡坎深沟时,为了便于中桩组穿杆定向,测角组应负责用经纬仪在其间酌情插设若干个导向桩,供中桩穿线使用。

对于中间有障碍、互不通视的交点,虽然交点间定线时已设立了控制直线方向的转点桩。但由于选线大多采用花杆目测穿直线,所以实际上未必严格在一条直线上,因此就存在用经纬仪检查与标定直线或修正交点桩位的问题。在一般情况下,常将后视交点和中间转点作为固定点(因上述点位一旦变动,将直接影响后视点位转角,导致测量返工),安置仪器于转点处,采用正倒镜分中法进行检查;如发现问题应查明原因,及时改正。

2. 低等级公路里程桩的设置

为了确定路线中线的具体位置和路线的长度,满足后续纵、横断面测量的需要,中线测量中必须从路线的起点开始每隔一段距离钉设木桩标志,其桩点表示路线中线的具体位置。里程桩又称中桩,表示该桩至路线起点的水平距离。如:K7 + 814.19 表示该桩距路线起点的里程为 7814.19m。

1)里程桩的类型

里程桩可分为整桩和加桩两种。

(1)整桩

在公路中线中的直线段上和曲线段上,其桩距按表 6-1-1 的要求桩距而设的桩称为整桩。

中 桩 间 距 表 6-1-1

直线段		曲线段			
平原微丘区	山岭重丘区	不设超高的曲线	$R>60$	$30<R<60$	$R<30$
≤50	≤25	25	20	10	5

注:表中的 R 为曲线半径,以米计。

它的里程桩号均为整数,且为要求桩距的整倍数。

在实测过程中,一般宜采用 20m 或 50m 及其倍数。当量距每至百米及公里时,要钉设百米桩及公里桩。

(2)加桩

加桩又分为地形加桩、地物加桩、曲线加桩、地质加桩、断链加桩和行政区域加桩等。

①地形加桩:沿路线中线在地面起伏突变处、横向坡度变化处以及天然河沟处等均应设置的里程桩。

②地物加桩:沿路线中线在有人工构造物处(如拟建桥梁、涵洞、隧道、挡土墙等构造物处;路线与其他公路、铁路、渠道、高压线、地下管道等交叉处、拆迁建筑物处、占用耕地及经济林的起终点处)均应设置的里程桩。

③曲线加桩:曲线上设置的起点、中点、终点桩。

④地质加桩:沿路线在土质变化处及地质不良地段的起、终点处要设置的里程桩。

⑤断链加桩:由于局部改线或事后发现距离错误或分段测量中由于假设起点里程等原因,致使路线的里程不连续,桩号与路线的实际里程不一致,这种现象称为"断链",为说明该情况而设置的桩,称为断链加桩。测量中应尽量避免出现"断链"现象。

⑥行政区域加桩:在省、地(市)、县级行政区分界处应加的桩。

⑦改建路加桩:在改建公路的变坡点、构造物和路面面层类型变化处应加的桩。加桩应取位至米,特殊情况下可取位至 0.1m。

2)里程桩的书写及钉设

对于中线控制桩,如路线起点桩、终点桩、公里桩、交点桩、转点桩、大中桥位桩以及隧道起终点等重要桩,一般采用尺寸为 5cm×5cm×30cm 的方桩;其余里程桩一般多用(1.5~2)cm×5cm×25cm 的板桩。

(1)里程桩的书写

所有中桩均应写明桩号和编号,在桩号书写时,除百米桩、公里桩和桥位桩要写明公里数外,其余桩可不写。

另外,对于交点桩、转点桩及曲线基本桩还应在桩号之前标明桩名(一般标其缩写名称)。目前,我国公路工程上桩名采用汉语拼音的缩写名称,见表 6-1-2 所列。

路线主要标志桩名称表 表 6-1-2

标志桩名称	简称	汉语拼音缩写	英文缩写	标志桩名称	简称	汉语拼音缩写	英文缩写
转角点	交点	JD	IP	公切点	—	GQ	CP
转点	—	ZD	TP	第一缓和曲线起点	直缓点	ZH	TS
圆曲线起点	直圆点	ZY	BC	第一缓和曲线终点	缓圆点	TY	SC

续上表

标志桩名称	简称	汉语拼音缩写	英文缩写	标志桩名称	简称	汉语拼音缩写	英文缩写
圆曲线中点	曲中点	QZ	MC	第二缓和曲线起点	圆缓点	YH	CS
圆曲线终点	圆直点	YZ	EC	第二缓和曲线终点	缓直点	HZ	ST

为了便于后续工作找桩和避免漏桩起见，所有中桩都应在桩的背面编写编号，以 0 ~ 9 为一组，循环进行排列。

桩志一般用红色油漆或记号笔书写（在干旱地区或马上施工的路线也可用墨汁书写），书写字迹应工整醒目，一般应写在桩顶以下 5cm 范围内，否则有可能被埋于地面以下无法判别里程桩号。

(2)钉桩

新线桩志打桩，不要露出地面太高，一般以 5cm 左右能露出桩号为宜。

钉设时将桩号面向路线起点方向，使编号朝向前进方向，如图 6-1-1 所示。为便于对点，桩顶需钉一小铁钉。

改建桩志位于旧路上时，由于路面坚硬，不宜采用木桩，此时常采用大帽钢钉。钉桩时一律打桩至与地面齐平，然后在路旁一侧打上指示桩，桩上注明距中线的横向距离及其桩号，并以箭头指示中桩位置。在直线上，指示桩应钉在路线的同一侧；交点桩的指示桩应钉在圆心和交点连线方向的外侧，字面朝向交点；曲线主点桩的指示桩均应钉在曲线的外侧，字面朝向圆心。

遇到岩石地段无法钉桩时，应在岩石上凿刻"⊕"标记，表示桩位并在其旁边写明桩号、编号等。在潮湿地区，特别是近期不施工的路线，对重要桩位（如路线起、终点、交点、转点等），可改埋混凝土桩，以利于桩的长期保存。

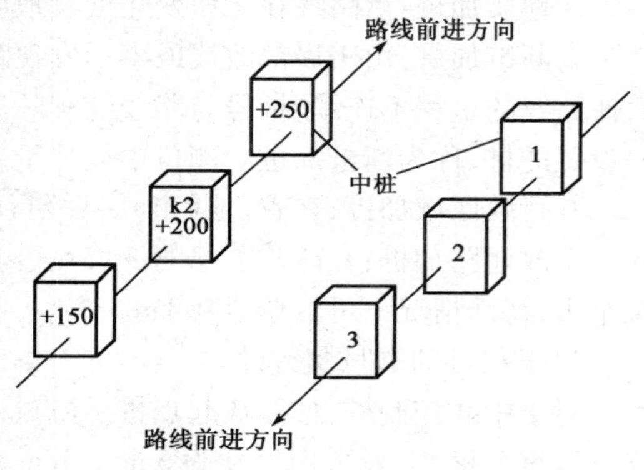

图 6-1-1　桩号与编号方向

二、任 务 实 施

1. 低等级公路交点测设

在路线测设时，应先选定出路线的转折点，这些转折点是路线改变方向时相邻两直线的延长线相交的点，称之为焦点。它是中线测量的主要控制点。当公路设计采用一阶段的施工图设计时，交点的测设可采用现场标定的方法，即根据已定的技术标准，结合地形、地质等条件，在现场反复插设比较，直接定出路线交点的位置。这种方法不需测地形图，比较直观，但只适合技术简单、方案明确的低等级公路。当公路设计采用两阶段的初步设计和施工图设计时，应采用先纸上定线、后实地放线确定焦点的方法。即对于高等级公路或地形、地物复杂，现场标定困难的地段，先在实地布设导线，测绘大比例尺地形图（通常为 1∶2 000 或 1∶1 000），在地形图上纸上定线，然后再到实地放线，把交点在实地标定下来。一般可采用以下三种方法。

1）放点穿线法

这种方法是利用地形图上的测图导线点与纸上路线之间的角度和距离关系，在实地将路线中线的直线段测设出来，然后将相邻直线延长相交，定出地面交点桩的位置。具体步骤如下。

（1）放点

在地面上测设路线中线的直线部分，只需定出直线上若干点，即可确定这一直线的位置。如图 6-1-2 所示，要将纸上定线的两直线 JD_2-JD_4 和 JD_4-JD_5 测设在地面上，只需要在地面上定出 1、2、3、4、5、6 等临时点即可。这些临时点的放样可采用支距法、极坐标法或其他方法。支距法放点，即垂直于导线边、垂足为导线点的直线与纸上定线的直线相交的点，如 1、2、4、6 点；极坐标法放点，即选择能够控制中线位置的任意点，如 5 点；或选择测图导线边与纸上定线的直线相交的点，如 3 点。为保证放线的精度和便于检查核对，一条直线至少应选择三个临时点。这些点一般应选在地势较高、通视良好、距导线点较近且便于测设的地方。

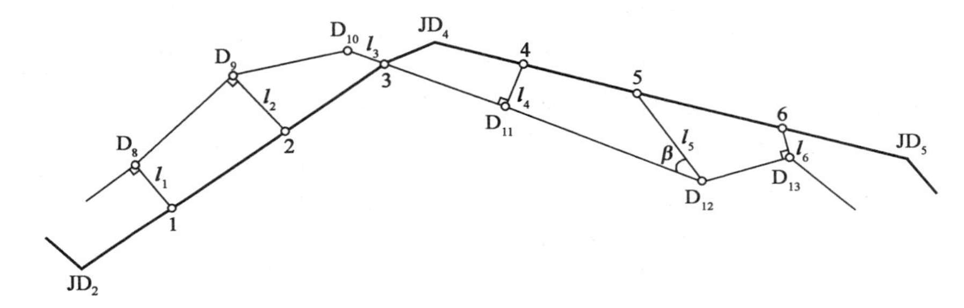

图 6-1-2　放点

临时点选定之后，即可在图上用比例尺和量角器量取这些点与相应导线点之间的距离和角度，如图 6-1-2 中距离 l_1、l_2、l_3、l_4、l_5、l_6 和角度 β。然后绘制放点示意图，标明点位和数据作为放点的依据。

放点时，应在现场找到相应的导线点。临时点如果是支距点，可用支距法放点。即方向架定出垂线方向，再用皮尺量出支距定出点位；如果是任意点，则用极坐标法放点，即将经纬仪安置在相应的导线点上，按拨角法定出临时点的方向，再用皮尺量距定出点位。

（2）穿线

由于测量仪器、测设数据及放样点操作存在误差，在地形图上同一直线上的各点放于地面后，一般都不能准确地位于同一直线上，因此需要通过穿线，定出一条尽可能多的穿过或靠近临时点的直线，穿线可用目估或经纬仪进行，如图 6-1-3 所示。

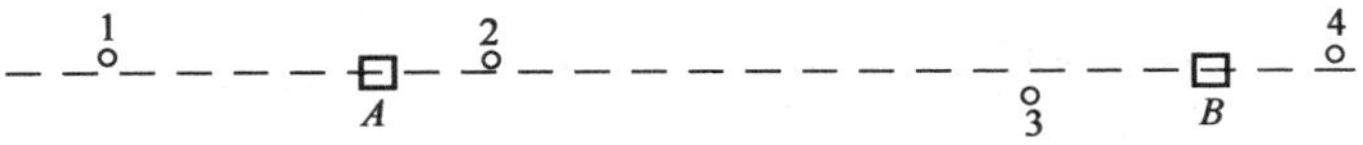

图 6-1-3　穿线

采用目估法，先在适中的位置选择 A、B 点竖立花杆，一人在 AB 延长线上观测，看直线 AB 是否穿过或靠近多数临时点，否则移动 A 或 B，直到达到要求为止，最后在 AB 或其方向线上至少打下两个控制桩，称之为直线转点桩 ZD；采用经纬仪穿线时，仪器可置于 A 点，然后照准大多数临时点所穿过或靠近的方向定出 B 点，当多数临时点不通视时，也可将仪器置于直线中部较高的位置，瞄准一端多数临时点都靠近的方向，倒镜后若视线不能穿过另一端多数临时点所靠近的方向，则需将仪器左右移动，重新观测，直到达到要求为止，最后定出转点桩。

(3)交点

当相邻两直线在地面上定出后,即可延长直线进行交会交出交点。如图 6-1-4 所示,先将经纬仪置于 ZD_2,盘左瞄准 ZD_1,然后倒镜在视线方向于交点 JD 的概略位置前后打下两个木桩,俗称骑马桩,并沿视线方向用铅笔在两桩顶上分别标出 a_1 和 b_1 点。

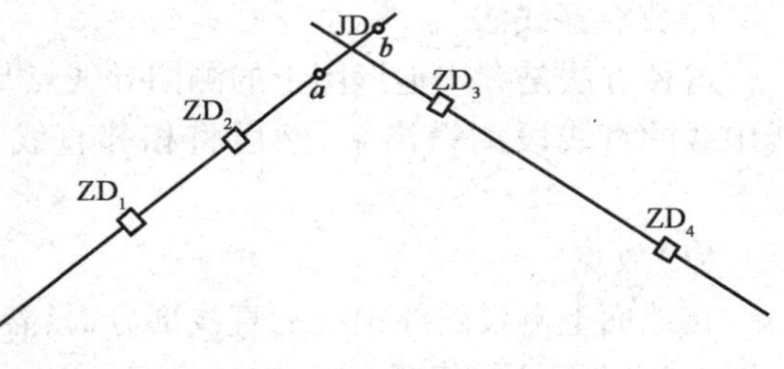

图 6-1-4　交点的钉设

用盘右瞄准 ZD_1,倒镜在两桩顶上标出 a_2 和 b_2 点,分别量取 a_1 和 a_2 及 b_1 和 b_2 的中点,钉上小钉得 a 和 b,并用细线将 a、b 两点相连。这种以盘左、盘右两个盘位延长直线的方法称为正倒镜分中法。用同样方法再将仪器置于 ZD_3,瞄准转点 ZD_4,倒镜后视线与 ab 细线相交处打下木桩,然后用正倒镜分中法在桩顶精确定出交点 JD 位置,钉上小钉。

2)拨角放线法

这种方法是先在地形图上量出纸上定线的交点坐标,反算相邻交点间的直线长度、坐标方位角及路线转角。然后在野外将仪器置于路线中线起点或已确定的交点上,拨出转角,测设直线长度,一次定出各交点的位置。

这种方法外业工作快速,但拨角放线的次数越多,误差累积就越大,所以每隔一定距离应将测设的中线与测图导线联测,以检查拨角放线的质量。

3)坐标放样法

交点坐标在地形图上确定后,利用测图导线按全站仪坐标放样法放点,这种方法外业工作最快,由于利用测图导线放点,所以没有误差累积。

2. 距离和测角测量

在路线转折处,为了测设曲线,需要测定其转角。所谓转角,是指焦点处后视线的延长线与前视线的夹角。转角有左右之分,如图 6-1-5 所示,位于延长线右侧的为右转角 $\alpha_{右}$;位于延长线左侧的为左转角 $\alpha_{左}$。在路线测量中,转角通常是通过观测路线右角 β 计算求得。

1)路线右角的测定与转角的计算

(1)路线右角的观测

如图 6-1-5 中所示的 β_5、β_6。在中线测量中,一般是采用测回法测定。

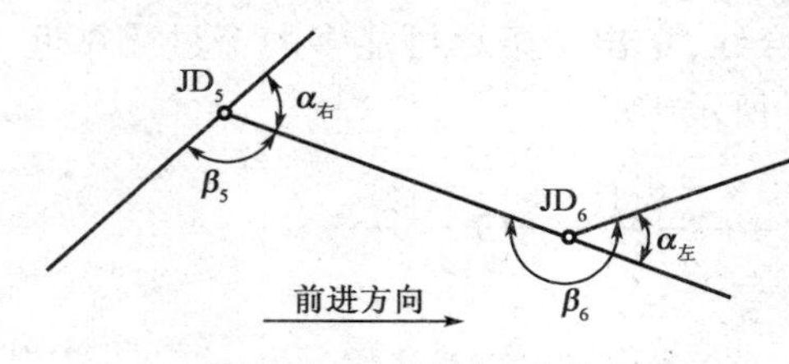

图 6-1-5　路线的右角和转角

上、下两个半测回所测角值的不符合值视公路等级而定:高速公路、一级公路限差为 ±20″,满足要求取平均值,取位至 1″;二级及二级以下的公路限差为 ±60″,满足要求取平均值,取位至 30″(即 10″舍去,20″、30″、40″取为 30″,50″进为 1′)。

(2)转角的计算

当右角 β 测定以后,根据 β 值计算路线交点处的转角 α。当 $\beta<180°$ 时为右转角(路线向右转);当 $\beta>180°$ 时为左转角(路线向左转)。左转角和右转角按下式计算:

$$若\ \beta>180°,则:\alpha_{左}=\beta-180°$$
$$若\ \beta<180°,则:\alpha_{右}=180°-\beta$$

2）曲线中点方向桩的钉设

为便于中桩组敷设平曲线中点桩，测角组在测角的同时，需将曲线中点方向桩（亦即分角线方向桩）钉设出来，如图6-1-6所示。分角线方向桩离交点距离应尽量大于曲线外距，以利于定向插点。一般转角愈大，外距也愈大，这样分角桩就应设置得远一点。

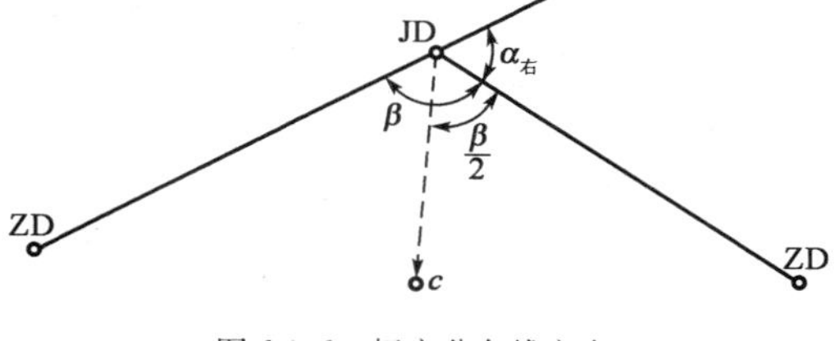

图6-1-6　标定分角线方向

用经纬仪定分角线方向，首先就要计算出分角线方向的水平度盘读数，通常这项工作是紧跟测角之后在测角读数的基础上进行的（即保持水平度盘位置不变），根据测得右角的前后视读数，按下式即可计算出分角线方向的读数：

$$分角线方向的水平度盘读数=\frac{1}{2}(前视读数+后视读数)$$

有了分角线方向的水平度盘读数，即可按拨角法定分角线方向，拨角方法是转动照准部使水平度盘读数为这一读数，此时望远镜照准的方向即为分角线方向（有时望远镜会指向相反方向，这时需倒转望远镜，在设置曲线的一侧，定出分角线方向）。沿视线指向插杆钉桩即为曲线中点方向桩。

3）视距测量

观测视距的目的，是用视距法测出相邻交点间的直线距离，以便提交给中桩测量组，供其与实际丈量距离进行校核。

视距测量的方法通常有两种：一种是利用测距仪或全站仪测量，这种方法是分别于交点和相邻交点（或转点）上安置棱镜和仪器，采用仪器的距离测量功能，从读数屏可直接读出两点间平距；另一种是利用经纬仪标尺测量，它是于交点和相邻交点（或转点）上分别安置经纬仪和标尺（水准尺或塔尺），采用视距测量的方法计算两点间平距。这里尤应指出的是，用测距仪或全站仪测得的平距可用来计算交点桩号，而用经纬仪所测得的平距，只能用作参考来校核在中线测设中有无丢链现象（即校核链距）。

当交点间距离较远时，为了保证测量精度，可在中间加点采取分段测距方法。

4）磁方位角观测与计算方位角校核

观测磁方位角的目的，是为了校核测角组测角的精度和展绘平面导线图时检查展线的精度。路线测量规定，每天作业开始与结束须观测磁方位角，至少各一次，以便与根据观测值推算方位角校核，其误差不得超过2°，若超过规定，必须查明发生误差的原因，并及时予以纠正。若符合要求，则可继续观测。

磁方位角通常用森林罗盘仪观测，亦可用附有指北装置的仪器直接观测。

5）路线控制桩位固定

为便于以后施工时恢复路线及放样，对于中线控制桩，如路线起、终点桩、交点桩，转点桩，大中桥位桩以及隧道起终点桩等重要桩志，均须妥善固定和保护，以防止丢失和破坏。为此应主动与当地政府联系协商保护桩志措施，并积极向当地群众宣传保护测量桩志的重要性，协助共同维护好桩志。

桩志固定方法应因地制宜采取埋土堆、垒石堆、设护桩等形式加以固定。在荒坡上亦可采取挖平台方法固定。埋土堆、垒石堆顶面为40cm×40cm方形或直径为40cm圆形，高50cm。堆顶应钉设标志桩。

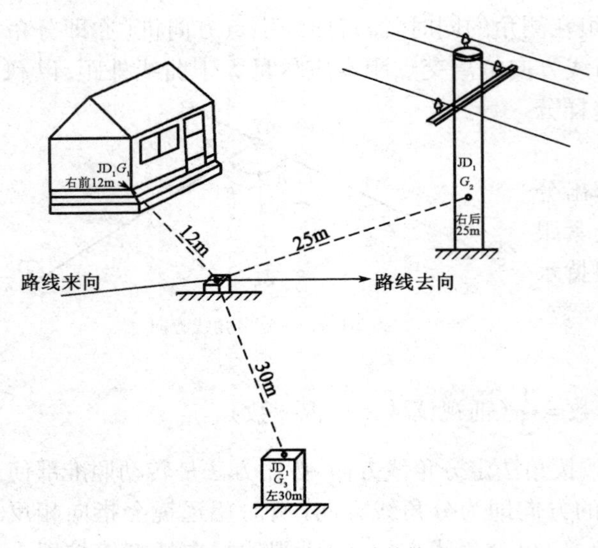

图 6-1-7　距离交会法护桩

为控制桩位，除采取固定措施外，还应设护桩（亦称“栓桩”）。护桩方法很多。如距离交会法、方向交会法、导线延长法等，具体采用什么方法应根据实际情况灵活掌握。公路工程测量通常多采用距离交会法定位。护桩一般设三个，护桩间夹角不宜小于60°，以减小交会误差，如图 6-1-7 所示。

护桩应尽可能利用附近固定的地物点，如房基墙角、电杆、树木、岩石等设置。如无此条件可埋混凝土桩或钉设大木桩。护桩位置的选择，应考虑不致为日后施工或车辆行人所毁坏。

在护桩或在作为控制的地物上用红油漆画出标记和方向箭头，写明所控制的固定桩志名称、编号，以及距桩志的斜向距离，并绘出示意草图，记录在手簿上，供日后编制“路线固定桩一览表”。

工作任务二　圆曲线的测设

学习目标

1. 叙述圆曲线测设的方法和计算步骤；
2. 熟悉圆曲线主点测设要素的计算以及主点里程的计算；
3. 掌握圆曲线上整点桩的测设；
4. 能进行完整的圆曲线测设。

任务描述

在实习场地完成圆曲线主点的测量工作并设置里程桩，并能根据主点数据，测设出圆曲线上任意的里程桩号。

学习引导

本学习任务沿着以下脉络进行学习：

相关理论知识的学习 → 圆曲线测设的步骤 → 圆曲线主点要素的计算 → 圆曲线主点里程的计算 → 圆曲线的详细测设

一、相关知识

圆曲线又称单曲线，是指具有一定半径的圆的一部分（即一段圆弧线），是路线转向常用的一种曲线形式。圆曲线的测设一般分以下两步进行：

第一步，先测设曲线的主点，称为圆曲线的主点测设。即测设曲线的起点（又称为直圆点，通常以缩写 ZY 表示）；中点（又称为曲中点，通常以缩写 QZ 表示）和曲线的终点（又称为圆直点，通常以缩写 YZ 表示）。

第二步，在已测定的主点之间进行加密，按规定桩距测设曲线上的其他各桩点，称为曲线的详细测设。

二、任 务 实 施

1. 圆曲线主点测设要素的计算

如图 6-2-1 所示，设交点（JD）的转角为 α，假定在此所设的圆曲线半径为 R，则曲线的测设元素：切线长 T、曲线长 L、外距 E 和切曲差 D，可按下列公式计算：

$$\left.\begin{aligned}
&\text{切线长}:T = R \cdot \tan\frac{\alpha}{2} \\
&\text{曲线长}:L = R \cdot \alpha \cdot \frac{\pi}{180^\circ} \\
&\text{外距}:E = \frac{R}{\cos\frac{\alpha}{2}} - R = R\left(\sec\frac{\alpha}{2} - 1\right) \\
&\text{切曲差}:D = 2T - L
\end{aligned}\right\} \qquad (6\text{-}2\text{-}1)$$

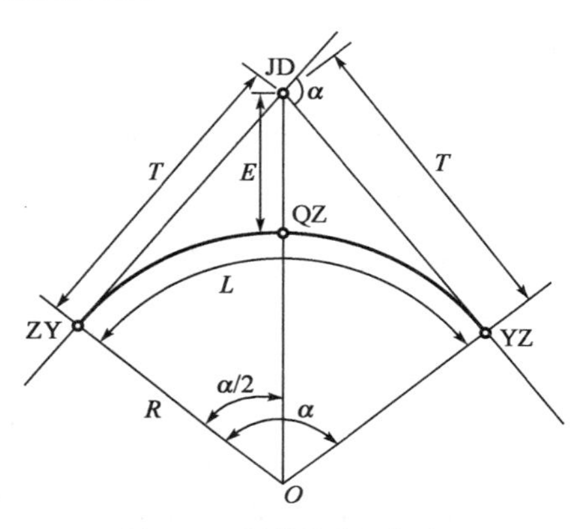

图 6-2-1　圆曲线的主点测设

2. 主点里程的计算

交点（JD）的里程由中线丈量中得到，根据交点的里程和计算的曲线测设元素，即可计算出各主点的里程。由图 6-2-1 可知：

$$\left.\begin{aligned}
&\text{ZY 里程} = \text{JD 里程} - T \\
&\text{YZ 里程} = \text{ZY 里程} + L \\
&\text{QZ 里程} = \text{YZ 里程} - L/2 \\
&\text{JD 里程} = \text{QZ 里程} + D/2\text{（校核）}
\end{aligned}\right\} \qquad (6\text{-}2\text{-}2)$$

例 6-2-1：已知某 JD 的里程为 K4 +787.45，测得转角 $\alpha_Y = 30°12'$，圆曲线半径 $R = 250$m，求曲线测设元素及主点里程。

曲线测设元素的计算。由公式（6-2-1）代入数据计算得：$T = 67.46$m；$L = 131.77$m；$E = 8.94$m；$D = 3.15$m。主点里程的计算：由公式（6-2-2）得：

JD	K4 +787.45
－）T	67.46
ZY	K4 +719.99
＋）L	131.77
YZ	K4 +851.76
－）L/2	65.89
QZ	K4 +785.87
＋）D/2	1.58（校核）
JD	K4 +787.45（计算无误）

3. 主点的测设

圆曲线的测设元素和主点里程计算出后，便可按下述步骤进行主点测设：

1）曲线起点（ZY）的测设

测设曲线起点时，将仪器置于交点 $i(JD_i)$ 上，望远镜照准后一交点 $i-1(JD_{i-1})$ 或此方向上的转点，沿望远镜视线方向量取切线长 T，得曲线起点 ZY，暂时插一测钎标志。然后用钢尺丈量 ZY 至最近一个直线桩的距离，如两桩号之差等于所丈量的距离或相差在容许范围内，即可在测钎处打下 ZY 桩。如超出容许范围，应查明原因，重新测设，以确保桩位的正确性。

2）曲线终点（YZ）的测设

在曲线起点（ZY）的测设完成后，转动望远镜照准前一交点 JD_{i+1} 或此方向上的转点，往返量取切线长 T，得曲线终点（YZ），打下 YZ 桩即可。

3）曲线中点（QZ）的测设

测设曲线中点时，可自交点 $i(JD_i)$，沿分角线方向量取外距 E，打下 QZ 桩即可。

4. 单圆曲线切线支距法测设

在圆曲线的主点设置后，即可进行详细测设。详细测设所采用的桩距 l_0 与曲线半径及有关，按桩距 l_0 在曲线上设桩，通常有两种方法：

1）整桩号法

将曲线上靠近起点（ZY）的第一个桩的桩号凑整成为 l_0 倍数的整桩号，且与 ZY 点的桩距小于 l_0，然后按桩距 l_0 连续向曲线终点 YZ 设桩。这样设置的桩的桩号均为整数。

2）整桩距法

从曲线起点 ZY 和终点 YZ 开始，分别以桩距 Z_0 连续向曲线中点 QZ 设桩。

由于这样设置的桩的桩号一般为破碎桩号，因此，在实测中应注意加设百米桩和公里桩。目前公路中线测量一般均采用整桩号法，本节主要介绍圆曲线切线支距法详细测设方法。

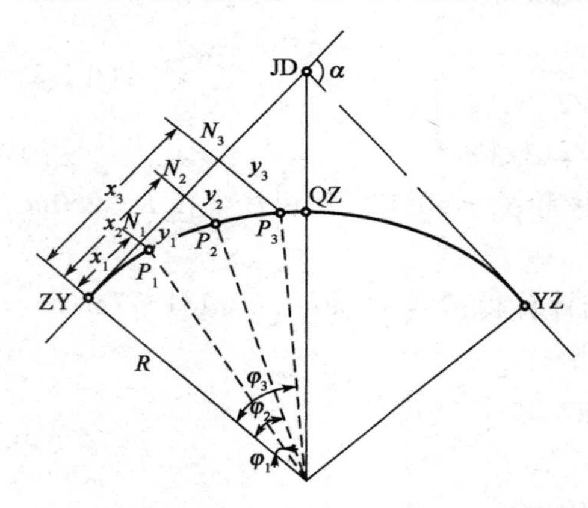

图6-2-2　切线支距法详细测设圆曲线

切线支距法又称直角坐标法，是以曲线的起点 ZY（对于前半曲线）或终点 YZ（对于后半曲线）为坐标原点，以过曲线的起点 ZY 或终点 YZ 的切线为 X 轴，过原点的半径为 Y 轴，按曲线上各点坐标 X、Y 设置曲线上各点的位置。

如图 6-2-2 所示，设 P_i 为曲线上欲测设的点位，该点至 ZY 点或 YZ 点的弧长为 l_i，φ_i 为 l_i 所对的圆心角，R 为圆曲线半径，则 P_i 点的坐标按下式计算：

$$x_i = R\sin\varphi_i$$

$$y_i = R(1-\cos\varphi_i) = x_i\tan(\varphi_i/2)$$

例 6-2-2：在例 6-2-1 中，若采用切线支距法，并按整桩号设桩，试计算各桩坐标。例 6-2-1 中已计算出主点里程（ZY 里程、QZ 里程和 YZ 里程），在此基础上按整桩号法列出详细测设的桩号，并计算其坐标。具体计算见表 6-2-1。

切线支距法详细测设圆曲线，为了避免支距过长，一般是由 ZY 点和 YZ 点分别向 QZ 点施测，其测设步骤如下：

（1）从 ZY 点（或 YZ 点）用钢尺或皮尺沿切线方向量取点 P_i 的横坐标 x_i，得垂足点 N_i。

（2）在垂足点 N_i 上，用方向架或经纬仪定出切线的垂直方向，沿垂直方向量出 y_i，即得到待测定点 P_i。

(3)曲线上各点测设完毕后，应量取相邻各桩之间的距离，并与相应的桩号之差作比较，若较差均在限差之内，则曲线测设合格；否则应查明原因，予以纠正。

切线支距法坐标计算表 表 6-2-1

桩　　号	各桩至 ZY 或 YZ 点的曲线长(l_i)	圆心角(φ_i)	x_i(m)	y_i(m)
ZY　K4 +719.99	0	0°0′0″	0	0
K4 +740	20.01	4°35′10″	19.99	0.80
K4 +760	40.01	9°10′11″	39.84	3.19
K4 +780	60.01	13°45′12″	59.44	7.17
QZ　K4 +785.87				
K4 +800	51.76	11°51′45″	51.39	5.34
K4 +820	31.76	7°16′44″	31.67	2.01
K4 +840	11.76	2°41′43″	11.76	0.28
YZ　K4 +851.76	0	0°0′0″	0	0

5. 单圆曲线偏角法测设

偏角法是以曲线起点(ZY)或终点(YZ)至曲线上待测设点 P_i 的弦线与切线之间的弦切角(这里称为偏角)Δ 和弦长 c_i 来确定 P_i 点的位置。

如图 6-2-3 所示，根据几何原理，偏角 Δ_i 等于相应弧长所对的圆心角 φ_i 的一半。

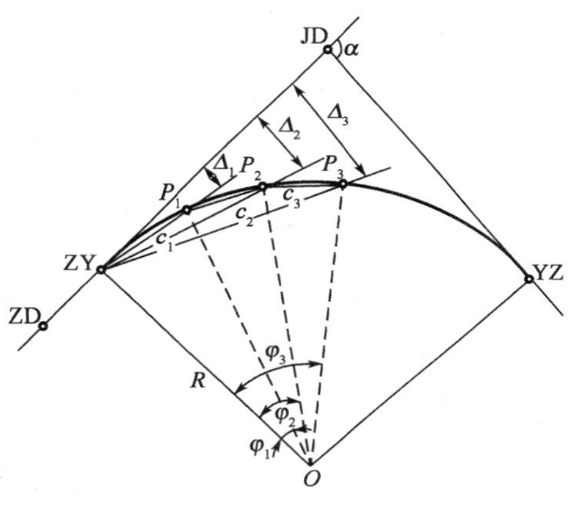

图 6-2-3　偏角法详细测设圆曲线

例 6-2-3：以例 6-2-1 为例，采用偏角法按整桩号设桩，计算各桩的偏角和弦长。设曲线由 ZY 点向 YZ 点测设，计算内容及结果见表 6-2-2 所列。

测设方法如下：用偏角法详细测设圆曲线的细部点，因测设距离的方法不同，分为长弦偏角法和短弦偏角法两种。前者测量测站至细部点的距离(长弦 C_i)，适合于用经纬仪加测距仪(或用全站仪)；后者测量相邻细部点之间的距离(短弦 c_i)，适合于用经纬仪加钢尺。

偏角法详细测设圆曲线数据计算表 表 6-2-2

桩　　号	桩点至 ZY 点的曲线长 l_i(m)	偏角值 Δ_i (°　′　″)	长弦 C_i(m)	短弦 c_i(m)
ZY　K4 +719.99	0.00	00 00 00	0	0
K4 +740	20.01	2 17 35	20	20
K4 +760	40.01	4 35 05	39.97	19.99
K4 +780	60.01	6 52 36	59.87	19.99
QZ　K4 +785.87	65.88	7 32 57	65.69	5.87
K4 +800	80.01	9 10 06	79.67	14.13
K4 +820	100.01	11 27 37	99.34	19.99

续上表

桩　　号	桩点至 ZY 点的曲线长 l_i(m)	偏角值 Δ_i (° ′ ″)	长弦 C_i(m)	短弦 c_i(m)
K4 +840	120.01	13 45 04	118.85	19.98
YZ　K4 +851.76	131.77	15 05 59	130.25	11.77

注:(1) $\Delta i = \frac{l_i}{R} \cdot \frac{90°}{\pi}$;

(2)表中长弦指桩点至曲线起点(ZY)的弦长 $C_i = 2R\sin\Delta i$;

(3)短弦指相邻两桩点间的弦长。

具体测设步骤如下:

(1)安置经纬仪(或全站仪)于曲线起点(ZY)上,盘左瞄准交点(JD),将水平盘读数设置为0°00′00″。

(2)水平转动照准部,使水平度盘读数为:+920 桩的偏角值 $\Delta_1 = 1°52′35″$,然后,从 ZY 点开始,沿望远镜视线方向量测出弦长 $C_1 = 13.10$m,定出 P_1 点,即为 K2 +920 的桩位。

(3)再继续水平转动照准部,使水平度盘读数为:+940 桩的偏角值 $\Delta_2 = 4°44′28″$,从 ZY 点开始,沿望远镜视线方向量测长弦 $C_2 = 33.06$m,定出 P_2 点;

(4)测设至曲线终点(YZ)作为检核,继续水平转动照准部。使水平度盘读数为 $\Delta_{YZ} = 17°06′00″$,从 ZY 点开始,沿望远镜视线方向量测出长弦 $C_{YZ} = 117.62$m,或从 K3 +020 桩测设短弦 $c = 6.28$m,定出一点。此点如果与 YZ 不重合,其闭合差应符合表 6-2-3 所列规定。

曲 线 闭 合 差　　　　表 6-2-3

公路等级	纵向闭合差		横向闭合差(cm)		曲线偏角闭合差(″)
	平原微丘区	山岭重丘区	平原微丘区	山岭重丘区	
高速公路、一级公路	1/2 000	1/1 000	10	10	60
二级及二级以下公路	1/1 000	1/500	10	15	120

此例路线为右转角,当路线为左转时,由于经纬仪的水平度盘注记为顺时针增加,则偏角增大,而水平度盘的读数是减小的。

偏角法不仅可以在 ZY 点上安置仪器测设曲线,而且还可在 YZ 或 QZ 点上安置仪器进行测设,也可以将仪器安置在曲线任一点上测设。这是一种测设精度较高,适用性较强的常用方法。但在用短弦偏角法时存在测点误差累积的缺点,所以宜采取从曲线两端向中点或自中点向两端测设曲线的方法。

工作任务三　虚交曲线和复曲线的计算与测设

学习目标

1. 叙述虚交曲线的测设方法和计算步骤;
2. 熟悉虚交曲线的主点测设要素的计算以及主点里程的计算;
3. 掌握虚交曲线上整点桩的测设;
4. 能进行完整的虚交曲线的测设。

任务描述

在实习场地完成虚交曲线主点的测量工作并设置里程桩，并根据主点数据，测设出虚交曲线上任意的里程桩号。

学习引导

本学习任务沿着以下脉络进行学习：

相关理论知识的学习 → 虚交曲线测设的步骤 → 虚交曲线主点要素的计算 → 虚交曲线主点里程的计算 → 虚交曲线的详细测设

一、相关知识

虚交是道路中线测量中指路线的交点(JD)处不能设桩，更无法安置仪器(如交点落入河中、深谷下、峭壁上或建筑物上等)，此时测角、量距都无法直接进行。有时交点虽可设桩和安置仪器，但因转角较大，交点远离曲线，即做虚交处理。

二、任务实施

1. 圆外基线法

1)路线交点落入河里不能设桩(图6-3-1)

虚交点(JD)：在曲线外侧沿两切线方向各选择一辅助点 A 和 B，将经纬仪分别安置在 A、B 两点测算出 α_a 和 α_b，用钢尺往返丈量得到 A、B 两点的距离 AB，所测角度和距离均应满足规定的限差要求。

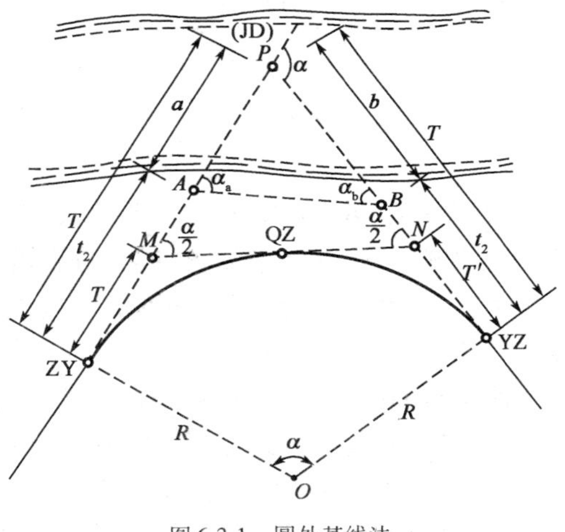

图6-3-1 圆外基线法

由图6-3-1可知：在由辅助点 A、B 和虚交点(JD)构成的三角形中，应用边角关系及正弦定理可得：

$$\alpha = \alpha_a + \alpha_b$$

$$a = \overline{AB}\frac{\sin\alpha_b}{\sin(180° - \alpha)} = \overline{AB}\frac{\sin\alpha_b}{\sin\alpha}$$

$$b = \overline{AB}\frac{\sin\alpha_a}{\sin(180° - \alpha)} = \overline{AB}\frac{\sin\alpha_a}{\sin\alpha}$$

根据转角 α 和选定的半径 R，即可算得切线 T 和曲线长 L；

再由 a、b、T，分别计算辅助点 A、B 至曲线起点 ZY 点和终点 YZ 点的距离 t_1 和 t_2：

$$t_1 = T - a_1$$

$$t_2 = T - b_1$$

式中：$T = R \cdot \tan\left(\frac{\alpha}{2}\right)$。

如果计算出的 t_1 和 t_2 出现负值，说明曲线的 ZY 点或 YZ 点位于辅助点与虚字点之间。

根据 t_1 和 t_2 即可定出曲线的 ZY 点和 YZ 点。A 点的里程得出后，曲线主点的里程亦可算出。

2)曲中点 QZ 的测设

设 MN 为 QZ 点的切线,则:

$$T' = R \cdot \tan \frac{a}{4}$$

测设时由 ZY 点和 YZ 点分别沿切线量出 T,得 M 点和 N 点,再由 M 点或 N 点沿 MN 或 MN 方向量出了,得 QZ 点。

曲线主点定出后,即可用切线支距法或偏角法或极坐标法进行曲线详细测设。

2. 切基线法

如图 6-3-2 所示,设定根据地形需要,曲线通过 GQ 点(GQ 点为公切点),则圆曲线被分为两个同半径的圆曲线,其切线长分别为 T_1 和 T_2,过 GQ 点的切线 AB 称为切基线。

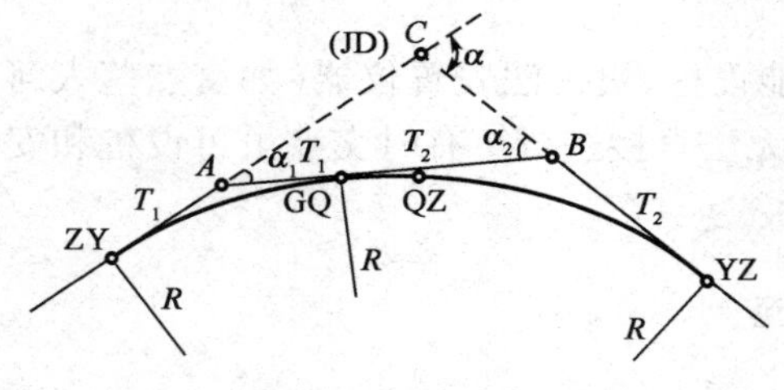

图 6-3-2　切基线法

现场施测时,应根据现场的地形和路线的最佳位置,在两切线方向上选取 A、B 两点,构成切基线 AB。并量测 A、B 两点间的长度 AB,观测计算出角度 α_1 和 α_2。

$$T_1 = R \cdot \tan\left(\frac{\alpha_1}{2}\right)$$

$$T_2 = R \cdot \tan\left(\frac{\alpha_2}{2}\right)$$

将以上两式相加得:$AB = T_1 + T_2$

整理后得:

$$R = \frac{T_1 + T_2}{\tan\left(\frac{\alpha_1}{2}\right) + \tan\left(\frac{\alpha_2}{2}\right)}$$

根据 R、α_1、α_2,利用公式求得 T_1、T_2 与 L_1、L_2,将 L_1 与 L_2 相加即可得到圆曲线的总长 L。

现场测设时,在 A 点安置仪器,分别沿两切线方向量测长度 T_1,便得到曲线的起点 ZY 点和 GQ 点;在 B 点安置仪器,分别沿两切线方向量测长度 T_2,便得到曲线的终点 YZ 点和 GQ 点,以 GQ 点进行校核。

曲中点 QZ 可在 GQ 点处用切线支距法测设。由图可知 GQ 点与 QZ 点之间的弧长为:

(1)当 QZ 点在 GQ 点之前时,弧长 $l = L/2 - l_1$。

(2)当 QZ 点在 GQ 点之后时,弧长 $l = L/2 - l_2$。

在运用切基线法测设时,当求得的曲线半径只不能满足规定的最小半径或不适合于地形时,说明切基线位置选择不当,可把已定的 A、B 点作为参考点进行调整,使其满足要求。

曲线三主点定出后,即可采用前述的方法进行曲线的详细测设。

3. 复曲线测设

在某些地区,当曲线的交点无法测定,而已经给定了曲线的起点(或终点)的位置,在测设圆曲线时,可运用"同一圆弧段两端点弦切角相等"的原理,来确定曲线的终点(或起点)。连接曲线起、终点的弦线,称为弦基线。

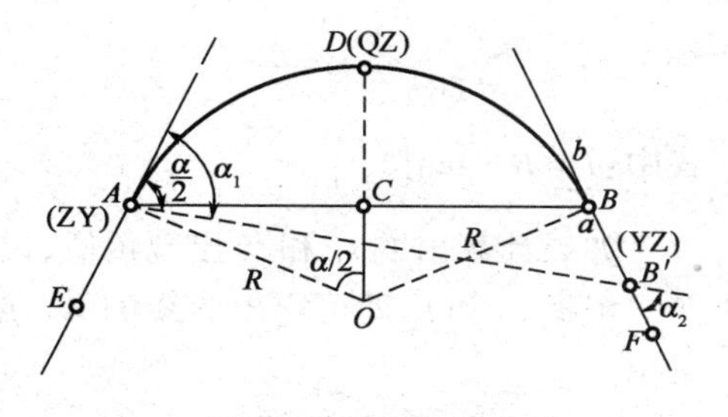

图 6-3-3　弦基线法

如图 6-3-3 所示,A 为给定的曲线起点,B 为后视方向上的一点,设 B 点为曲线终点的初定位置,F 为其前视方向上的一点。具体测设曲线终点 B 的步骤如下：

将经纬仪安置于 B' 点上，通过对 A 点和 F 点的观测，求算出 a_2 的大小，并在 FB' 延长线上估计 B 点位置的前后标出 a、b 两点，然后将经纬仪安置于 A(ZY)点上，通过对 E 点和 B' 点的观测，求算出 α_1 的大小，则此虚交的转角 $\alpha = \alpha_1 + \alpha_2$。

仪器在 A 点，后视 E 点或其方向上的交点（或转点），然后纵转望远镜（倒镜）拨出弦切角 $\alpha/2$，得弦基线的方向，该方向线与已设置的 ab 线的交点即为 B(YZ)点。量测出 AB 的长度 $\overline{AB}$，则曲线的半径 R 可按下式求得：

$$R = \overline{AB}/2R\sin\frac{\alpha}{2}$$

为测设曲中点 QZ，按下式求 CD 的长度 $\overline{CD}$：

$$\overline{CD} = R \cdot \left(1 - \sin\frac{\alpha}{2}\right) = 2R\sin^2\frac{\alpha}{4}$$

从弦基线 AB 的中点 C 量出垂距 $\overline{CD}$ 长，即可以定出 QZ 点。

工作任务四　缓和曲线的计算与测设

学习目标

1. 叙述缓和曲线和复曲线的测设方法和计算步骤；
2. 熟悉缓和曲线和复曲线的主点测设要素的计算以及主点里程的计算；
3. 掌握缓和曲线和复曲线上整点桩的测设；
4. 能进行完整的缓和曲线和复曲线的测设。

任务描述

在实习场地完成缓和曲线和复合曲线主点的测量工作并设置里程桩，并根据主点数据，测设出缓和曲线和复曲线上任意的里程桩号。

学习引导

本学习任务沿着以下脉络进行学习：

相关理论知识的学习 → 缓和曲线测设的步骤 → 缓和曲线主点要素的计算 → 缓和曲线主点里程的计算 → 缓和曲线的详细测设

一、相 关 知 识

1. 概念

汽车在行驶过程中，由直线进入圆曲线是通过司机转动方向盘，从而使前轮逐渐发生转向，其行驶轨迹是一条曲率连续变化的曲线。汽车在直线上的离心力为零，而在圆曲线上却存在离心力，离心力的大小与圆曲线曲度和行车速度成正比。当路线的平面线形表现为直线与圆曲线直接相连时，离心力会发生突变，对行车安全不利，也影响行车的稳定和舒适性。尤其是汽车高速行驶时，这种现象更为明显。

为了使路线的平面线形更加符合汽车的行驶轨迹、离心力逐渐变化，确保行车的安全性和舒适性，需要在直线与圆曲线之间插入一段曲率半径由无穷大逐渐变化到圆曲线半径的过渡性曲线，这就是缓和曲线。

缓和曲线的作用是使曲率连续变化，车辆便于遵循，保证行车安全；离心加速度逐渐变化，旅客感到舒适；曲线上超高和加宽逐渐过渡，行车平稳和路容美观；与圆曲线配合适当的缓和曲线，可提高驾驶员的视觉平顺性，增加线形美感。

缓和曲线主要有回旋线、三次抛物线及双扭线等。目前我国公路设计中，以回旋线作为缓和曲线。

2. 回旋型缓和曲线基本公式

(1)基本公式

如图 6-4-1 所示，回旋线是曲率半径随曲线长度增长而成反比的均匀减小的曲线，即在回旋曲线上任意一点的曲率半径 r 与曲线的长度成反比。用公式表示为：

$$r = \frac{c}{l} \quad \text{或} \quad c = rl$$

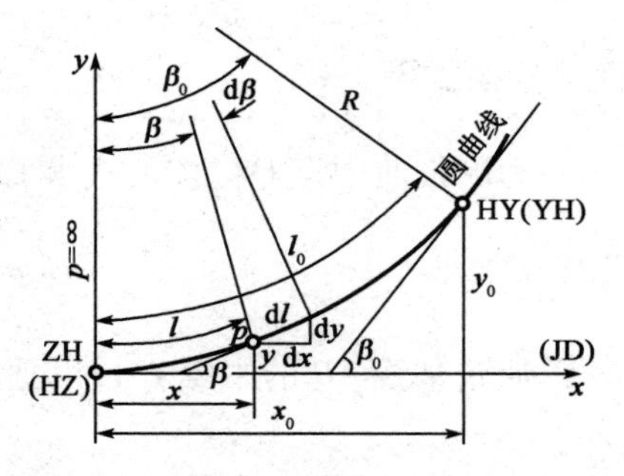

图 6-4-1　回旋线型缓和曲线

式中：r——回旋线上某点的曲率半径，m；

l——回旋线上某点到原点的曲线长，m；

c——常数。

为了使上式两边的量纲统一，引入回旋线参数 A，令 $A^2 = c$，A 表征回旋线曲率变化的缓急程度。则回旋线基本公式为：

$$A^2 = rl \tag{6-4-1}$$

在缓和曲线的终点 HY 点(或 YH 点)，$r=R$，$l=l_s$(缓和曲线全长)，则

$$A^2 = Rl_s \tag{6-4-2}$$

缓和曲线长度的确定应考虑乘客的舒适、超高过渡的需要，并不应小于 3s 的行程。我国《公路路线设计规范》(JTG D20—2004)规定了各级公路缓和曲线的最小长度，见表 6-4-1。

各级公路缓和曲线最小长度　　表 6-4-1

计算行车速度(km/h)	120	100	80	60	40	30	20
缓和曲线最小长度(m)	100	85	70	60	40	30	20

(2)切线角公式

如图 6-4-1 所示，回旋线上任一点的切线与 x 轴(起点 ZH 或 HZ 切线)的夹角称为切线角，用 β 表示。该角值与 P 点至曲线起点长度 l 所对应的中心角相等。在 P 处取一微分弧段 dl，所对的中心角为 $d\beta$，于是

$$d\beta = \frac{dl}{r} = \frac{l\,dl}{A^2}$$

积分得：

$$\beta = \frac{l^2}{2A^2} = \frac{l^2}{2Rl_s} \tag{6-4-3}$$

当 $l = l_s$ 时，β 以 β_0 表示，式(6-4-3)可写成：

$$\beta_0 = \frac{l_s}{2R} \quad (\text{rad}) \tag{6-4-4}$$

以角度表示则为

$$\beta_0 = \frac{l_s}{2R} \cdot \frac{180°}{\pi} \qquad (°) \tag{6-4-5}$$

β_0 即为缓和曲线全长 l_s 所对的中心角即切线角，亦称缓和曲线角。

(3)缓和曲线的参数方程

如图 6-4-1 所示，以缓和曲线起点为坐标原点，过该点的切线为 x 轴，过原点的半径为 y 轴，任取一点 P 的坐标为(x,y)，则微分弧段 dl 在坐标轴上的投影为：

$$\left.\begin{aligned} dx &= dl \cdot \cos\beta \\ dy &= dl \cdot \sin\beta \end{aligned}\right\} \tag{6-4-6}$$

将式(6-4-6)中的 $\cos\beta$、$\sin\beta$ 按级数展开，并将式(6-4-3)代入，积分，略去高次项得：

$$\left.\begin{aligned} x &= l - \frac{l^5}{40R^2 l_s^2} \\ y &= \frac{l^2}{6Rl_s} \end{aligned}\right\} \tag{6-4-7}$$

式(6-4-7)称为缓曲线的参数方程。

当 $l = l_s$ 时，得到缓和曲线终点坐标：

$$\left.\begin{aligned} x_0 &= l_s - \frac{l_s^3}{40R^2} \\ y_0 &= \frac{l_s^3}{6R_s} \end{aligned}\right\} \tag{6-4-8}$$

二、任 务 实 施

1. 带有缓和曲线的平曲线主点测设

1)内移值 p 与切线增值 q 的计算

如图 6-4-2 所示，在曲线与圆曲线之间插入缓和曲线时，必须将原有的圆曲线向内移动距离 p，才能使缓和曲线的起点位于直线方向上，这时切线增长 q。公路上一般采用圆心不动的平行移动方法，即未设缓和曲线时的圆曲线为 FG，其半径为 $R+p$；插入两段缓和曲线 AC 和 BD 后，圆曲线向内移，其保留部分为 CMD，半径为 R，所对的圆心角为 $\alpha - 2\beta_0$。

测设时必须满足的条件为：$\alpha \geq 2\beta_0$，否则应缩短缓和曲线长度或加大圆曲线半径使之满足条件。由图可知：

$$\left.\begin{aligned} p &= y_0 - R(1 - \cos\beta_0) \\ q &= x_0 - R\sin\beta_0 \end{aligned}\right\} \tag{6-4-9}$$

将式(6-4-9)中 $\cos\beta_0$、$\sin\beta_0$ 展开为级数，略去高次项，并按式(6-4-5)和(6-4-8)将 β_0、x_0 和 y_0 代入，可得：

$$\left.\begin{aligned} p &= \frac{l_s^2}{24R} \\ q &= \frac{l_s}{2} - \frac{l_s^3}{240R^2} \end{aligned}\right\} \tag{6-4-10}$$

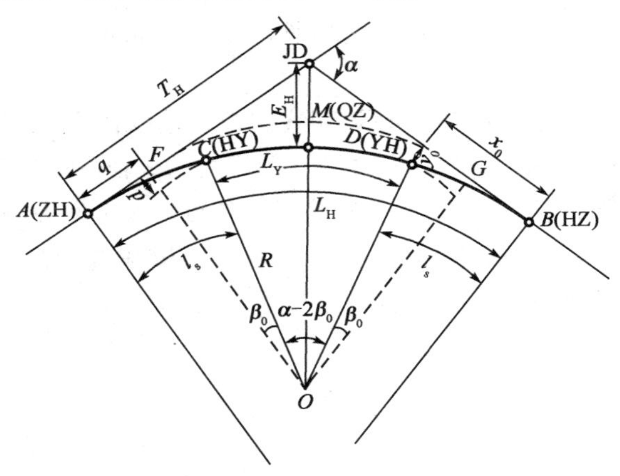

图 6-4-2　带有缓和曲线的平曲线

由式(6-4-7)与式(6-4-10)可知，内移距 p 等于缓和曲线中点纵坐标 y 的两倍。切线增值约为缓和曲线长度的一半，缓和曲线的位置大致是一半占用直线部分，另一部分占用圆曲线部分。

2)平曲线测设元素

当测得转角 α，圆曲线半径 R 和缓和曲线长 l_s 确定后，即可按式(6-4-5)和式(6-4-10)计算切线角 β_0、内移值 p 和切线增值 q，在此基础上计算平曲线测设元素。如图6-4-2所示，平曲线测设元素可按下列公式计算：

$$\left.\begin{aligned}
&\text{切线长}: T_H = (R+p)\tan\frac{\alpha}{2} + q \\
&\text{曲线长}: L_H = R(\alpha - 2\beta_0)\frac{\pi}{180^\circ} + 2l_s \\
&\text{或}\qquad L_H = R\alpha\frac{\pi}{180^\circ} + l_s \\
&\text{其中圆曲线长}: L_Y = R(\alpha - 2\beta_0)\frac{\pi}{180^\circ} \\
&\text{外距}: E_H = (R+p)\sec\frac{\alpha}{2} - R \\
&\text{切曲线}: D_H = 2T_H - L_H
\end{aligned}\right\} \tag{6-4-11}$$

3)平曲线主曲线测设

根据交点的里程和平曲线测设元素，计算主点里程

$$\left.\begin{aligned}
&\text{直缓点}: ZH = JD - T_H \\
&\text{缓圆点}: HY = ZH + l_s \\
&\text{圆缓点}: YH = HY + L_Y \\
&\text{缓直点}: HZ = YH + l_s \\
&\text{曲中点}: QZ = HZ - \frac{L_H}{2} \\
&\text{交点}: JD = QZ + \frac{D_H}{2}\text{(校核)}
\end{aligned}\right\} \tag{6-4-12}$$

主点ZH、HZ和QZ的测设方法，与圆曲线主点测设相同。HY和YH点可按式(6-4-8)计算 x_0、y_0 用切线支距法测设。

4)带有缓和曲线的平曲线的详细测设

(1)切线支距法

如图6-4-3所示，切线支距法是以直缓点ZH或缓直点HZ为坐标原点，以过原点的切线为 x 轴，过原点的半径为 y 轴，利用缓和曲线和圆曲线上各点的 x、y 坐标测设曲线。

在缓和曲线上各点的坐标可按缓和曲线参数方程式(6-4-7)计算，即

$$\left.\begin{aligned}
x &= l - \frac{l^5}{40R^2l_s^2} \\
y &= \frac{l^3}{6Rl_s}
\end{aligned}\right\} \tag{6-4-13}$$

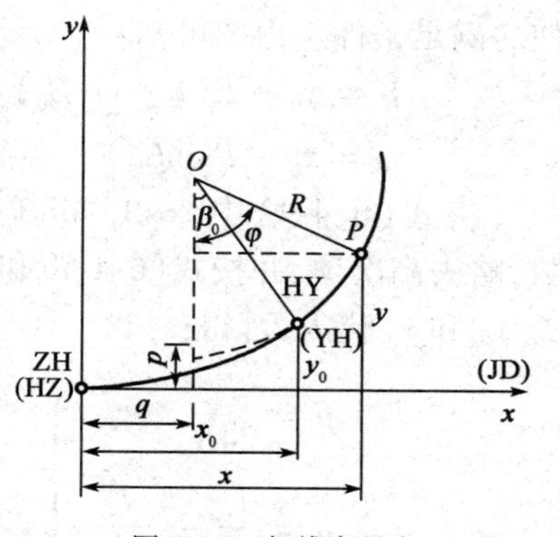

图6-4-3　切线支距法

圆曲线上各点的计算公式为：

$$\left.\begin{aligned} x &= R\sin\varphi + q \\ y &= R(1-\cos\varphi) + p \end{aligned}\right\} \tag{6-4-14}$$

式中，$\varphi = \frac{l}{R} \cdot \frac{180°}{\pi} + \beta_0$，$l$ 为该点到 HY 或 YH 的曲线长，仅为圆曲线部分的长度。

在算出缓和曲线和圆曲线上各点的坐标后，即可按圆曲线切线支距法的测设方法进行设置。

圆曲线上各点也可以缓圆点 HY 或圆缓点 YH 为坐标原点用切线支距法进行测设。此时只要将 HY 或 YH 点的切线定出。如图 6-4-4 所示，计算出 T_d 的长，HY 或 YH 点的切线即可确定。T_d 由下式计算：

$$T_d = x_0 - \frac{y_0}{\tan\beta_0} = \frac{2}{3}l_s + \frac{l_s^2}{360R^2} \tag{6-4-15}$$

（2）偏角法

缓和曲线上各点，可将经纬仪置于 ZH 或 HZ 点进行测设。如图 6-4-5 所示，设缓和曲线上任意一点 P 的偏角为 δ，至 ZH 或 HZ 点的曲线长为 l，其弦长近似与曲线长相等，亦为 l。

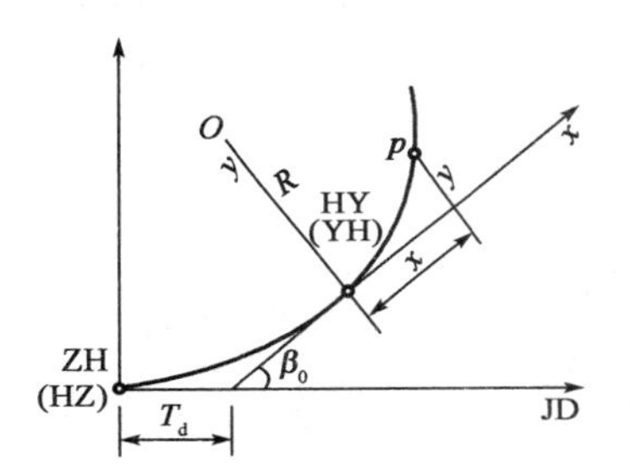

图 6-4-4　切线支距法测设带有缓和曲线的平曲线

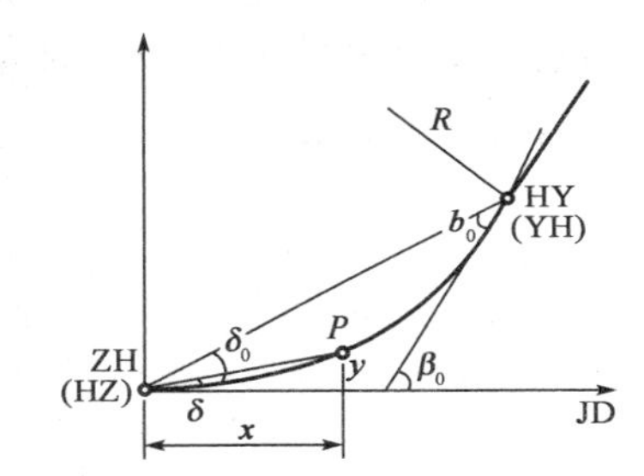

图 6-4-5　偏角法测设平曲线

由直角三角形得：
$$\sin\delta = \frac{y}{l}$$

因 δ 很小，则 $\sin\delta = \delta$，顾及 $y = \frac{l^3}{6Rl_s}$，则

$$\delta = \frac{l^2}{6Rl_s} \tag{6-4-16}$$

HY 或 YH 点的偏角 δ_0 为缓和曲线的总偏角。将 $l = l_s$ 代入式（6-4-16）得：

$$\delta = \frac{l}{6R} \tag{6-4-17}$$

因为
$$\beta_0 = \frac{l_s}{2R}$$

则
$$\delta_0 = \frac{1}{3}\beta_0 \tag{6-4-18}$$

将式（6-4-16）与式（6-4-17）相比，得：

$$\delta = \left(\frac{l}{l_s}\right)^2 \delta_0 \tag{6-4-19}$$

由式（6-4-19）可知，缓和曲线上任意一点的偏角，与该点至缓和曲线起点的曲线长的平方成正比。在按式（6-4-19）计算出缓和曲线上各点的偏角后，将仪器置于 ZH 点或 HZ 点上，与偏角法测设圆曲线一样进行测设。由于缓和曲线上弦长为：

$$c = l - \frac{l^5}{90R^2 l_s^2} \tag{6-4-20}$$

近似等于相对应的弧长，因而在测设时弦长一般以弧长代替。

圆曲线上各点的测设需将仪器迁至 HY 或 YH 点上进行。这时只要定出 HY 或 YH 点的切线方向。就与无缓和曲线的圆曲线一样测设。关键是计算 b_0，如图 6-4-5 所示：

$$b_0 = \beta_0 - \delta_0 = 3\delta_0 - \delta_0 = 2\delta_0 \tag{6-4-21}$$

将仪器置于 HY 点上，瞄准 ZH 点，水平度盘配置在 b_0（当曲线右转时，配置在 $360° - b_0$），旋转照准部，使水平度盘读数为 0°00′00″并倒镜，此时视线方向即为 HY 点的切线方向。

2. 复曲线测设

复曲线是由两个或两个以上不同半径的同向曲线相连而成的曲线。因其连接方式不同，分为以下三种情况：

两个不同半径的圆曲线 R_1、R_2，当小圆半径 R_2 大于不设超高的最小半径时，两圆可径向相接构成不设缓和曲线的复曲线。如图 5-4-6 所示，设 JD 为 C，切基线为 AB。用经纬仪测得 α_1 和 α_2，用钢尺往返丈量 AB。设计时先根据限定条件选定一个控制较严的半径，如 R_2，则另一个半径 R_1 可由下式确定。

由图可知：

$$AB = T_1 + T_2 = R_1 \tan\frac{\alpha_1}{2} + R_2 \tan\frac{\alpha_2}{2}$$

则

$$R_1 = \frac{AB - R_2 \tan\frac{\alpha_2}{2}}{\tan\frac{\alpha_1}{2}} \tag{6-4-22}$$

当圆曲线半径 R_1、R_2 及转角 α_1、α_2 确定之后，有关测设要素计算如下：

$$\left.\begin{aligned} &\alpha = \alpha_1 + \alpha_2 \\ &T_1 = R_1 \tan\frac{\alpha_1}{2}, T_2 = R_2 \tan\frac{\alpha_2}{2} \\ &AB = T_1 + T_2 \\ &L_1 = R_1 \alpha_1 \frac{\pi}{180°}, L_2 = R_2 \alpha_2 \frac{\pi}{180°} \\ &L = L_1 + L_2 \end{aligned}\right\} \tag{6-4-23}$$

测设时，从 A 及 B 向前分别量出 T_1 及 T_2 定出 ZY 及 YZ，在 AB 方向量 T_1 或 T_2 定出 YY。即可详细测设曲线。

学习情境七　道路纵、横断面测量

道路纵断面测量的目的是测定道路中线里程桩的高程，为绘制路线纵断面图提供基础资料。它包括基平测量和中平测量两部分内容。

道路横断面测量就是测绘道路各中桩位置处垂直于路中线方向的地面起伏情况。为绘制横断面图，为路基、边坡设计、土石方计算及施工放样等提供基础资料。

工作任务一　基平测量

学习目标

1. 叙述基平测量的过程，水准点布设方案；
2. 知道基平测量的方法、精度要求等；
3. 分析基平测量的方案及要求；
4. 根据《公路勘测规范》(JTG C10—2007)完成某一等级公路基平测量作业；
5. 正确完成某一等级公路基平测量成果处理。

任务描述

在某一等级公路勘测工作中，要完成基平测量任务，首先进行水准点的布设，按照水准测量(或三角高程测量)的施测方法进行基平测量，并进行成果处理，给出符合要求的基平测量成果。为后面的中平测量、横断面测量打下基础。通过该任务的完成，达到能独立进行公路勘测任务中的基平测量工作和施工测量中的水准复测工作。

学习引导

本工作任务沿着以下脉络进行学习：

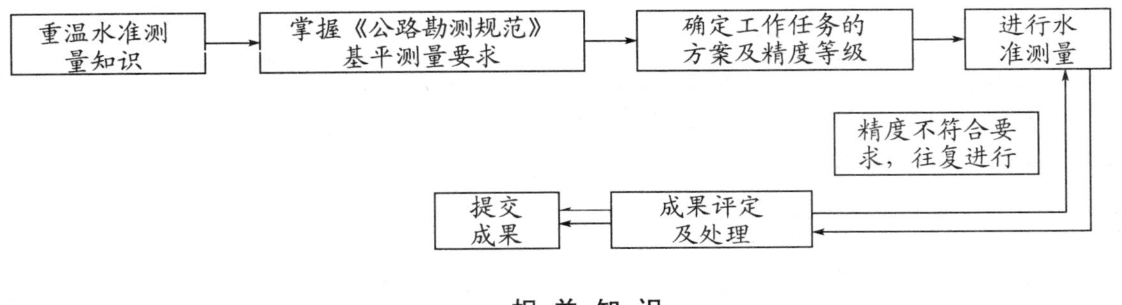

一、相关知识

基平测量工作主要是沿线设置水准点，并测出其高程，供中平和施工测量作依据，建立路线高程控制。

1. 基平测量有关要求

1）水准点的布设

用水准测量方法建立的高程控制点称为水准点。水准点布设时，应尽量靠近中线，距路线中心线的距离应大于50m，宜小于300m，以方便中线及施工测量；同时还应设在估计不被后期施工或行车所破坏、高程不变、易于引测、不易风化的岩石或永久性建筑物基座等牢固凸出的地方。

水准点布设密度，应根据地形和工程需要而定。一般平原微丘区不应超过1.5km布设一个，山岭重丘区不应超过1km。另外应在路线起终点、大中桥桥位两岸、隧道进出口、垭口、大型人工构造物等地增设水准点。水准点高程应尽量引用国家水准点，或者也可假设，假定高程应接近实际高程（用气压表或地形图，测出或查出）。水准点用“BM”标注，并注明脚标编号、日期及水准点高程，如$\bigoplus_{BM}\frac{1\,087.238m}{1998.6.9}$。

水准点布设好后，应用红油漆连同符号一起写在水准点旁，并将其距中线上某一里程桩的距离、方位（左侧或右侧）以及与周围主要地物的关系等内容记在记录本上，以供外业结束后，编制水准点一览表和绘制路线平面图之用。

2）等级选用与精度要求

各级公路及构造物的高程控制测量等级不得低于表7-1-1规定。

高程控制测量等级选用 表7-1-1

高架桥、路线控制测量	多跨桥梁总长L(m)	单跨桥梁L_K(m)	隧道贯通长度L_G(m)	测量等级
—	$L \geqslant 3\,000$	$L_K \geqslant 500$	$L_G \geqslant 6\,000$	二等
—	$1\,000 \leqslant L < 3\,000$	$150 \leqslant L_K < 500$	$3\,000 \leqslant L_G < 6\,000$	三等
高架桥，高速、一级公路	$L < 1\,000$	$L_K < 150$	$L_G < 3\,000$	四等
二、三、四级公路	—	—	—	五等

水准测量的主要技术要求应符合表7-1-2的规定。

水准测量的主要技术要求 表7-1-2

测 量 等 级	往返较差、附合或环线闭合差(mm)		检测已测测段高差之差(mm)
	平原、微丘	重丘、山岭	
二等	$\leqslant 4\sqrt{l}$	$\leqslant 4\sqrt{l}$	$\leqslant 6\sqrt{L_i}$
三等	$\leqslant 12\sqrt{l}$	$\leqslant 3.5\sqrt{n}$或$\leqslant 15\sqrt{l}$	$\leqslant 20\sqrt{L_i}$
四等	$\leqslant 20\sqrt{l}$	$\leqslant 6.0\sqrt{n}$或$\leqslant 25\sqrt{l}$	$\leqslant 30\sqrt{L_i}$
五等	$\leqslant 30\sqrt{l}$	$\leqslant 45\sqrt{l}$	$\leqslant 40\sqrt{L_i}$

注：计算往返较差时，l为水准点间的路线长度(km)；计算附合或环线闭合差时，l为附合或环线的路线长度(km)；n为测站数。L_i为检测测段长度(km)，小于1km时按1km计算。

2. 基平测量施测方法

水准测量观测的主要技术要求应符合表7-1-3的规定。

1）一般测量方法

水准点的高程测量，视公路的等级而定，一般等级公路水准测量的等级采用五等水准测量方法进行，即采用一台水准仪在水准点间作往返观测，也可使用两台水准仪作单程观测，其往返观测或双仪单程观测所得高程在符合精度要求的情况下，取平均值即可。五等水准测量的具体施测方法参见学习情境三。

水准测量观测的主要技术要求　　表 7-1-3

测量等级	仪器类型	水准尺类型	视线长(m)	前后视较差(m)	前后视累积差(m)	视线离地面最低高度(m)	基辅(黑红)面读数差(mm)	基辅(黑红)面高差较差(mm)
二等	$DS_{0.5}$	铟瓦	≤50	≤1	≤3	≥0.3	≤0.4	≤0.6
三等	DS_1	铟瓦	≤100	≤3	≤6	≥0.3	≤1.0	≤1.5
	DS_2	双面	≤75				≤2.0	≤3.0
四等	DS_3	双面	≤100	≤5	≤10	≥0.2	≤3.0	≤5.0
五等	DS_3	单面	≤100	≤10	—	—	—	≤7.0

高等级公路或大型桥隧高程控制测量,采用三、四等高程控制测量方法进行,三、四等高程控制测量方法在学习情境三中已介绍,这里不再累述。

2)跨河水准测量

《公路勘测细则》(JTG C10—2007)规定,当水准路线通过宽度为各等级水准测量的标准视线长度2倍以下的江河、山谷时,可用一般观测方法进行,但在测站上应变换一次仪器高度,观测2次,2次高差之差应符合表7-1-4的规定。

跨河水准测量两次观测高差之差　　表 7-1-4

测量等级	高差之差(mm)	测量等级	高差之差(mm)
二等	≤1.5	四等	≤7
三等	≤7	五等	≤9

3.基平测量成果处理

对于五等水准测量,当外业测量数据经检核满足精度要求后,要进行内业成果计算。即调整高差闭合差(将高程闭合差按误差理论合理分配到各测段的高差中去),最后以调整后的高差计算各水准点的高程。

高程测量的误差是随水准路线的长度或测站数的增加而增加,因此高差闭合差的调整原则就是把闭合差以相反的符号根据各测段路线的长度或测站数按比例分配到各测段的高差上。

二、任 务 实 施

(1)选择某一等级公路,路段长4km左右,进行水准点的布设,选用对应的水准测量等级及施测方法,进行基平测量,并进行成果处理。

(2)根据任务要求,提交基平测量水准点布置一览表、水准测量记录表、基平测量成果表。

工作任务二　中 平 测 量

学习目标

1.叙述中平测量的内涵与用途;

2.知道中平测量的方法与施测过程;

3.分析中平测量成果的精度;

4.正确完成某一等级公路中平测量,并进行成果处理。

任务描述

在某一等级公路勘测工作中，要完成中平测量任务，需以基平测量水准点高程为基准，采用视线高法对每个中桩点依次施测，并将测量数据填入中桩测量记录表，然后依《公路勘测规范》(JTG C10—2007)中桩高程测量精度要求进行检核，并平差计算，推算出每个中桩点的准确高程。

学习引导

本工作任务沿着以下脉络进行学习：

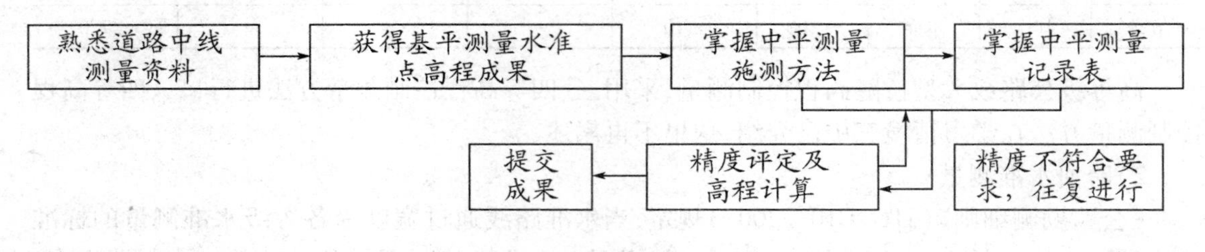

一、相关知识

中平测量是根据基平测量提供的水准点高程，按附合水准路线逐点施测中桩的地面高程。即以相邻的两个水准点为一测段，从一水准点开始，逐点测定各中桩的地面高程，并闭合于下一个水准点上，也叫中桩高程测量。

1. 中平测量精度要求

中桩高程测量数据应取位至厘米，中桩高程测量精度如表 7-2-1 所示。

中桩高程测量精度 表 7-2-1

公路等级	闭合差(mm)	两次测量之差(cm)	公路等级	闭合差(mm)	两次测量之差(cm)
高速公路，一、二级公路	$\leqslant 30\sqrt{L}$	≤5	三级及三级以下公路	$\leqslant 50\sqrt{L}$	≤10

注：L 为高程测量的路线长度(km)。

2. 中平测量施测方法

1)一般测量方法

中平测量通常采用普通水准测量的方法施测，以相邻两基平水准点为一测段，从一个水准点出发，对测段范围内所有路线中桩逐个测量其地面高程，最后附合到下一个水准点上。中平测量时，每一测段除观测中桩外，还须设置传递高程的转点，转点位置应选择在稳固的桩顶或坚石上，视距限制在 150m 以内，相邻转点间的中桩称为中间点，为提高传递高程的精度，每一测站应先观测前后转点，转点读数至毫米，然后观测中间点，中间点读数至厘米即可，立尺应紧靠桩边的地面上。

图 7-2-1 所示为某一段道路的中平测量示意图，由水准点 BM_4 开始，测定 K4 + 000 至 K4 + 240 中桩地面高程，表 7-2-2 为相应的路线中桩高程测量记录计算表。

首先，置水准仪于 S_1 站，在水准点 BM_4 上立尺，读取后视读数为 4.267m，记入表中后视栏，然后在测站视线范围内，依次在中桩 K4 + 000 ~ K4 + 100 上立尺并读数分别为 4.32m、2.73m、2.50m、1.43m、2.56m、0.81m，称为中视读数，记入表中中视栏。当水准仪视线不能继续读尺时(如读不到 K4 + 141 桩上的尺)，设转点 ZD_1，并在其上立尺，读取前视读数 0.433m，记入表中前视栏，则中桩点及转点的高程按所属测站的视线高程进行计算，计算公式见(7-2-1)、

(7-2-2)、(7-2-3)。然后，将仪器搬至下一站 S_2，以 ZD_2 为后视，继续观测下去，最后附合到邻近的水准点上。计算该水准点高程并与该水准点已知高程相比较得高程闭合差。当高程闭合差在容许误差的范围内时，说明此段测量符合要求。中平测量闭合差一般不必调整，可直接使用各观测结果中桩点高程。

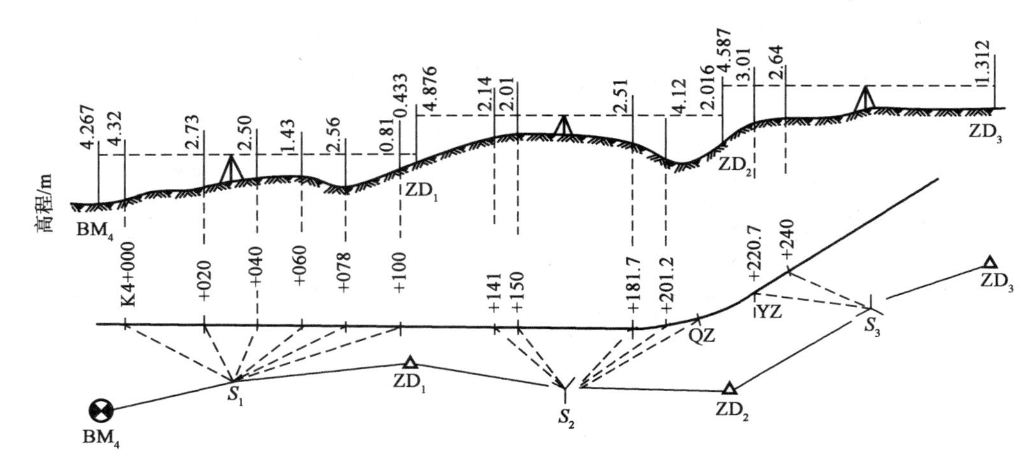

图 7-2-1　道路中平测量示意图

$$视线高程 = 后视点高程 + 后视读数 \tag{7-2-1}$$

$$中桩高程 = 视线高程 - 中视读数 \tag{7-2-2}$$

$$转点高程 = 视线高程 - 前视读数 \tag{7-2-3}$$

路线中桩高程(中平)测量记录表　　表 7-2-2

桩号或测点编号	水准尺读数			视线高(m)	高程(m)	备　注
	后视	间视	前视			
BM_4	4.267			235.739	231.472	BM_4 位于 K4+000 桩右侧 50m 处
K4+000		4.32			231.42	
+020		2.73			233.01	
+040		2.50			233.24	
+060		1.43			234.31	
+080		2.56			233.18	
+100		0.81			234.93	
ZD_1	4.876		0.433	240.182	235.306	
+141		2.14			238.04	
+150		2.01			238.17	
ZY+181.7		2.51			237.67	
QZ+201.2		4.12			236.06	
ZD_2	4.587		2.016	242.753	238.166	
YZ+220.7		3.01			239.74	
+240		2.64			240.11	
ZD_3			1.312		241.441	

2)跨沟谷中平测量

当中平测量遇到跨沟谷时,因高差较大,沟内中桩高程若按一般方法测量,需设置的测站与转点较多,以致影响测量的速度与精度。为避免这种情况可按下列方法施测。

(1)沟内外分测法

如图 7-2-2 所示,仪器在测站 I,采用一般中平测量方法测至沟谷边缘时,同时设两个转点,用于沟外测的 ZD_{16}和用于沟内测的 ZD_A。以 ZD_A 进行沟内中桩高程测量,以 ZD_{16}继续沟外测量。

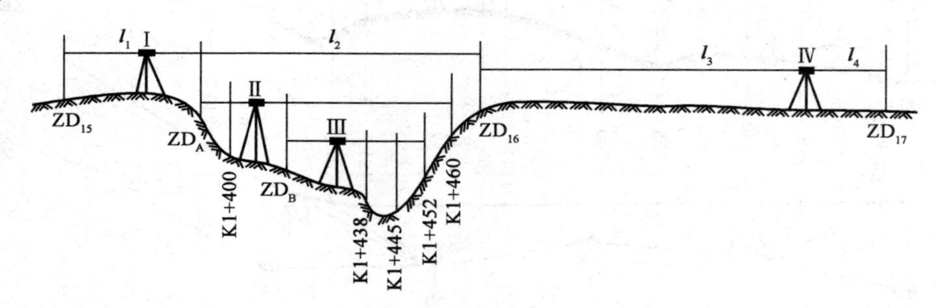

图 7-2-2 跨沟谷中平测量示意图

沟内中桩高程测量时,仪器安置在测站 II,后视 ZD_A,观测沟谷内两岸的中桩点水准尺,并设置 ZD_B,再将仪器移至测站 III,后视 ZD_B,观测沟内各中桩水准尺,依此测算沟谷内各中桩点高程。沟内中桩高程测量完成后,再从 ZD_{16}开始进行前面的中平测量。

此测量方法使沟内外高程传递各自独立,互不影响,沟内的测量不会影响到整个测段的闭合,但沟内测量为支水准路线形式,缺少检核条件,施测时应认真细心。另外,为减小仪器造成测量误差,仪器设站时,应尽量使 $l_3 = l_2$、$l_4 = l_1$,或者 $l_3 + l_1 = l_2 + l_4$。利用沟内外分开测量时,沟内外测量记录须断开,另作记录,避免混淆。

(2)接尺法

中平测量遇到跨沟谷时,如沟谷较窄,个别中桩处高程不便测,可采用接长水准尺的方法进行测量,接尺时应注意刻度线对齐,测量读数时应加上接尺长度。在测量记录表内应加以注明接尺长度和使用中桩位置,以利计算检查,避免混乱。

3)全站仪中平测量

根据学习情景二对全站仪的测量功能介绍,应用全站仪三维坐标测量功能,在中线测量的同时进行中桩高程测量。

将全站仪安置在控制点上,将置仪点的地面高程 H、仪器高 i、棱镜高 l 直接输入全站仪,在中桩测设完成的同时,就可直接从显示屏中读取中桩点的高程。高程测量的数据也可存入仪器并在需要时调入计算机处理。

二、任 务 实 施

(1)选择某一等级公路,路段长 2km 左右,依据基平测量水准点高程成果,采用一般的中平测量方法,进行中桩高程测量,填写中平测量记录表,推算各中桩点的高程。

(2)根据任务要求,提交中平测量记录计算表。

工作任务三　纵断面图的绘制

学习目标

1. 叙述道路纵断面图图示内容；
2. 知道纵断面图地面线点绘方法；
3. 能根据设计线推算各里程桩点设计高程，并进行填挖高度计算；
4. 正确完成纵断面图下方数据说明栏的填写。

任务描述

根据中桩高程测量和道路沿线有关调查资料，选用合适的纵横坐标比例尺，打制纵断面图表格，标注中桩里程号，依中桩高程资料点绘地面点，并用细实线连接，依据纵坡设计线计算中桩设计高程和填挖尺寸，填入下方对应栏内，并填入路段土地质情况、路段纵坡、平面直线与曲线等资料，并在图上注记水准点、桥涵、竖曲线等。

学习引导

本工作任务沿着以下脉络进行学习：

熟悉纵断面图图示内容 → 掌握中线与中平测量资料 → 学会纵断面图绘制方法步骤 → 填写纵断面图资料数据表

一、相关知识

公路纵断面图是沿中线方向绘制地面起伏和纵坡变化的线状图，它是反映各路段纵坡大小和中线上的填挖尺寸，是公路设计和施工中的重要资料。

1. 道路纵断面图图示内容

如图7-3-1所示，在图的上半部，从左至右绘有两条贯穿全图的线，细折线表示中线方向的实际地面线，是根据中桩间距和高程按比例绘制的；另外一条是粗线，表示带有竖曲线在内的纵坡设计线，是纵坡设计时绘制的。此外，在图上还注有水准点位置、编号和高程，桥涵的类型、孔径、跨数、长度、里程桩号和设计水位，竖曲线示意图及其曲线元素，同公路、铁路交叉点的位置、里程和有关说明等。在图的下部几栏表格中，注记有关测量和纵坡设计的资料，其中包括以下几项内容。

（1）直线与曲线

根据中线测量资料绘制的中线示意图，路中线的直线部分用直线表示；圆曲线部分用直角的折线表示，上凸的表示右转，下凸的表示左转，并注明交点编号和曲线半径。带有缓和曲线的平曲线还应注明缓和曲线段的长度，在图中以斜线表示。

（2）里程

一般按比例标注百米桩和公里桩，里程比例一般按1∶1 000、1∶2 000或1∶5 000，为突出地面坡度变化，高程比例是里程比例的10倍。

（3）地面高程

按中平测量成果填写相应里程桩的地面高程。

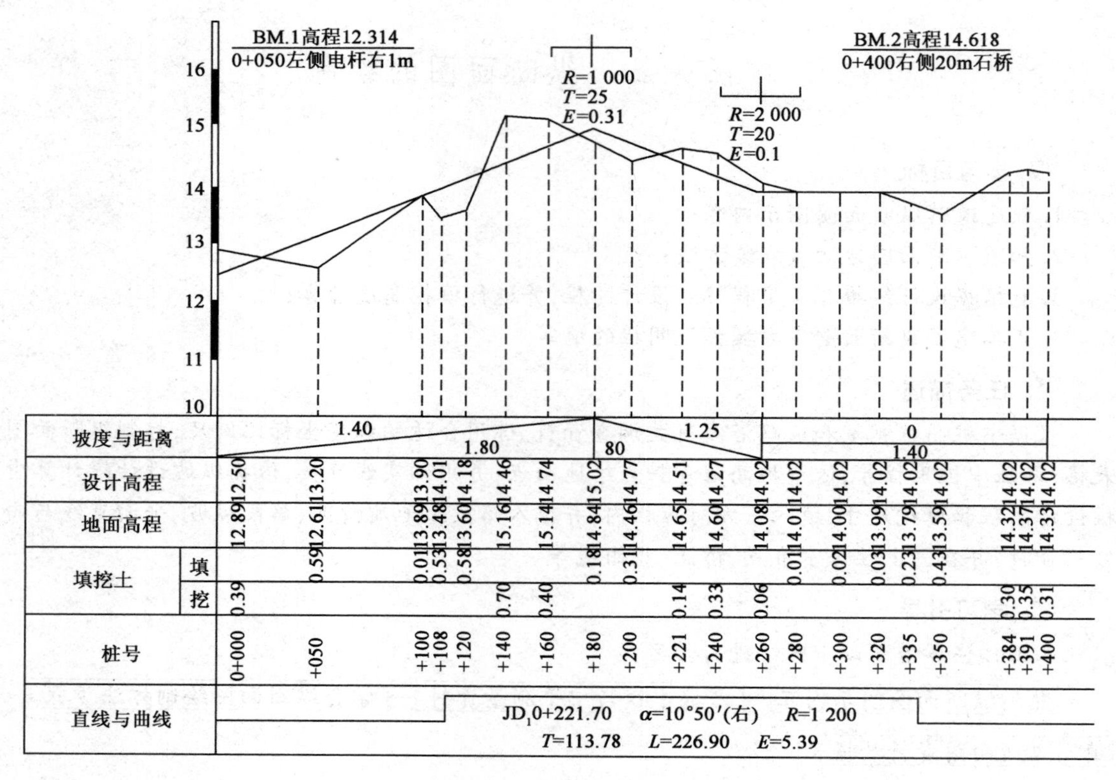

图 7-3-1　某段道路纵断面图

(4)设计高程

按中线设计纵坡计算的路基高程。根据设计纵坡坡度 i 和相应的水平距离 D,按下式便可从 A 点的高程 H_A 推算 B 点的高程。

$$H_B = H_A + iD_{AB} \tag{7-3-1}$$

(5)坡度

从左至右向上斜的线表示上坡(正坡),下斜的线表示下坡(负坡),斜线上以百分数注记坡度的大小,斜线下为坡长,水平路段坡为零。

(6)土的地质说明

即标明路段的土的地质情况。

2. 道路纵断面图绘制步骤

(1)打制表格

公路纵断面图是以里程为横坐标,高程为纵坐标绘制的。按照选定的里程和高程比例尺表格打制,填写里程、地面点高程、直线与曲线、土的地质说明等资料。

(2)绘地面线

选定合适的纵坐标起始高程,以使绘制出的地面线位于图上适当位置,一般以 10m 整倍数的高程定在 5cm 方格的粗线上,便于绘图和识图。然后根据中桩的里程和高程,按纵横比例尺依次各中桩的地面位置,再用细直线将相邻点依次连接起来,就得到了地面线。

(3)计算设计高程

当道的纵坡线设计完成后,即可根据设计纵坡及里程桩号,有一点的高程计算另一点的设计高程。计算公式见(7-3-1)。

(4)计算中桩填挖尺寸

同一桩号处设计高程与地面高程之差即为该中桩处的填挖高度,填土高度和挖土深度一般分栏填写。

(5)注记资料

如水准点、桥涵、竖曲线等。

二、任 务 实 施

(1)选择某一等级公路,路段长700m左右,依据中平测量中桩高程和道路沿线有关调查资料,以纵坐标比例尺1:200、横坐标比例尺1:2 000,打制纵断面图表格,标注中桩里程号,依中桩高程资料点绘地面点,并用细实线连接,依据纵坡设计线计算中桩设计高程和填挖尺寸,填入下方对应栏内,并填入路段土地质情况、路段纵坡、平面直线与曲线等资料,并在图上注记水准点、桥涵、竖曲线等。

(2)根据任务要求,提交道路纵断面图。

工作任务四　道路横断面测量

学习目标

1. 掌握横断面方向的标定方法;
2. 知道横断面测量的方法与过程;
3. 能进行道路横断面测量,并正确记录测量数据;
4. 会进行道路横断面图的绘制。

任务描述

根据道路中线测量资料,在中桩位置处测定横断面方向,选用合适的横断面测量方法,进行横断面数据测量,并正确记录测量数据。依据中桩横断面测量资料绘制道路中桩横断面图。

学习引导

本工作任务沿着以下脉络进行学习:

熟悉道路中线测量资料 → 会进行道路中桩横断面方向测定 → 掌握横断面施测方法 → 正确记录横断面测量数据 → 进行道路横断面图绘制

一、相 关 知 识

道路中线的任意一点法线方向剖面称道路横断面,横断面测量的宽度由路基宽度、中桩填挖高度及地形情况确定,一般在道路中线两侧各测15~50m。进行横断面测量首先要确定横断面的方向,然后在此方向上测定中线两侧地面坡度变化点的距离和高差。

1. 横断面方向测定

横断面的方向,可用方向盘、经纬仪、全站仪等及其辅助工具或仪器测定。公路中线是由直线段和曲线段构成,而直线段和曲线段上的横断面方向测量方法也不同。

1)直线段上横断面方向测定

直线路段的横断面方向指垂直于中心线的方向。故要确定横断面的方向,首先要标定出公路中心线。一般用两个中桩标定;在此方向上再找出垂直方向,这种方法称直接法。另外一种方法是由横断面中桩的坐标,计算边桩的坐标,外业放样中桩和边桩点,这两点连线方向即为横断面方向,把这种方法称为间接法。

(1)方向架法

将垂直的方向架置于待测定的中桩上,用方向架上的一个轴瞄准中线的另一个中桩,则另一个轴所指定的方向为横断面方向,如图 7-4-1 所示。

(2)方向盘法

方向盘法一是用水准仪下的度盘,二是用木架上装置一圆形刻度盘。将方向盘立于要测定的横断面中桩上,瞄准中线上另一个中桩,则在此方向上增加或减少 90°的方向即为横断面的方向。

(3)经纬仪法

置经纬仪于待测定的中桩上,瞄准交点方向,拨 90°视线方向为横断面方向。如需精确标定时,可采用正倒镜拨 90°分中法。

(4)全站仪法

如图 7-4-2 所示,求 $P(x,y)$点横断面方向,先求出 P 点横断面方向上一点 M 的坐标(x',y'),再用坐标法在实地上标出 M 点位置,PM 的方向即为 P 点横断面方向。另外,使用全站仪也可按经纬仪法测定横断面方向。

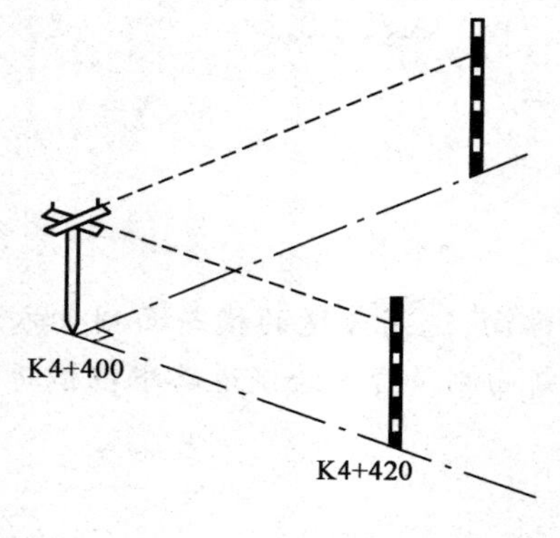

图 7-4-1 方向架法

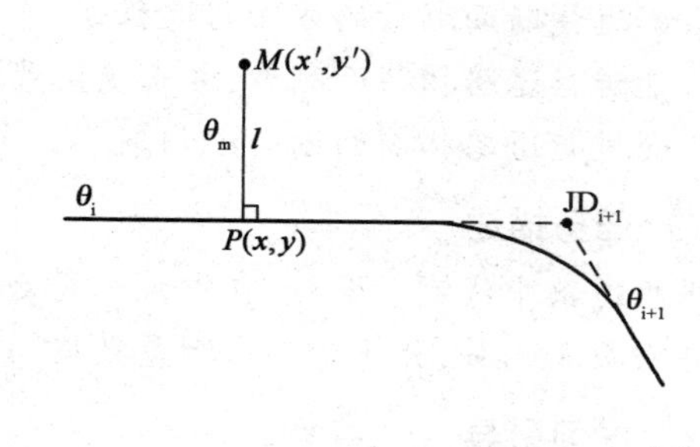

图 7-4-2 全站仪法

2)圆曲线段上横断面方向测定

当线路的中线为圆曲线段时,其横断面方向是中桩点切线的垂直方向或中桩点与圆心的连线方向。

(1)求心方向架法

圆曲线上一点的横断面方向即是该点的半径方向。测定时一般采用求心方向架,即在方向架上安装一个可以转动的活动片,并有一固定螺旋可将其固定。

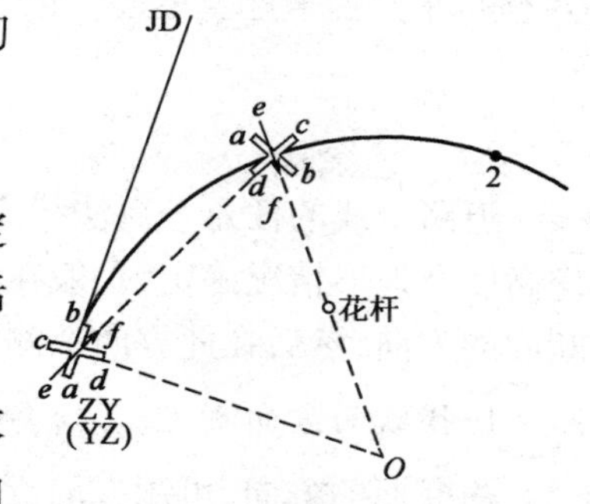

图 7-4-3 求心方向架法

如图 7-4-3 所示,欲测圆曲线上桩点的横断面方向,将求心方向架置于 ZY(或 YZ)点上,用固定片 ab 瞄准切线方向(如交点),则另一固定片 cd 所指方向即为 ZY(或 YZ)点的横断面方向。保持方向架不动,转动活动片 *ef* 瞄准1点并将其固定。然后将方向架搬至1点,用固定片 *cd* 瞄准 ZY(YZ)点,则活动片 *ef* 所指方向即为1点的横断面方向。在测定2点的横断面方向时,可在1点的横断面方向上插一花杆,以固定片 *cd* 瞄准它,*ab* 片的方向即为切线方向。此后的操作与测定1点横断面方向时完全相同,保持方向架不动,用活动片 *ef* 瞄准2点并固定。将方向架搬至2点,用固定片 *cd* 瞄准1点,活动片 *ef* 的方向即为2点的横断面方向。如果圆曲线上桩距相同,在定出1点横断面方向后,保持活动片 *ef* 原来位置,将其搬至2点上,用固定片 *cd* 瞄准1点,活动片 *ef* 即为2点的横断面方向。圆曲线上其他各点横断面方向测定亦可按照上述方法进行。

(2)经纬仪法

将经纬仪置于要测定的中桩 *A* 点,如图7-4-4所示,后视 *B*(*C*)点,根据内业计算的得到的弦切角 Δ_i,将仪器转动 Δ_i 角度得 *A* 点切线方向,与其垂直的方向即为横断面方向(或直接测定 $90° - \Delta_i$ 方向,即为 *A* 点横断面方向)。

(3)全站仪法

全站仪法是通过计算中桩坐标和边桩坐标(一般为路基边缘)或圆心坐标,用全站仪按直接放样法,确定横断面的方向。也可按经纬仪法测定圆曲线段上的横断面方向。

3)缓和曲线路段的横断面方向测定

缓和曲线采用回旋线,中桩横断面方向即为缓和曲线上某点与通过该点的曲率圆之圆心的连线方向,也就是该点的曲率圆在该点切线的垂直方向。

(1)直接法

如图7-4-5所示,要测定缓和曲线上点 *A* 处的横断面方向,由缓和曲线关系式可知:

$$\Delta_1 = \frac{1}{3} \cdot \beta; \quad \Delta_2 = \frac{2}{3} \cdot \beta \tag{7-4-1}$$

其中:$\beta = \frac{L}{2R} \cdot \frac{180}{\pi}$,*L* 为 ZH ~ *A* 弧长。

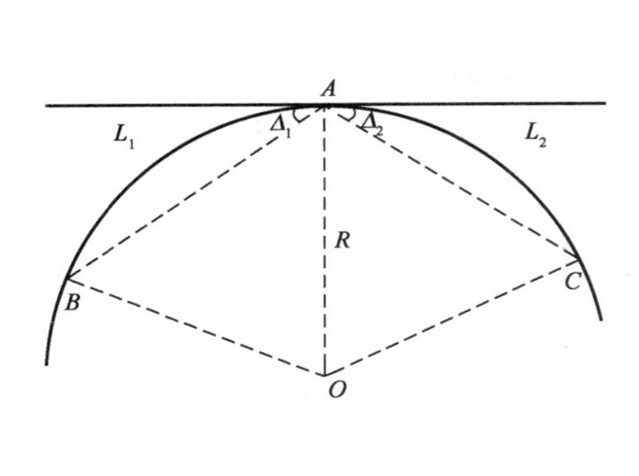

图7-4-4　经纬仪法

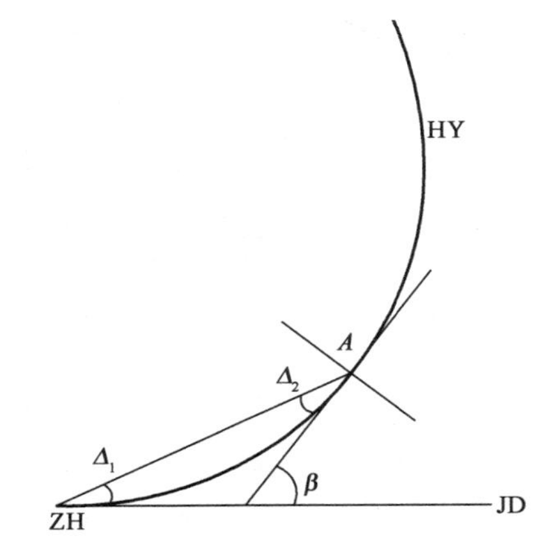

图7-4-5　直接法

首先将经纬仪置于 ZH 点上,测出 *A* 点偏角 Δ_1,再将仪器搬至 *A* 点,以 $\Delta_2 = 2\Delta_1$ 的度盘值方向瞄准 ZH 点,得 *A* 点切线方向,与其成90°方向即为 *A* 点横断面方向。然后将仪器置于待测点 *A* 上,瞄准 ZH 点,当曲线左偏时,逆时针转动 Δ_2 角值得 *A* 点切线方向,找到切线方向,转动90°(或270°)得横断面方向,或顺时针转动 $90° - \Delta_2$ 角值直接得横断面方向；当曲线右偏时，与上述方向相反转动仪器得到待测点横断面方向。

（2）间接法

间接法利用前面讲述的计算方法，计算中桩和边桩的坐标，用全站仪直接放样中桩及相对应的边桩，其两点的连线，即为过此中桩的横断面方向。

2. 横断面测量精度要求

横断面测量中的距离、高差的读数应取位至0.1m，精度要求的检测互差限差应符合表7-4-1的规定。

横断面检测互差限差　　表7-4-1

公路等级	距离（m）	高差（m）
高速公路，一、二级公路	$\leqslant L/100+0.1$	$\leqslant h/100+L/200+0.1$
三级及以下公路	$\leqslant L/50+0.1$	$\leqslant h/50+L/100+0.1$

注：（1）L 为测点至中桩的水平距离（m）；
（2）h 为测点至中桩的高差（m）。

3. 横断面测量方法

高速、一级、二级公路横断面测量应采用水准仪皮尺法、GPS-RTK方法、全站仪法、经纬仪视距法、架置式无棱镜激光测距仪法，无构造物及防护工程路段可采用数字地面模型方法、手持式无棱镜激光测距仪法；特殊困难地区和三级及三级以下公路，可采用水准仪法、数字地面模型方法和手持式无棱镜激光测距仪法、抬杆法等。下面介绍几种常用的横断面测量方法。

（1）标杆皮尺法（抬杆法）

如图7-4-6所示，A、B、C 为横断面方向上所选定的变坡点，施测时，将标杆立于 A 点，皮尺靠中桩地面拉平，量出至 A 点的平距，皮尺截取标杆的高度即为两点的高差，同法可测出 A 至 B、B 至 C 等测段的距离和高差，此法简便，但精度较低。

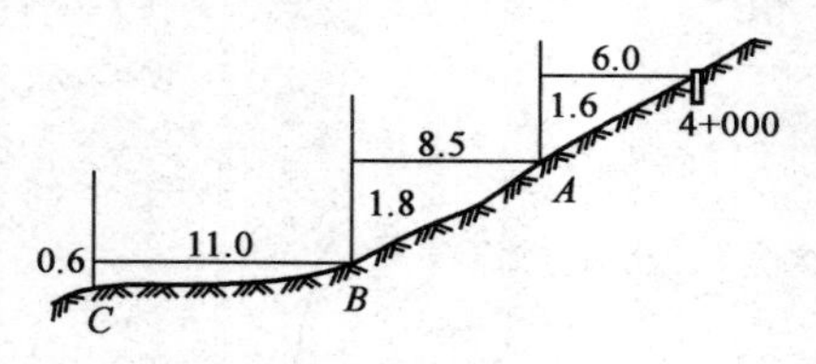

图7-4-6　标杆皮尺法

横断面测量记录形式如表7-4-2所示，表中按路线前进方向分左侧和右侧，桩号从下往上记录，表中左侧和右侧记录平距和高差，以分数表示，分子表示高差，分母表示平距，高差为正号表示上坡，负号表示下坡。

标杆皮尺法横断面测量记录表　　表7-4-2

左侧（m）	里程桩号	右侧（m）
… $\frac{-0.6}{11.0}$ $\frac{-1.8}{8.5}$ $\frac{-1.6}{6.0}$	K4+000	$\frac{+1.0}{4.8}$ $\frac{+1.4}{12.5}$ $\frac{-2.2}{8.6}$ …
…	…	…

（2）水准仪皮尺法

此法适用于施测横断面较宽的平坦地区，测量精度较高。如图7-4-7所示，安置水准仪后，以中线桩地面高程点为后视，以中线桩两侧横断面方向的地形特征点为前视，标尺读数读至厘米。用皮尺分别量出各特征点到中线桩的水平距离，量至分米，高差由后视读数与前视读数求差得到。水准仪皮尺法横断面测量记录计算见表7-4-3。

(3)经纬仪视距法

安置经纬仪于中线桩上,直接用经纬仪测定出横断面方向。量出至中线桩地面的仪器高,用视距法测出各特征点与中线桩间的平距和高差。此法适用于任何地形,包括地形复杂、山坡陡峻的线路横断面测量。利用电子全站仪则速度快、效率高。

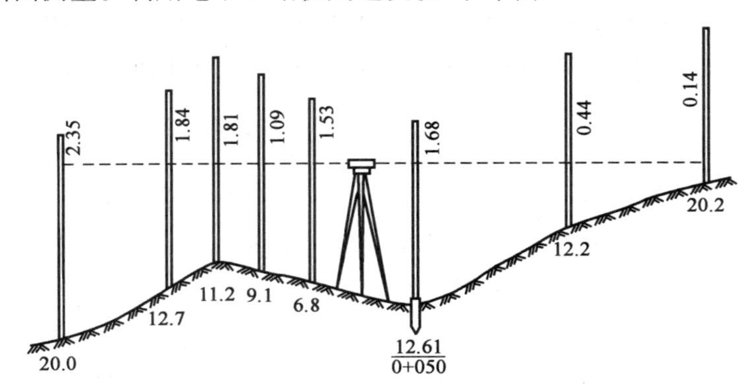

图7-4-7　水准仪法测横断面

水准仪皮尺法横断面测量记录计算表　　表7-4-3

桩号	各变坡点至中桩的水平距离(m)		后视读数(m)	前视读数(m)	各变坡点与中桩之间的高差(m)	备　注
K0+050	左侧	0.00	1.67			
		6.8		1.63	+0.04	
		9.1		1.09	+0.58	
		11.2		1.81	-0.14	
		12.7		1.84	-0.17	
		20.0		2.35	-0.68	
	右侧	12.2		0.44	+1.23	
		20.2		0.14	+1.53	

4.横断面图的绘制

道路横断面图是指道路中线上各点垂直于路线前进方向的竖向剖面图。

目前公路测量中,一般都是在野外边测边绘,便于及时对横断面图进行检核,也可现场记录内业完成横断面图的绘制。根据横断面测量成果,对距离和高程取统一比例尺(通常取1∶100或1∶200),在厘米方格纸上绘制横断面图。绘图时,先在图纸上定好中桩位置,由中桩开始,分左、右两侧逐一按各测点间的距离和高程点绘于图纸上,并用直线连接相邻各点即得横断面地面线。图7-4-8为经横断面设计后,在地面线上、下绘有标准路基横断面的图形。另外,一般一张图幅内绘多个横断面图,绘图顺序是从图纸左下方起,自下而上、由左至右,依次按桩号绘制每个中桩位置处的横断面图。

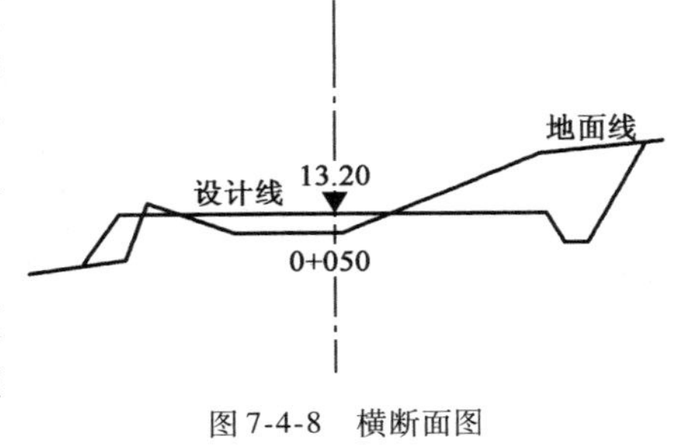

图7-4-8　横断面图

二、任 务 实 施

(1)选择某路段长1km左右的公路,根据道路中线测量资料,在每个中桩位置处采用方向架或经纬仪测定其横断面方向,采用标杆皮尺法或水准仪皮尺法进行横断面测量,并正确记录横断面测量数据。

(2)根据上面测得的横断面数据资料,在厘米格纸上依次绘制出各中桩的横断面图。

(3)根据任务要求,提交道路横断面图测量记录数据表和横断面成果图。

参考文献

[1] 中华人民共和国国家标准. 工程测量规范(GB 50026—2007)[S]. 北京:中国计划出版社,2008.

[2] 中华人民共和国行业标准. 公路勘测规范(JTG C10—2007)[S]. 北京:人民交通出版社,2007.

[3] 中华人民共和国行业标准. 公路全球定位系统(GPS)测量规范(GB/T 18314—2009)[S]. 北京:人民交通出版社,2007.

[4] 中华人民共和国行业标准. 公路工程技术标准(JTG B01—2003)[S]. 北京:人民交通出版社,2003.

[5] 中华人民共和国国家标准. 国家基本比例尺地图图式第1部分:1:500 1:1000 1:2000(GB/T 20257.1—2007)[S]. 北京:中国标准出版社,2007.

[6] 中华人民共和国专业标准. 中、短程光电测距规范(GB/T 16818—2008)[S]. 北京:中国标准出版社,2008.

[7] 周小安. 工程测量[M]. 成都:西南交大出版社,2007.

[8] 许娅娅,张碧琴. 公路施工测量百问[M]. 北京:人民交通出版社,2006.

[9] 李仕东. 工程测量[M]. 北京:人民交通出版社,2009.

[10] 田文. 工程测量[M]. 北京:人民交通出版社,2005.

[11] 胡五生,潘庆林. 土木工程测量.(土木工程专业用)[M]. 南京:东南大学出版社出版,2002.

[12] 张保成. 工程测量(公路与桥梁专业用)[M]. 北京:人民交通出版社,2002.

[13] 顾孝烈,鲍峰,程效军. 测量学(第二版)[M]. 上海:同济大学出版社,1999.

[14] 徐绍铨,等. GPS测量原理及应用[M]. 武汉:武汉测绘科技大学出版社,1998.

[15] 谭荣一. 测量学(公路与桥梁工程专业用)[M]. 北京:人民交通出版社,1994.

参考文献

[1] [illegible]

[2] [illegible]

[3] [illegible]

[4] [illegible]

[5] [illegible]

[6] [illegible]

[7] [illegible]

[8] [illegible]

[9] [illegible]

[10] [illegible]

[11] [illegible]

[12] [illegible]

[13] [illegible]

[14] [illegible]

[15] [illegible]